四川盆地及周缘五峰组—龙马溪组页岩气藏成藏要素匹配效应与综合评价

姜振学　杨　威　罗　群　杨磊磊　王幸蒙　王国臻　等著

石油工业出版社

内容提要

本书以四川盆地龙马溪组页岩为研究对象，开展了页岩气成藏要素定量表征、成藏要素匹配效应、页岩气成藏差异富集模式和气藏综合评价的研究工作。通过采集研究区页岩“供—储—保”三元子系统关键参数、次级参数，优选并构建了页岩气成藏三元子系统关键指数体系；通过仿真地层孔隙热压生排烃模拟技术，查明了页岩生烃及孔隙结构演化特征，阐明了各地质要素综合匹配对于页岩气成藏的控制作用；基于气体分子微观运移理论和物理模拟实验，模拟了不同宏观构造样式下的页岩气实际运移量和成藏过程，建立了页岩气成藏过程中的4种差异富集模式；基于页岩气三元子系统与综合动态多属性评价函数，创新了页岩气成藏综合评价方法。

本书可供从事页岩气勘探的地质科技工作者和非常规油气方向的相关院校师生参考使用。

图书在版编目（CIP）数据

四川盆地及周缘五峰组—龙马溪组页岩气藏成藏要素匹配效应与综合评价 / 姜振学等著．—北京：石油工业出版社，2021.12

ISBN 978-7-5183-5096-4

Ⅰ．①四… Ⅱ．①姜… Ⅲ．①四川盆地－油页岩－油气藏－油气藏形成－研究 Ⅳ．① P618.130.2

中国版本图书馆 CIP 数据核字（2021）第 262095 号

出版发行：石油工业出版社
（北京安定门外安华里 2 区 1 号　100011）
网　址：www.petropub.com
编辑部：（010）64251539　　图书营销中心：（010）64523633
经　　销：全国新华书店
印　　刷：北京中石油彩色印刷有限责任公司

2021 年 12 月第 1 版　2021 年 12 月第 1 次印刷
787×1092 毫米　开本：1/16　印张：12.5
字数：300 千字

定价：120.00 元
（如出现印装质量问题，我社图书营销中心负责调换）

前言 / PREFACE

页岩气资源潜力巨大，是未来油气勘探的重要接替领域。世界页岩气资源量丰富，为常规天然气资源量的 5～8 倍，其中美国、中国、加拿大、阿根廷、墨西哥等国家的页岩气资源尤为丰富。目前，实现页岩气商业开发的国家主要有美国、加拿大和中国。

中国南方海相页岩气资源丰富，深层、浅层、常压区页岩气开发均已取得重大突破。目前，中国页岩气多产自四川盆地及周缘的海相页岩，形成了长宁、威远、昭通、涪陵等国家级示范区，以及泸州、巫溪等重要勘探潜力区，2019 年产量为 $154\times10^8m^3$，成为全球第二大页岩气产气国。2019 年以来，以足 202-H1 井、黄 202 井、泸 203 井为代表的深层页岩气井和以阳 102 井为代表的浅层页岩气井均获得高产气流，其中泸 203 井测试页岩气日产量达 $137.9\times10^4m^3$，成为国内首口单井测试日产量超百万立方米的页岩气井。同时，中国石化华东油气分公司在彭水地区的常压页岩气勘探取得重要进展，建成南川一期 $6.5\times10^8m^3/a$ 产能页岩气田，稳步推进二期 $5.3\times10^8m^3/a$ 产能建设，进一步说明中国页岩气资源潜力巨大。

虽然目前四川盆地及周缘海相页岩气的勘探开发已获得重大进展，但仍面临海相页岩气成藏地质要素不明确、要素之间时空匹配关系对页岩气富集的控制作用认识不清、页岩气成藏缺乏科学的评价方法体系等问题。具体科学问题如下：

（1）页岩气聚集成藏关键地质要素的时空匹配关系及成藏效应尚未清楚。

中国海相页岩气的勘探开发已获得重大进展，尽管与陆相页岩相比，海相页岩的非均质性相对较低，但是不同地区海相富有机质页岩的生气、储气、保存要素存在巨大差异，各地质要素之间时空相互配置和消长关系对页岩气成藏和富集的控制作用需清晰描述。

（2）页岩气藏差异富集机理及其控制因素尚未阐明。

中国海相富有机质页岩时代老、成熟度高、演化历史复杂，不同地区海相富有机质页岩的孔隙发育程度、流体压力状态和天然气富集程度存在巨大差异，页岩气差异富集机理成为制约页岩气勘探的核心科学问题。四川盆地及周缘不同地质条件下五峰组—龙马溪组海相页岩气富集与贫化机理显著不同，高产区与低产区的扩散运移聚集成藏富集模式亟待建立。

（3）页岩气藏综合定量评价有待创新。

基于页岩气成藏主要控制因素提出参数归一化方法和评价标准，是建立页岩气富集成藏综合评价方法和参数体系的基础。国内外页岩气藏评价参数体系差异较大，适合中国南方复杂地质条件的评价参数有待进一步优选，四川盆地及周缘页岩气藏综合评价方法亟须创新。

因此，有必要针对上述问题，在四川盆地及周缘地区开展页岩气成藏要素匹配及综合评价的研究，以完善和丰富页岩气成藏理论，优选出适合国内地质条件的页岩气成藏综合评价方法，并在四川盆地及周缘进行应用，对丰富中国页岩气地质理论和指导南方海相页岩气勘探均具有重要的理论与现实意义。

在资料分析、实验测试和综合研究的基础上，2017 年开始逐渐形成中国典型海相和陆相页岩气藏成藏要素匹配效应的系统认识，在国家“十三五”重大专项“五峰组—龙马溪组富有机质页岩储层精细描述与页岩气成藏机理（2017ZX05035-002）”课题的支持下，研究工作进一步系统化，研究深度逐渐加大，同时吸纳了国内外相关研究成果，理论认识和研究方法进一步成熟。通过进一步的实验分析和理论研究，本书书稿定型，其是长期“产、学、研”结合的产物，书中部分成果认识已经得到应用。

本书以国家油气科技重大专项资助项目研究成果为基础，对中国四川盆地龙马溪组页岩气藏成藏要素匹配及成藏效应开展了相关实验分析和理论研究，期望通过对现有资料和认识的归纳总结为今后相关研究提供一些借鉴，尤其期望以这样抛砖引玉的方式对页岩气成藏地质理论和中国页岩气勘探预测研究作出力所能及的贡献。本书共分五章：第一章以四川盆地构造背景、页岩气勘探开发研究现状为基础，简述了五峰组—龙马溪组页岩气开发趋势及存在问题；第二章以四川盆地龙马溪组页岩为例，定量表征了页岩气成藏地质要素；第三章系统论述了四川盆地龙马溪组页岩气成藏要素时空匹配及成藏效应；第四章揭示了页岩气差异富集机制，系统总结并建立了页岩气成藏演化过程中的差异富集模式；第五章构建了页岩气成藏富集动态综合评价体系，并应用于勘探实践。

多年来，先后参加上述科研工作并作出实质性技术贡献的有数十人，本书所列作者只是他们中的持续研究者和各个研究阶段的代表。参加研究工作的人员主要有姜振学、杨威、罗群、杨磊磊、王幸蒙、王国臻等。全书由姜振学主持撰写，包括提出编写提纲、各章节内容安排调整及最后统一修改定稿，杨威、罗群、杨磊磊、王幸蒙、王国臻参加了全书统编工作。

在此，首先感谢对相关研究作出贡献的所有同仁。课题组教师所带博士、硕士研究生先后参加了该项研究工作，其中许多研究生也提供了有益的帮助，如常佳琦、薛子鑫、梁志凯、孙玥、王乾右、蔡剑锋、崔政劼、崔哲、王井伶、吴安彬、姜鸿阳、王耀华、赵明珠、袁珍珠、鲁健康、李兰、许倩。

本书的撰写是在国家油气科技重大专项“四川盆地及周缘页岩气形成富集条件、选区评价技术与应用（2017ZX05035）”项目负责人王红岩教授、宋岩教授、董大忠教授的指导和帮助下完成的，得到了中国石油大学（北京）钟宁宁教授、黄志龙教授、陈践发教授、刘洛夫教授等的指导，得到了中国石油西南油气田分公司页岩气研究院、中国石化南方勘探分公司、中国石化西南油气分公司等单位领导和专家的指导帮助，在此一并表示衷心的感谢！

中国页岩气研究正稳步有序推进，但仍然存在许多争议。希望能通过本书与相关同行专家进行交流，以进一步发展、完善中国页岩气地质理论、方法和技术。同时由于水平有限，书中错误在所难免，恳请读者批评指正。

目录 /CONTENTS

第一章　地质背景及国内外研究现状

随着全球常规油气资源勘探难度的加大和人类对油气能源需求量的日益增长，非常规油气资源受到各个国家和石油公司的高度重视，页岩气作为非常规天然气的重要类型，目前在全球范围内成为勘探开发的热点，特别是美国页岩气革命的成功，在世界范围内掀起了页岩气勘探开发的高潮。中国页岩气已成为目前非常规天然气增储上产的重要领域，尤其是海相页岩气已取得重大突破，实现了大规模商业开发，在中国四川盆地及周缘已建成威远、长宁、昭通、涪陵等国家级页岩气示范区，新增储量持续增加，页岩气产量逐年攀升，势头强劲，潜力巨大。本章在简要回顾页岩气勘探开发历程的基础上，重点论述了中国页岩气勘探开发现状及存在问题，以及本书所做工作及取得的专项成果。

第一节　四川盆地区域地质概况

一、四川盆地大地构造背景

四川盆地的大地构造位于上扬子地台西部，面积约 $18\times10^4km^2$，是扬子准地台的次一级构造单元，也是中国南方典型的叠合盆地，具有多期构造运动叠加的特征（何登发等，2011；李洪奎等，2019）。四川盆地在印支时期已具盆地雏形，经喜马拉雅运动之后全面褶皱形成现今的构造格局。盆地呈明显的菱形状，西北和东南两边界稍长，呈北东向延伸展布，边界相对整齐；东北和西南边界略有弯曲，主要是北西向，四条边界遥相对应，盆地轮廓清晰，与周边不同构造区易于区分。环绕盆地外围，靠西北和东北一侧是龙门山台缘褶皱带和大巴山台缘褶皱带，继而向外过渡到松潘—甘孜地槽褶皱系和秦岭地槽褶皱系；东南和西南一侧是滇黔川鄂台缘褶皱带，自东而西可划分出八面山断褶带、娄山断褶带和峨眉山—凉山冲断带等低一级构造单元。龙门山台缘褶皱带、大巴山台缘褶皱带和滇黔川鄂台缘褶皱带亦属于扬子准地台上的次一级构造单元，并在构造和地形上构成了四川盆地周缘的山地（图 1–1）。

四川盆地的基底岩系为中—新元古界。盆地的基底结构具有明显的三分性，盆地中部的磁场特征显示为一宽缓的正异常区，范围从西南方向的峨眉、峨边一带开始，经简阳、南充至开县以东止，斜穿盆地中部呈北东向延伸，自西而东主要由三个规模较大的磁性岩体组成（张亮鉴，1985；曹树恒，1988）：呈弧形弯曲的乐山—简阳—大足岩体、呈北东方向的南充—平昌岩体和奉节岩体。根据岩性分析，基底多为中性及中基性岩浆岩组成的复杂体，变质程度高，刚性强，构成了盆地中部硬性基底隆起带（康义昌，1986；宋鸿彪等，1995）。盆地的西北部和东南部分别为两个弱磁场区。盆地的西北部除德阳为磁力高

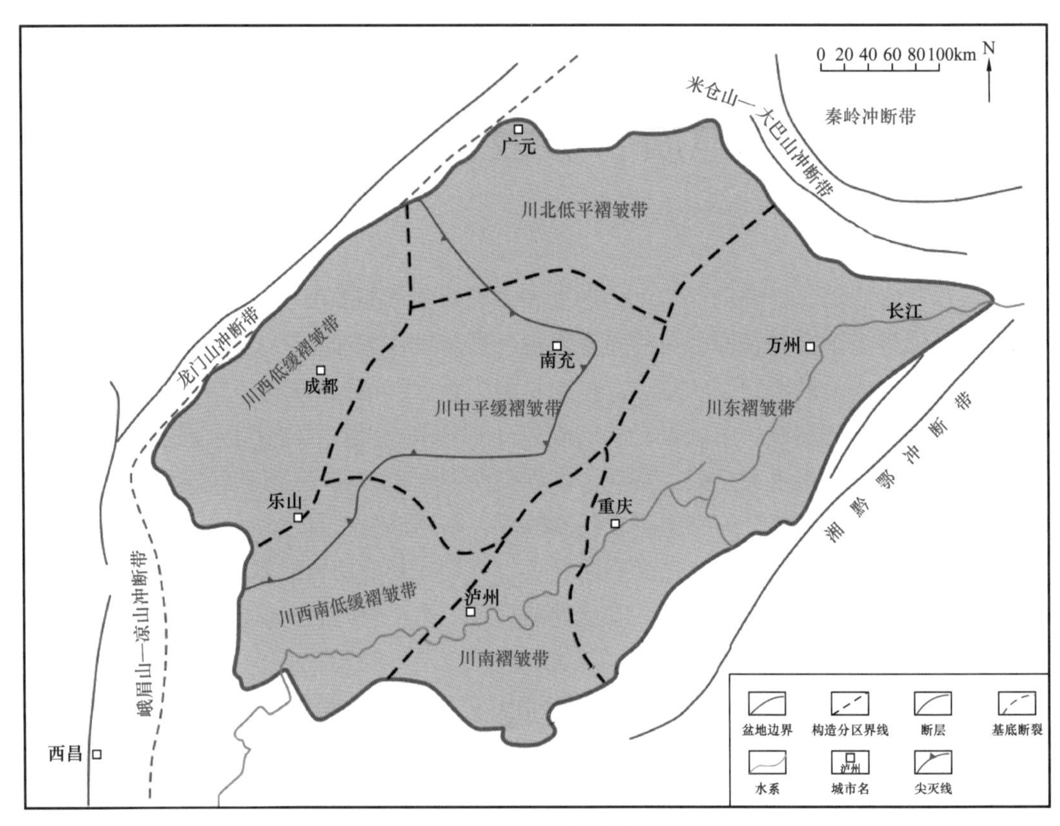

图 1-1　四川盆地构造分区图

外，均显示为降低的负异常区，其中北段可与大巴山负异常区相连，反映这一带的基底可能与米仓山、大巴山地区的火地垭群相当，南段亦为磁场降低的负异常区，可能与峨边群以及包括下震旦统的苏雄组、开建桥组在内的火山岩系相当。盆地的东南部除石柱为正异常外，同样显示为负异常背景，组成基底的岩石主要相当于板溪群变质的沉积岩系。

四川盆地基底的分带特征，从总体上反映了盆地内部基底硬化程度的差异和主要呈北东方向展布的构造格局，其对后期沉积盆地的发展、隆起与坳陷的配置，以及盖层褶皱的强度都有比较明显的影响。盆地中部属于刚性基底，是相对的隆起带，在地质历史上稳定性较强，沉积盖层厚度相对较薄，基岩埋藏深度一般为 3～8km；盆地的西北和东南两侧属塑性基底，是坳陷带，沉积地层厚度较大，基岩埋藏深度达 8～11km。

二、四川盆地构造演化特征

从构造演化的角度来看，四川盆地自形成以来主要经历了两个重要的阶段。第一阶段为古生代—中生代早期的克拉通坳陷阶段，第二阶段为晚三叠世—新生代晚期的前陆盆地阶段（袁建新，1996；吕宝凤，2005a；苏勇，2007；王长城等，2008）。克拉通坳陷阶段又可以细分为早古生代及以前的克拉通内坳陷阶段和晚古生代以后的克拉通裂陷盆地阶段（张鹏飞，2009；曹环宇等，2015；尹宏伟等，2016）。

四川盆地具有双层前寒武系基底和三层显生宇盖层。其中双层基底分别为早前寒武纪的变质结晶基底和中—晚前寒武纪的变质过渡基底；三层显生宇盖层分别为震旦纪—志留纪的海相沉积盖层、泥盆纪—中三叠世的海相火山沉积盖层以及晚三叠世—第四纪的陆相沉积盖层。四川盆地显生宇盖层的厚度约为6000～12000m（陈尚斌等，2012），盆地较厚的盖层沉积有利于油气的生成和聚集成藏。自震旦纪以来，盆地经历了多次构造活动，从盆地基底开始可以划分出扬子旋回、加里东旋回、海西旋回、印支旋回、燕山旋回和喜马拉雅旋回共6个主要的构造旋回（苏勇，2007；张岳桥等，2011）。

（一）扬子旋回

扬子旋回包括晋宁运动和澄江运动，以晋宁运动最重要。晋宁运动发生在震旦纪以前，是一次强烈的构造运动，使前震旦系地槽褶皱回返，会理群、峨边群、火地垭群、板溪群等发生变质，并伴有岩浆侵入，扬子准地台普遍固结成为统一基底。晋宁运动还形成了安宁河、龙门山、城口等深断裂，这些断裂控制了扬子准地台的西部和北部边界，成为后期发展中地台与地槽的分界线。

澄江运动发生在早震旦世中—晚期，代表性界面在大凉山一带，为列古六组与开建桥组间的平行不整合。经过深井钻探，在盆地腹部上震旦统的下伏地层同样为火山喷发岩或岩浆侵入岩。早震旦世的火山活动和岩浆侵入已延至盆地的西部和川中腹部，从而使前震旦系基底复杂化。因此，就组成盆地的基底而言，在某些地区，如盆地的西南一侧，其地质时代可能要上延到早震旦世，上震旦统才是其上接受的第一个沉积盖层。

（二）加里东旋回

加里东旋回一般指寒武纪—志留纪的构造运动，本书将震旦纪末期的构造运动也一并划为加里东期。主要运动有三期：第一期在震旦纪末（桐湾运动），表现为大规模抬升，灯影组上部广遭剥蚀，与寒武系间为假整合接触；第二期在中、晚奥陶世之间，但在四川盆地表现不明显；第三期在志留纪末（晚加里东运动），是一次波及范围广、影响深远的地壳运动，这次运动使江南古陆东南的华南地槽区全面回返，下古生界褶皱变形。在扬子准地台内部虽然没有见到明显的褶皱运动，但是，大型的隆起和坳陷以及断块的升降活动还是比较突出的，如贵州黔中隆起和四川乐山—龙女寺隆起。

（三）海西旋回

海西旋回是古生代第二个构造旋回。影响到四川盆地范围的运动主要为泥盆纪末的柳江运动、石炭纪末的云南运动和早、晚二叠世之间的东吴运动。其性质皆属升降运动，造成地层缺失和上下地层间呈假整合接触。

经过加里东运动，以四川、黔北为主体的上扬子古陆和康滇古陆连为一体，持续抬升，盆地内除川东地区有中石炭统外，广泛缺失泥盆系、石炭系，只是到了地台边缘的龙门山地区和康滇古陆东缘才发育泥盆系、石炭系。发生在早、晚二叠世之间的东吴运动，使扬子准地台在经历了早二叠世海盆沉积以后再次抬升成陆，上二叠统、下二叠统在广大地区内呈假整合接触。从早二叠世后期剥蚀的情况看，抬升幅度较大的地区在大巴山和龙门山一带；康滇古陆前缘抬升幅度相对要弱，保留地层较全。此外，在晚二叠世早期还有张裂运动，盆地西南部和康滇古陆可见到大规模的玄武岩，盆地内部沿龙泉山、华蓥山及川东部分高陡背斜带上也相继发现有玄武岩和辉绿岩体，说明当时断裂活动的规模较大。

（四）印支旋回

印支旋回指三叠纪以来到侏罗纪以前的构造运动。印支旋回最早的构造运动对四川盆地的影响可能早在三叠纪初就已开始，反映在进入中三叠世以后海盆沉积方向与早三叠世相比发生了很大改变。但表现特别明显的主要有两期：一是发生在中三叠世末（早印支运动）；二是发生在晚三叠世末（晚印支运动）。

早印支运动以抬升为主，早—中三叠世闭塞海结束，海水退出上扬子地台，从此大规模海侵基本结束，而后以四川盆地为主体的大型内陆湖盆开始出现，是区内由海相沉积向内陆湖相沉积的重要转折期。早印支运动还在盆内出现了北东向的大型隆起和坳陷。三叠纪末，晚印支运动幕来临，在盆地西侧的甘孜—阿坝地槽区表现异常强烈，使三叠系及其下伏的古生界全面回返，褶皱变形，并伴有中酸性岩浆侵入，形成区域性地层变质。但在上扬子地台，除龙门山前缘受其波及，有较强的褶皱和断裂活动，并与川西北盆地边缘见有印支构造存在，与上覆构造层呈角度不整合接触，其他地区一般表现并不强烈，主要是地壳上升，使上三叠统遭受剥蚀，形成上下地层沉积间断。经历了晚印支运动后，地槽区升起成山，盆地西北一侧的古陆连成一体，使四川盆地的西部边界更加明确和固定。

（五）燕山旋回

燕山旋回指侏罗纪—白垩纪末的构造运动，是陆相沉积盆地发育的主要阶段，当时盆地范围可能遍及整个上扬子地区，且有几个沉积中心，如四川、西昌、楚雄等。盆地受燕山旋回各构造幕运动影响，在侏罗纪、白垩纪发展阶段总的趋势是盆地周边地区开始褶皱回返，古陆崛起，沉积盆地范围逐步向内压缩。期间各古陆前缘的沉降中心时有迁移，但受川中稳定基底制约，围绕威远—龙女寺一带的中间隆起呈环状分布。

燕山旋回的构造运动主要有三期。盆地以中燕山运动表现最为明显，晚侏罗世末的中燕山运动使盆地再次上隆，这是中生代陆相盆地形成以来，继晚印支运动之后的又一次比较重要的构造运动。中燕山运动在江南隆起以东的广大地区，褶皱运动表现十分强烈，地层发生变形。经过中燕山运动，东南侧的古陆向盆地大大推进了一步，致使盆地东南侧边界已经压缩到齐岳山和黔中隆起北坡一带。龙门山也有较大幅度上升，为其后沉积白垩纪磨拉石建造创造了条件。

（六）喜马拉雅旋回

喜马拉雅旋回指白垩纪晚期以来主要发生在古近纪的构造运动。四川盆地喜马拉雅旋回最明显的一次运动是在古近纪名山群和芦山组沉积以后，这次运动以上覆大邑砾岩与其不整合接触为代表。在四川盆地，喜马拉雅旋回至少有两次重要的构造运动，一次发生在新近纪以前（早喜马拉雅运动），这是一期影响深远的构造运动，是四川盆地构造和局部构造形成的主要时期，使震旦纪至古近纪以来的沉积盖层全面褶皱，并把不同时期、不同地域的褶皱和断裂连成一体，从此盆地的构造格局基本定型。另一次运动发生在新近纪以后、第四纪以前（晚喜马拉雅运动），这次运动使早喜马拉雅期形成的构造进一步得到加强和改造，最终定型构成现今四川盆地的构造面貌。

第四纪以来，新构造运动仍在发展，除龙门山前以沉降为主外，其余均为间歇性上升运动，接受新的剥蚀夷平。

三、四川盆地地层发育特征

四川盆地地层纵向上层系分布齐全、厚度大，具有多层系、多旋回的特点。盆地基底为前震旦系，局部地区还包括下震旦统，主要由中—新元古界变质岩及岩浆岩组成，厚度为几千米至万余米。其上沉积盖层发育齐全，总厚度达 6000～12000m（黄福喜等，2011；刘树根等，2011）。其中震旦系—中三叠统是海相沉积，以碳酸盐岩为主，厚度为 4000～7000m。震旦系分为上统、下统，下统在盆地内缺失，仅在局部地区如川东北、川东南及鄂西、黔东等凹地有沉积；上统全区发育良好，岩性变化小，分布稳定。寒武系、奥陶系、志留系在盆地范围内广泛分布，属地台型沉积。受加里东运动的影响，中—上寒武统和奥陶系在成都以南局部地区遭受剥蚀。泥盆纪、石炭纪，以四川、黔北为主体的上扬子古陆始终保持上升状态，盆地内部大面积缺失，仅在盆缘发育有泥盆系和石炭系。二叠系在全区分布广泛，为浅海台地沉积，晚二叠世初，在川西南沿断裂有大量玄武岩喷发。中、下三叠统同样为浅海台地沉积。一直到中三叠世末期印支运动，上扬子区整体抬升，盆地内部遭受不同程度的剥蚀，大规模海侵从此结束。上三叠统反映了区域内由浅海台地转变为内陆湖盆的全过程，是一套海陆过渡沉积，厚度为 250～3000m。侏罗系—古近系为陆相沉积，主要发育一套碎屑岩，厚度为 2000～5000m。侏罗纪湖盆范围较大，到白垩纪、古近纪时期湖盆收缩，最后经喜马拉雅运动才使四川盆地的面貌基本定型。第四系为冲积、洪积层，由疏松泥砂和砾石组成，分布在现代河流的两岸，一般厚度为 0～100m（图 1–2）。

上奥陶统五峰组和下志留统龙马溪组是四川盆地发育的一套重要泥页岩层系（图 1–3）。五峰组页岩沉积时，由于被华夏板块与扬子板块碰撞挤压，导致四川盆地边缘抬升；再加上碳酸盐岩台地的发育，雪峰古隆起、川中古隆起和黔中古隆起等出露海平面，盆地内部被这些古隆起所围限，形成了局限的浅海环境（徐国盛等，2011；龙胜祥等，2018）；沉积环境主要为低能、缺氧、欠补偿的环境（牟传龙等，2011）。五峰组为一套薄层的分布广泛的黑色硅质、碳质页岩（梁超等，2012），笔石生物发育。五峰组在研究区分布范围广泛，厚度为 5～11m。由于赫南特冰期的影响，五峰组顶部发育一套富含介壳的泥灰岩，厚度为 0.2～0.6m，现在普遍称为观音桥段（陈科洛等，2018）。

早志留世龙马溪组沉积时发生了全球性的海侵。四川盆地受到剧烈的碰撞作用，地层因为受到挤压作用而隆升（戎嘉余，1984；郭英海等，2004），形成了局限海域和缺氧还原的沉积环境。龙马溪组发育一套分布广、厚度大的细粒碎屑岩，形成了区域范围的优质烃源岩系，并具有向上变浅的演化过程（苏文博等，2007；刘树根等，2011）。根据岩性组成的不同，龙马溪组可以分为上、下两段，下段由富含有机质的黑色碳质页岩、硅质页

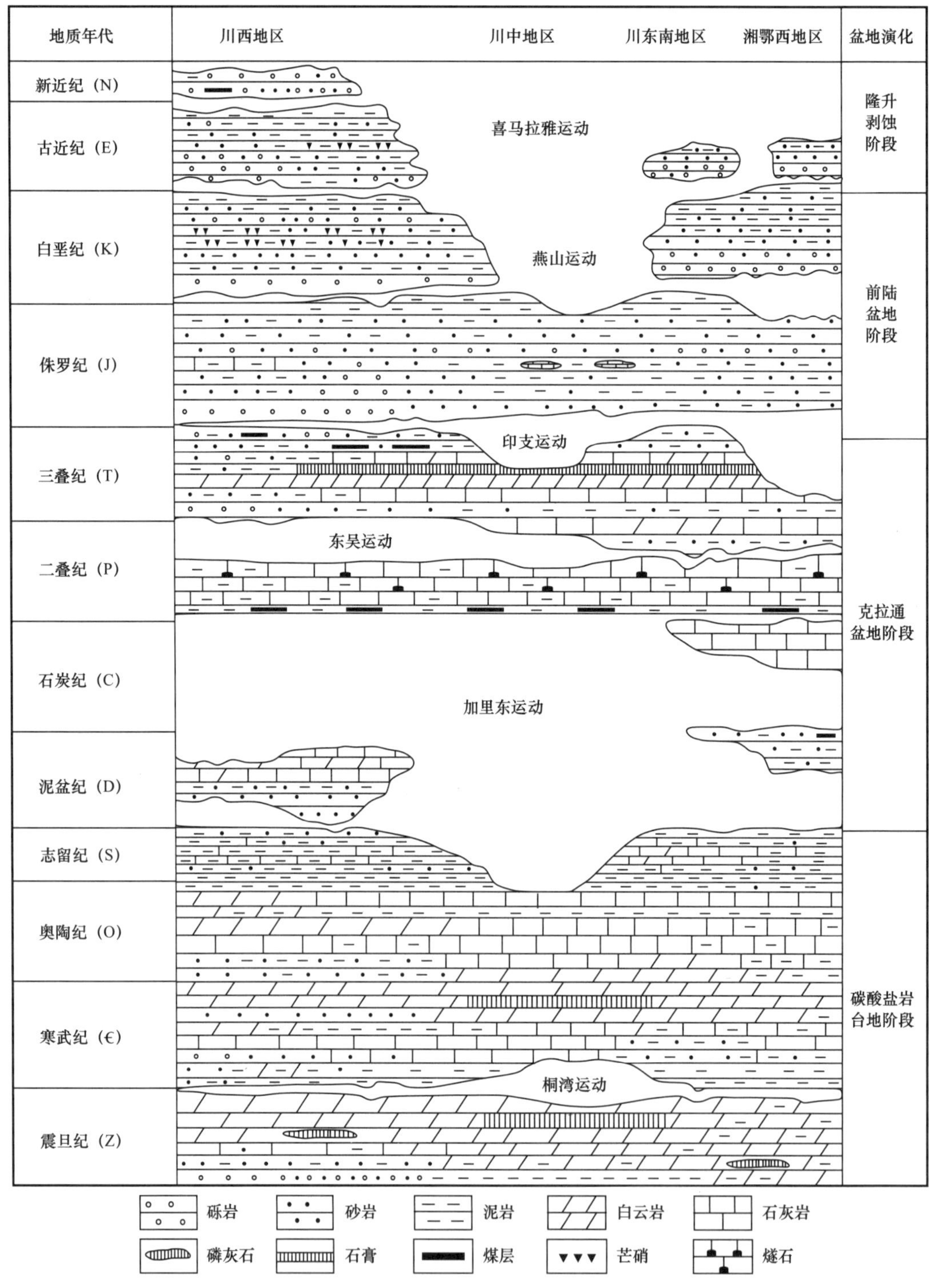

图 1-2　四川盆地及其周缘沉积地层演化简图（据刘树根等，2011）

岩和深灰色粉砂质页岩组成，含有丰富的笔石，总有机碳含量较高，厚度为 30～120m；上段主要由黄绿色、灰色页岩，以及砂质泥页岩、泥灰岩和粉砂岩互层组成，有机碳含量较下段较低。前人的研究结果表明，川南地区龙马溪组页岩的沉积相类型有深水陆棚亚相、浅水陆棚亚相及潮坪亚相。

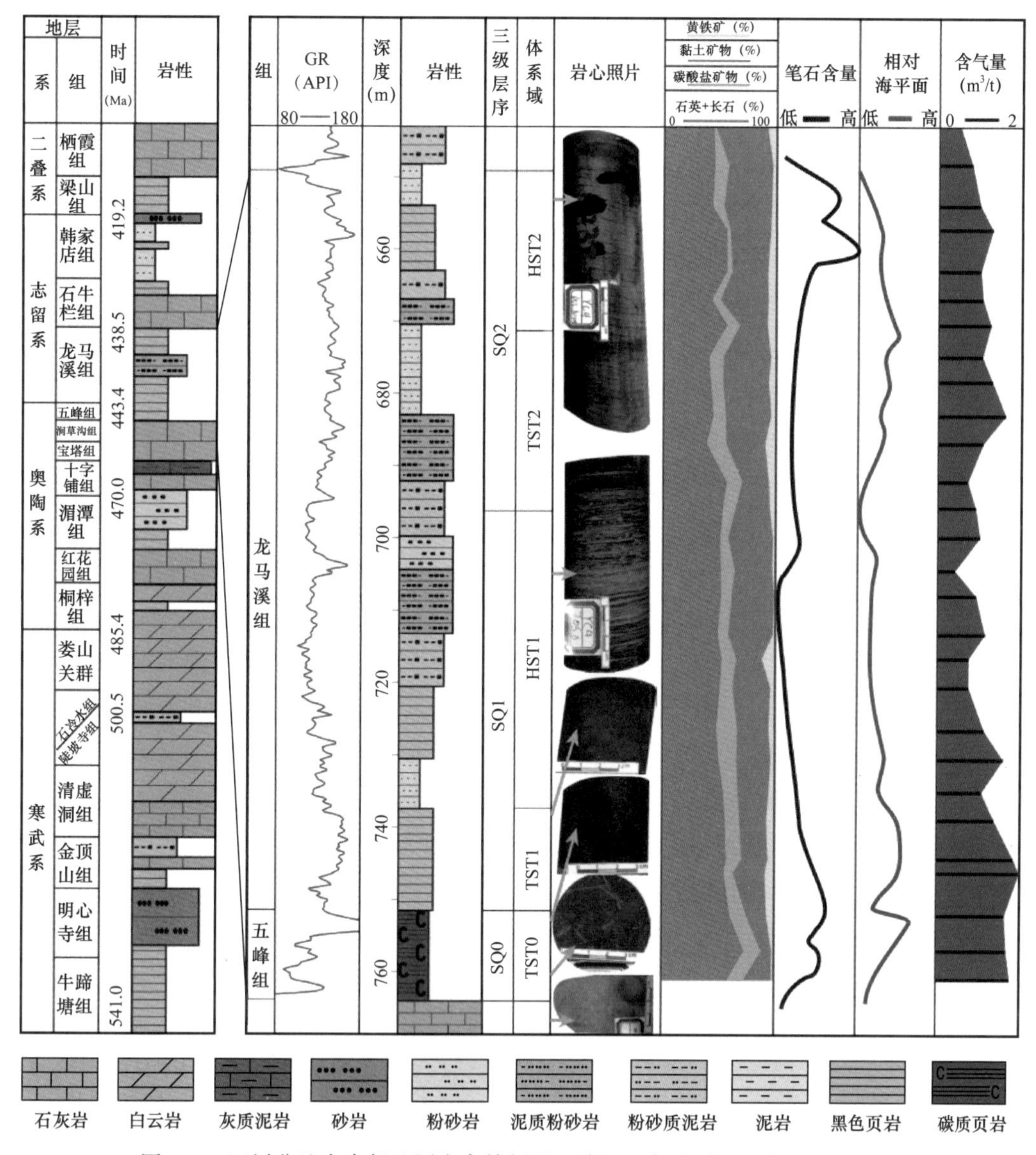

图 1-3　四川盆地东南部地层发育特征及五峰组—龙马溪组页岩地层柱状图

五峰组—龙马溪组页岩在早中生代经历了大幅度的深埋，并且在晚中生代—新生代发生了强烈的隆升和剥蚀。目前，五峰组—龙马溪组页岩在四川盆地的埋藏深度在1300～4500m范围内，页岩埋藏在浅层处及在强烈隆起区域露出。

第二节　四川盆地及周缘页岩气勘探开发现状

一、四川盆地及周缘页岩气勘探进展

四川盆地是中国最早进行页岩气勘探的区域，也是目前唯一一个获得大突破、取得成功商业开发的盆地。早在2009年，国土资源部油气资源战略研究中心和中国地质大学

（北京）钻探了第一口页岩气调查井渝页1井（张金川等，2010）；2010年，中国石油钻探的第一口页岩气勘探评价井威201井完钻（董大忠等，2012）；2012年中国石化在涪陵焦石坝钻探焦页1HF井，获得高产工业气流，实现了商业发现（郭旭升等，2016）。

随后中国石油、中国石化两大石油公司对页岩气进行了大规模的勘探开发实践，取得了巨大的突破，尤其四川盆地成功获得商业开发，目前已发现涪陵、威远、长宁、昭通、威荣、太阳和永川等页岩气田。中国石化从2006年开始对中国页岩气资源潜力及选区进行评价，随后在四川盆地进行了一系列的井位部署和勘探工作，2012年11月，焦页1HF井在下志留统龙马溪组进行压裂测试获得高产，日产气$20.3\times10^4m^3$，2013年又启动了开发先导试验井组，到2014年7月，经国土资源部评审认定，焦石坝区块焦页1HF—焦页3HF井组五峰组—龙马溪组页岩气新增探明地质储量$1067.5\times10^8m^3$，涪陵页岩气田诞生（金之钧等，2016）。中国石油在川南地区经过多年的页岩气勘探开发探索与实践之后，2012年在川南地区建立起四川长宁—威远国家级页岩气示范区和滇黔北昭通国家级页岩气示范区，截至2018年，在示范区内已累计提交探明地质储量$3200\times10^8m^3$，已建成产能规模$30\times10^8m^3/a$（马新华，2018a）。在四川盆地周缘及外围也进行了积极探索，边缘的丁山、赤水、习水目前正在大力勘探，盆外在黔东南岑巩地区和鄂西宜昌地区寒武系、湘中二叠系均获得页岩气发现，但尚未形成商业开发局面。四川盆地内部除了五峰组—龙马溪组海相页岩外，川西下寒武统筇竹寺组及相当层位海相页岩也有页岩气勘探突破；目前中生界陆相页岩气也有突破性进展，如川东北元坝地区五口井侏罗系自流井组大安寨段页岩气测试获得中高产工业气流（14×10^4～$50\times10^4m^3/d$）（魏祥峰等，2014），建南地区东岳庙段建页HF-1井压裂后初期日产气$1.2\times10^4m^3$，展现出陆相页岩气良好的勘探前景；另外，海陆过渡相二叠系也获得了良好的页岩气显示或产出，如在川东北M1井龙潭组获得了较好的页岩气显示和压裂效果，直井压裂获得了$3.5\times10^4m^3/d$的产量，证实了二叠系资源基础，显示了良好的勘探苗头。中国石化、中国石油在川南地区泸州、大足、永川等地五峰组—龙马溪组3500m以深深层页岩气勘探开发也取得了初步成效，如威页1HF井、丁页2HF井和永页1HF井等垂深超过3500m的深层钻井具有良好的初始产量。这些勘探开发新进展，进一步表明五峰组—龙马溪组页岩气资源潜力巨大，是中国未来天然气增储上产的重要领域。

二、四川盆地及周缘页岩气开发现状

目前，中国页岩气主要产自四川盆地及周缘的五峰组—龙马溪组。五峰组—龙马溪组页岩气经过近十年的勘探开发，逐步形成了长宁—威远、昭通、涪陵等国家级页岩气示范区，开拓形成了以泸州、东溪—丁山、叙永、巫溪、永川、威荣等为中心的诸多重要勘探潜力区及产建区（马新华等，2018b；马永生等，2018）。截至2019年底，五峰组—龙马溪组已探明地质储量约为$1.8\times10^{12}m^3$。中国海相页岩气产量已初具规模，年产持续攀升，2017年页岩气年产量为$90\times10^8m^3$，到2018年产量突破$100\times10^8m^3$，约为$109\times10^8m^3$，2019年产量约为$154\times10^8m^3$，成为全球第二大页岩气产区（邱振等，2020）。近年来，随着页岩气勘探深度的不断增加，四川盆地内部深层页岩气也逐步取得了重大突破。中国石油西南油气田矿区足 202-H1 井、泸 203 井、黄 202 井等都相继获得高产气流，其中泸州地区泸 203 井测试日产气量高达 $137.9\times10^4m^3$，是中国首口单井测试日产量超过百万立方米的深层页岩气井（郑述权等，2019）。中国石化自 2019 年以来，在四川盆地南部复杂构造区常压页岩气以及綦江东溪—丁山地区深层页岩气勘探也取得了重要突破，落实新增了 2 个 $1000\times10^8m^3$ 的规模储量（图 1-4）。

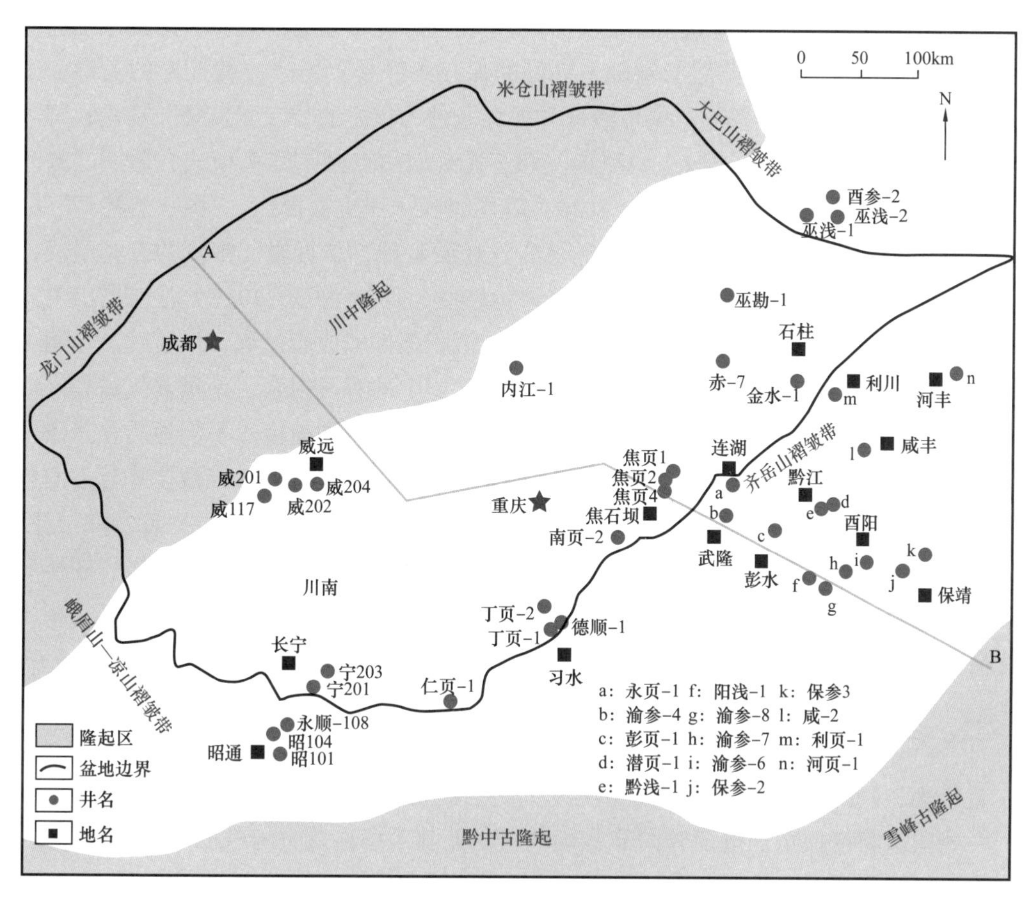

图 1-4　四川盆地主要页岩气井分布

涪陵、威远、长宁、威荣和昭通等页岩气田是目前四川盆地内成功获得商业开采的地区，但不同的产建区最终可采储量（EUR）差别较大。虽然初期发现丁页 2 井、威页 1 井等多口试采高产井，但由于稳产能力差、衰减快、EUR 低而没有进行商业开发。页岩气单井产量也有较大差别，如焦石坝焦页 6-2HF 井，累计产量已经超过 $3.0\times10^8m^3$，而同样位于焦石坝地区的焦页 190-2 井则产能很低。

第三节　页岩气成藏机理与评价研究现状

一、页岩气成藏机理

中国南方发育大面积富有机质泥页岩，尤其是四川盆地及周缘五峰组—龙马溪组页岩厚度大、有机质丰度高，成为页岩储层研究的热点，在页岩气勘探开发实践中，很多专家学者对该套页岩储层特征、页岩气富集主控因素、富集模式及成藏机理等方面都进行了一些研究和总结，取得了大量的进展和认识。

金之钧（2016）指出页岩储层“五性一体”及“双甜点”特征，同时也揭示了“多藻控烃源、生硅控格架、协同演化控储层”的优质页岩储层成因机制（聂海宽等，2020）；郭旭升（2014）探索并提出了复杂构造区海相页岩气“二元富集”规律，即深水陆棚优质泥页岩发育是页岩气成烃控储的基础，良好的保存条件是页岩气成藏控产的关键；王志刚（2015）提出了以生烃条件、储集条件和保存条件为核心的“三元富集”理论；邹才能等（2015a）提出了页岩气“构造型甜点”和“连续型甜点区”富集模式；后期“源—盖控藏”页岩气富集机制（聂海宽等，2016）等规律和认识也被提出，“源—盖控藏”分析认为 WF2—LM4 笔石带页岩具有较好的页岩气物质基础，是页岩气富集的有利层段，同时指出页岩气评价需要由静态评价向动态评价转变；何治亮等（2017）总结提出了“建造—改造”的页岩气评价思路，认为优越的原始沉积条件和成岩过程（地质建造作用）与后期适度的构造变形改造和抬升剥蚀（地质改造作用）的有机组合，是页岩气富集高产的前提与关键，但对成藏演化过程的研究还不够完善。针对不同地区、不同地质背景条件的页岩，众多学者对页岩气成藏地质条件、富集成藏主控因素、页岩气成藏模式等方面都进行了研究（胡东风, 2019；郭旭升, 2019；姜振学等, 2020），认为页岩成熟度、储层特征、流体压力、保存条件和含气量等是页岩气富集的主要控制因素；也分析了常压、超压气藏的形成原因及高产控制因素（聂海宽等，2019），但对整个构造演化过程中页岩气藏压力演化研究鲜有涉及。

二、页岩气成藏评价

近年来，随着页岩气勘探开发各项技术的不断发展以及常规油气勘探难度的不断增大，一些国家将勘探重点逐渐转向非常规油气，尤其是国内对页岩气的关注度逐年增大，关于页岩气综合评价的研究也在不断深入，认识水平也在实践中不断提高。页岩气成藏涉及一系列复杂的科学问题，成藏富集是各种地质因素综合作用的结果，国内外不同探区、不同层位的页岩气形成条件、保存条件等均具有差异，所以针对不同类型和地区成藏综合评价的研究方法不同。

页岩气综合评价应该包括 3 大方面：一是资源评价；二是成藏评价；三是选区评价。

页岩气选区评价主要利用从勘探区块采集的各项地质数据及资料，围绕寻找富有机质页岩这一目标，通过运用多要素图件重叠匹配、专家建立参数赋权表以及建立评价数学模型等方法，进行页岩气勘探区块评价及优选工作。选区评价侧重于选出最后能实际开发出来的商业区块，强调地质条件、工程条件和经济—技术条件的共同满足，国外页岩气选区评价概况见表 1-1（刘超英，2013；郗兆栋等，2018）。

国内由国土资源部油气资源战略研究中心出台了一套《页岩气资源潜力评价方法与有利区优选》工作指南，将页岩气分布区划分为远景区、有利区和目标区（核心区）3 级，在选区评价过程中按照不同的参考指标进行优选，但该方法主要针对单一目标区内的有利区进行预测（刘超英，2013）。郭秀英等（2015）利用数理统计知识中改进的层次分析法对页岩气选区进行参数指标筛选和权重确定，筛选出有效厚度、有机碳含量、成熟度、孔隙度、含气量、脆性矿物含量、断层类型、压力系数等12项海相页岩气选区关键评价指标，综合主、客观权重赋值法，成功评价了四川盆地5个海相页岩气区块。张鉴等（2016）综合19项页岩气评价参数及阈值，提出了有利区、建产区和核心建产区的优选方法，其中在四川盆地选出的3个核心建产区已经编制了开发方案，正在进行规模化开采，取得较好成效。霍凤斌等（2013）引入图解法，提出了“两层—六端元”页岩评价方法，以反映页岩层生烃潜力（烃源层）和储集性能（储层）的六端元参数（孔隙度、渗透率、微裂缝、含气量、脆性矿物含量和抗压强度），主要用于目的层的优选。

表1-1 国外页岩气选区评价关键参数简表

公司	评价参数	个数
哈丁—谢尔顿	地质因素：页岩净厚度、有机质丰度、热演化程度、岩石脆性、孔隙度、页岩矿物组成、三维地震资料质量、构造背景、页岩的连续性、渗透率、压力梯度 钻井因素：钻井现场条件、天然气管网等 环境因素：水源、水处理、环保	16
埃克森美孚	热成熟度（R_o）、页岩总有机碳含量、气藏压力、页岩净厚度、页岩空间展布、页岩碎裂性（可压裂性）、裂缝及其类型、吸附气及游离气量高低、基质孔隙类型及大小、深度、有机质含量平均值、岩性、非烃气体分布	13
英国石油	构造格局和盆地演化、有机相、厚度、原始总有机碳、镜质组反射率、脆性矿物含量、现今深度和构造、地温梯度、温度	9
雪佛龙	总有机碳含量、热成熟度、黑色页岩厚度、脆性矿物含量、深度、压力、沉积环境、构造复杂性	8

页岩气成藏评价主要是通过对气藏的烃源、储层、保存等静态特征及成藏动态过程的研究，分析其成藏特点，然后进行页岩气富集的综合评价。页岩气成藏与富集是历史时期以来各种地质因素综合作用的结果，是页岩气在地壳中所处的一种暂时的相对平衡状态，后期的构造活动也可以破坏这种平衡状态，致使页岩气重新分布、聚集，达到新的相对平衡，形成次生页岩气藏。成藏评价侧重于对成藏动态的剖析与评估，强调从过程层面上对页岩气差异富集主控因素及其对富集结果的评价。

目前国内外学者根据页岩气藏的地质特征、富集模式进行了大量研究工作。Montgomery S L等（2005）详细研究了Barnett页岩气成藏的物质基础，认为Barnett页岩油气的分布、单井产量取决于页岩地球化学特征及丰富的有机质。总有机碳和脆性矿物含量是Barnett页岩垂向上目的层段的主控因素，成熟度是Barnett页岩横向上富集与分布的主控因素。

Don Warlick等（2006）认为页岩气成藏机理具有递变过渡特点，页岩气在盆地内构造较深部位富集成藏，其成藏和分布最大范围与有效烃源岩的面积相当，裂缝发育区域游离相天然气的富集程度更高，利于成藏。赵群（2013）通过分析各地质要素的特点，认为蜀南及邻区海相页岩气藏地质条件复杂，具有时代老、演化程度高、构造改造作用强烈、埋深大的特点，页岩气富集成藏主控因素主要有页岩地球化学特征、页岩气成因类型、页岩储层储集特征等，尤其是后期页岩储层受多期改造，断裂发育，构造特征的差异是中国龙马溪组和筇竹寺组页岩气成藏差异性的关键因素，构造稳定是页岩气富集分布的控制因素。金之钧等（2016）通过对川东南地区五峰组—龙马溪组页岩气地质特征进行研究后进一步提炼，认为五峰组—龙马溪组页岩气富集与高产的地质因素包括原始沉积和后期保存条件，原始沉积环境控制页岩气形成的地质条件，后期保存条件控制页岩气的富集程度。涪陵地区五峰组—龙马溪组页岩纵向上的生气能力、储集能力、天然渗流能力、可压裂性和压力系数具有内在成因联系和空间分布关系，决定了川东南地区奥陶系五峰组—志留系龙马溪组页岩具有高含气性和良好可压裂性。

此外，还有学者分阶段分析评价油气成藏过程，刘成林等（2010）在对比页岩气与煤层气、深盆气成藏条件基础上，从页岩气藏物源、储集条件、运聚条件、成藏要求及保存条件等方面建立页岩气成藏模式，将页岩气成藏分为3个阶段，分别是早期运聚成藏、中期原地聚集成藏和晚期裂缝调整成藏。早期运聚成藏受有效排烃厚度控制，通常在构造部位聚集；中期原地聚集成藏主要受异常压力、裂缝、断层及泥页岩孔隙度变化等控制，通常在构造斜坡和高点聚集成藏；晚期裂缝调整成藏受异常压力和裂缝控制，通常在构造斜坡及高部位调整成藏。这在一定程度上使得成藏研究进一步深入，但仍停留在定性的程度。下一步成藏综合分析评价的研究重点应该侧重于成藏动态过程和定量评价。

综合来看，国内外页岩气评价方法的主要思路和手段较为相似，多依赖于成藏关键参数的选取，以静态、现今、定性评价为主，只是在资料基础、赋权手段、表现形式和具体参数等方面有所不同。不同的页岩气成藏综合评价方法适用不同地质特点、不同勘探阶段的页岩气藏，各有所长。

三、页岩气成藏机理及评价存在问题

目前页岩气成藏及评价的研究多集中在储层静态特征及成藏静态条件的评价，而对页岩气成藏演化及动态评价研究相对薄弱；另一方面对页岩气的评价很多都是基于储层特征、烃源特性、构造保存等某一方面进行论述，对主控因素进行分析，但对生、储、保各成藏要素综合分析相对较少，即单因素分析多因素耦合研究较为欠缺。再者，页岩气成藏评价综合研究方法、成藏评价体系并不完善，没有一套相对完整的、能够实际运用的定量评价体系。

为此，本书基于“十三五”国家油气科技重大专项的部分研究成果，以四川盆地五峰组—龙马溪组页岩为主要研究对象，通过对页岩气成藏地质要素定量表征及参数优选、页岩气成藏关键要素时空匹配及成藏效应、页岩气差异富集主控因素及富集模式和页岩气成藏综合评价等内容进行深入的探索和研究，有助于阐明南方高演化海相页岩气富集成藏机理；同时，关于页岩气成藏要素动态匹配的研究、页岩气差异富集机理及模式的建立、页岩气成藏综合评价体系的确立都将为页岩气成藏评价及选区应用提供重要的支撑，从而提高页岩气资源评价精度和勘探决策水平。

第二章　页岩气成藏地质要素及定量表征

第一节　页岩供气关键地质要素定量表征

一、页岩有机地球化学特征与古沉积环境关键指标

页岩有机地球化学特征与沉积期古生产力水平共同构成了页岩物质基础条件。有机地球化学特征主要包括页岩有机质丰度、有机质类型及有机质成熟度等三要素，页岩基本有机地球化学特征是判识页岩供气能力与含气性的基础性环节与先决条件。

（一）有机地球化学特征

五峰组—龙马溪组海相页岩具有有机质丰度高、有机质类型好、有机质成熟度偏高的基本地球化学特征（Chen 等，2019b）。

1. 有机质丰度

有机质丰度是衡量页岩品质、生烃能力最常用的指标之一，常用有机碳含量（TOC）、氯仿沥青“A”和总烃含量（HC）来表征岩石的有机质丰度。由于南方海相页岩已达高成熟演化阶段，岩石中的氯仿沥青“A”和总烃含量极低，失去了有机质丰度表征的指示意义。因此，在对南方海相页岩进行有机质丰度评价时，主要运用 TOC 指标（Zhang 等，2018）。

基于四川盆地及周缘地区典型页岩气井（主要包括威 203、威 204、宁 213、宁 215、宁 216、泸 202、泸 204、足 202、足 201、合 201、宜 202 等井）总有机碳分析测试结果，五峰组—龙马溪组页岩 TOC 总体分布在 0.04%～6.15% 之间，平均为 2.21%，显示优质烃源岩特征；四川盆地不同地区井位 TOC 对比研究显示，多数井 TOC 在 2% 以上，仅在威 205、宁 216、足 202 井平均 TOC 低于 2%（图 2–1）。结果表明大足地区有机质丰度最低，泸州、宜宾地区有机质丰度相对较高。

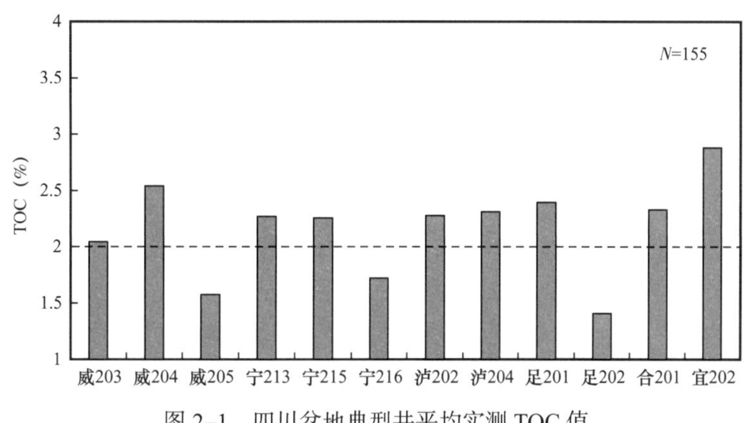

图 2–1　四川盆地典型井平均实测 TOC 值

纵向分布显示，五峰组—龙马溪组页岩TOC从上至下呈现增大的变化趋势，龙一段二亚段TOC分布在0.40%～2.00%之间；五峰组—龙一段一亚段TOC分布在1.04%～6.15%之间；从龙马溪组上部龙一段一亚段至五峰组，页岩有机质丰度逐渐升高，是优质烃源岩段（图2–2）。

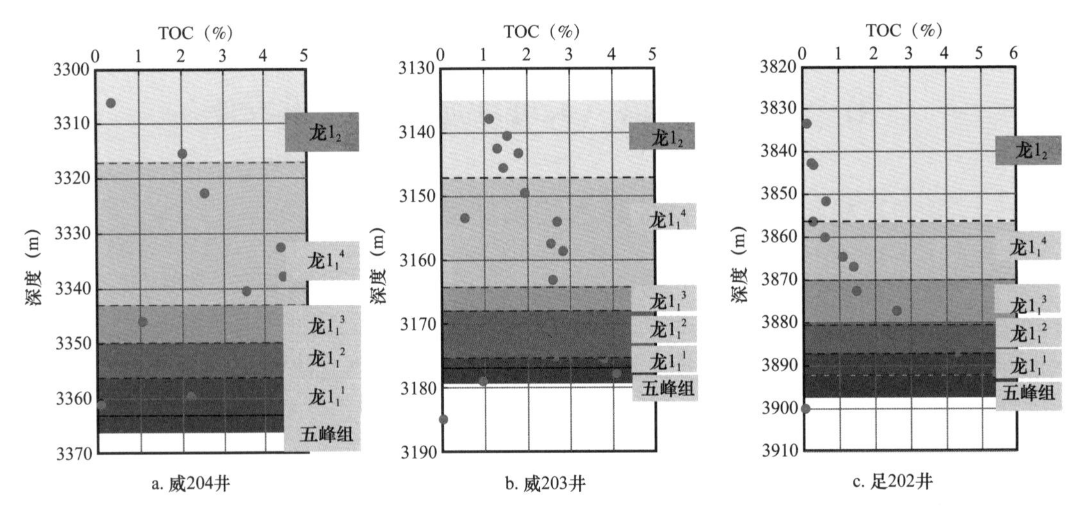

图2–2　四川盆地典型井TOC随深度变化图

2. 有机质类型

海相、陆相、海陆交互相三类沉积背景富集与保存不同类型的有机质。海洋环境中浮游植物发育，提供了有机质的主要供给（Zhan等，2019a，2019b）。

有机质类型决定了页岩生油、生气的相对强弱，不同类型的有机质由于其内部显微组分差异而具有不同程度的供气能力。除此以外，有机质类型对含气量也有一定的控制作用（周宝刚等，2014）。Ⅰ、Ⅱ型有机质含有较多的腐泥组、壳质组等强生烃组分，因此具有较好的生油能力；Ⅲ型有机质由于含有较多的惰质组等弱生烃组分，潜在生烃能力较弱。当前常用的有机质类型判别方法有热解元素图解法、干酪根显微组分分析法及干酪根同位素分析法等。针对海相页岩特点，本书选用干酪根显微组分分析法及干酪根碳同位素分析法来确定四川盆地五峰组—龙马溪组海相页岩的干酪根类型。

干酪根显微组分分析法基于干酪根制备、分离及鉴定等实验手段，结合各显微组分含量的定量统计结果，对各显微组分分别赋予一定权重，可以得到干酪根显微组分类型指数TI，依据TI大小可以划分有机质类型（一般规定TI≥80为Ⅰ型；40≤TI＜80为Ⅱ$_1$型；0≤TI＜40为Ⅱ$_2$型；TI＜0为Ⅲ型），计算方法如下：

$$TI=100\times a+50\times b-75\times c-100\times d \tag{2-1}$$

式中，a为腐泥组含量，%；b为壳质组含量，%；c为镜质组含量，%；d为惰质组含量，%。

显微组分类型指数指示四川盆地五峰组—龙马溪组页岩整体以Ⅰ型、Ⅱ$_1$型干酪根为主，为良好生油气类型。在不同地区稍有差别：典型井干酪根显微组分分析测试结果显示，威远地区有机质类型以腐泥型为主，腐泥组含量分布在70.5%～90%之间，固体沥青含量分布在7%～19%之间，动物碎屑含量分布在0～8%之间；长宁地区腐泥组含量分布在 58%～90.5% 之间，固体沥青含量分布在 9%～25% 之间，动物碎屑含量分布在 0～13% 之间，有机质类型以Ⅰ型为主，含少量$Ⅱ_1$型（图 2-3）；大足—泸州地区腐泥组含量分布在 73%～92.5% 之间，固体沥青含量分布在 7%～18% 之间，动物碎屑含量分布在 0～9% 之间，有机质类型为Ⅰ型、$Ⅱ_1$型；焦石坝地区焦页 2 井腐泥组含量分布在 92%～96% 之间，动物碎屑含量分布在 4%～8% 之间，不含固体沥青，有机质类型为Ⅰ型。

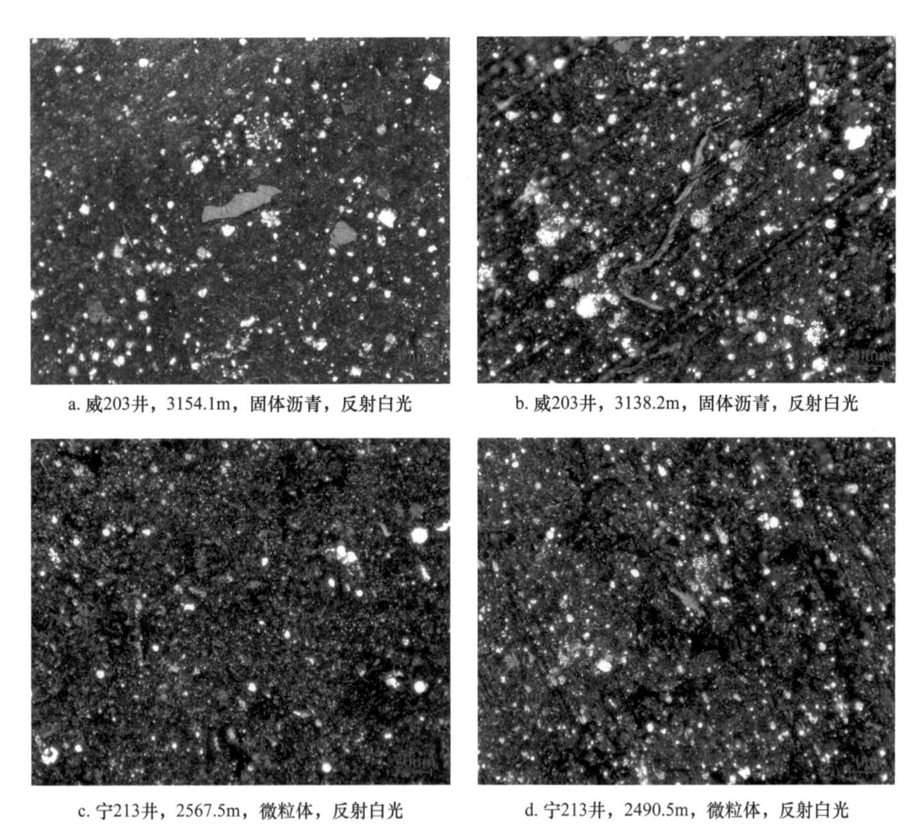

a. 威203井，3154.1m，固体沥青，反射白光　　b. 威203井，3138.2m，固体沥青，反射白光

c. 宁213井，2567.5m，微粒体，反射白光　　d. 宁213井，2490.5m，微粒体，反射白光

图 2-3　川南典型井五峰组—龙马溪组页岩光学镜下显微组分

沉积岩中的碳同位素分布受沉积环境和长期的生物化学作用影响，在不同的物源母质组合中表现出稳定的同位素组成特征。而干酪根碳同位素（$\delta^{13}C$）在成岩作用和热成熟作用后其同位素组成不会发生明显变化，因此利用页岩中干酪根碳同位素分布特征与典型沉积母质组合的沉积岩中同位素组成特征进行对比，可据此确定页岩有机质类型。前人已明确给出干酪根碳同位素区间值与有机质类型对应关系：Ⅰ型 -35‰～-30‰，$Ⅱ_1$型 -30‰～-27.5‰，$Ⅱ_2$型 -27.5‰～-25‰，Ⅲ型≥-25‰（黄籍中，1990）。

四川盆地典型井位页岩干酪根 $\delta^{13}C$ 值统计结果表明（表 2-1），龙马溪组页岩干酪根 $\delta^{13}C$ 值分布在 -37.9‰～-26.9‰之间，有机质类型为Ⅰ型和$Ⅱ_1$型，判别结果与显微组分类型指数划分结果基本一致。从不同地区看，威远地区 $\delta^{13}C$ 值分布在 -37.9‰～-31.2‰之间，有机质类型为Ⅰ型；长宁地区 $\delta^{13}C$ 值分布在 -31.4‰～-26.9‰之间，有机质类型为Ⅰ型、$Ⅱ_1$型；焦石坝地区 $\delta^{13}C$ 值分布在 -33.3‰～-28.4‰之间，有机质类型主要为Ⅰ型。

表 2-1　四川盆地龙马溪组 $\delta^{13}C$ 分布及有机质类型划分

井名	层位	$\delta^{13}C$（‰）	有机质类型
威 201	龙马溪组	−37.89～−36.4	Ⅰ型
威 201-H1	龙马溪组	−37.78～−34.3	Ⅰ型
威 202	龙马溪组	−36.9～−31.2	Ⅰ型
宁 203	龙马溪组	−31.4～−27.2	Ⅰ型、$Ⅱ_1$型
宁 201	龙马溪组	−29.5	Ⅰ型
宁 201-H1	龙马溪组	−28.9～−27	$Ⅱ_1$型
南和 2-2	龙马溪组	−29.7～−27.2	Ⅰ型、$Ⅱ_1$型
南和 3-3	龙马溪组	−29.3～−26.9	Ⅰ型、$Ⅱ_1$型
焦页 2	龙马溪组	−33.3～−31.5	Ⅰ型
焦页 1HF	龙马溪组	−30.51～−28.36	Ⅰ型、$Ⅱ_1$型
焦页 7-2HF	龙马溪组	−30.71～−29.03	Ⅰ型
焦页 8-2HF	龙马溪组	−30.41～−29.07	Ⅰ型
焦页 12-2HF	龙马溪组	−30.2	Ⅰ型

3. 有机质成熟度

有机质成熟度是影响页岩储层受压实作用强弱、烃源岩生烃演化阶段的重要因素。有机质成熟度常用划分指标有镜质组反射率（R_o）、热解峰温（T_{max}）、牙形石色变指数（CAI）、孢子体荧光参数（λ_{max}）等（程顶胜，1998；熊永强等，2004）。

由于镜质组反射率具有随热演化程度升高而稳定增大的特点，且具有相对广泛、稳定的可对比性，使之成为烃源岩成熟度评价中使用最为广泛的指标（Li 等，2017a，2017b）。但使用镜质组反射率作为成熟度指标时具有一定的局限性，首先镜质组源于高等植物的碎片，对于泥盆系以前的岩石样品难以鉴定成熟度；另外，近来较多证据表明大量的油型显微组分或沥青的存在都会使镜质组反射率的测值偏低或使正常演化变得迟缓（Schoenherr 等，2007）。

南方海相页岩由于显微组分中缺乏镜质组，难以直接使用镜质组反射率标示有机质成熟度，为解决该问题，不少学者通过对沥青的成因、光性及其作为成熟度指标的有效性等进行了积极的探索，Jacob（1985）提出了沥青反射率（R_b）与镜质组反射率（R_o）之间的转换公式计算等效镜质组反射率：

$$R_o = 0.618R_b + 0.4 \tag{2-2}$$

丰国秀等（1988）提出如下公式：

$$R_o = 0.983R_b + 0.104 \quad （低演化阶段） \tag{2-3}$$

$$R_o = 0.679R_b + 0.320 \quad （高演化阶段） \tag{2-4}$$

以四川盆地典型井五峰组—龙马溪组页岩实测的沥青反射率为基础数据，经式（2-2）转化后的等效镜质组反射率（Equal-R_o）分布如图 2-4 所示。结果显示，五峰组—龙马溪组海相页岩 Equal-R_o 分布在 2.35%～3.68% 之间，处于高成熟—过成熟热演化阶段。其中，泸州—宜宾地区有机质成熟度最高，介于 2.84%～3.68% 之间；长宁—威远地区次之，成熟度分布在 2.54%～3.23% 之间；大足地区成熟度最低，分布在 2.35%～2.8% 之间，平均值为 2.6%。

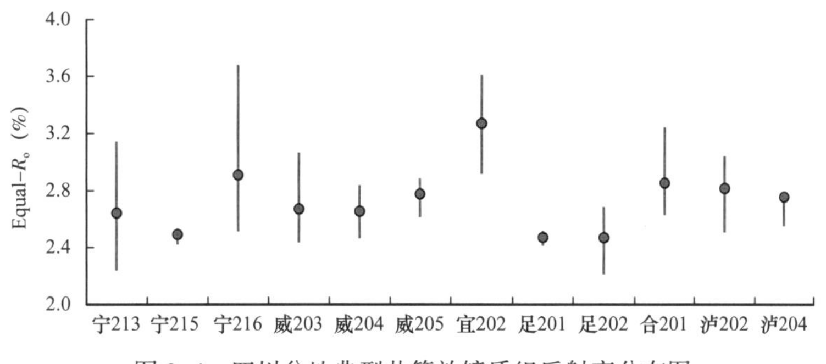

图 2-4　四川盆地典型井等效镜质组反射率分布图

从区域分布上看，五峰组—龙马溪组页岩在盆地周缘成熟度低于盆地内部成熟度，其中盆地西南部和东北部存在两个异常高值区（王晔等，2019）。从盆地南部来看，以实测的 12 口井等效镜质组反射率投影至川南平面分布图上，可以发现平面上宜宾—泸州一带形成了中部相对演化高值区，等效镜质组反射率介于 2.8%～3.4% 之间，外部长宁—威远—大足一带构成了相对低值区，等效镜质组反射率介于 2.5%～2.8% 之间（图 2-5）。

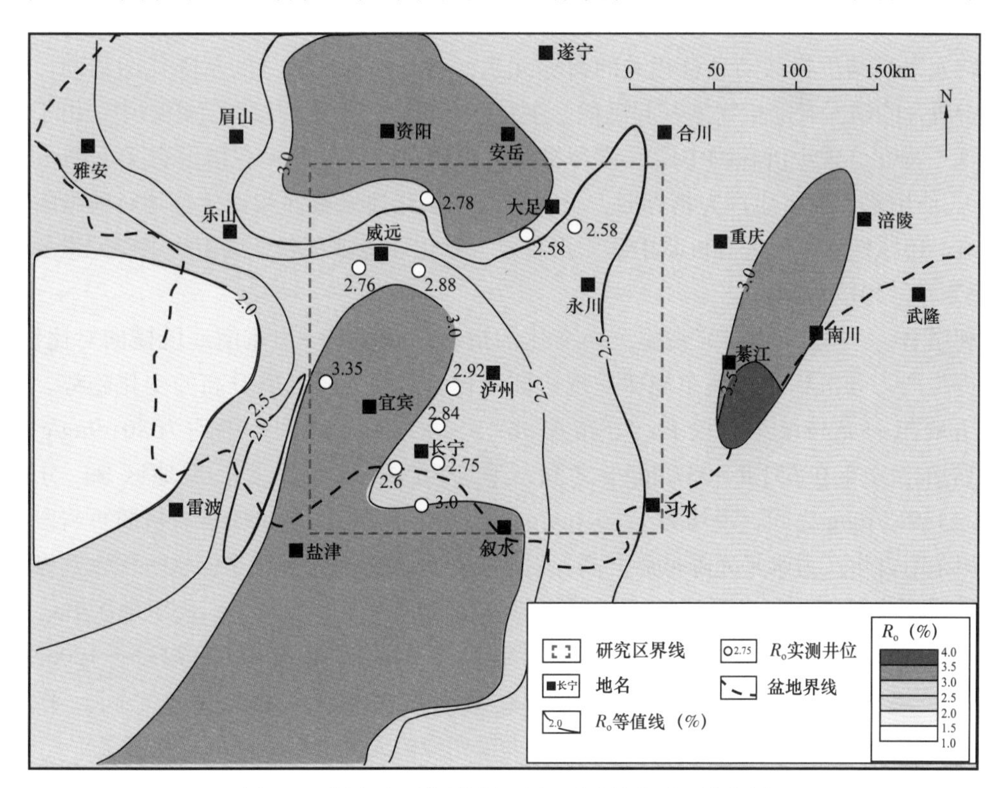

图 2-5　川南地区龙马溪组有机质成熟度平面分布图

（二）古生产力水平与氧化还原条件

1. 古生产力水平

页岩沉积期水体古生产力水平是表征页岩生烃物质基础丰富程度的关键参数，在划分页岩气差异富集程度方面具有重要意义，而氧化还原条件是保证沉积物能有效转化为有机质的必要条件，古生产力水平与氧化还原条件共同保证了页岩气的富集（李艳芳等，2015）。

长期以来对水体古生产力的反演研究提供了多种指标方法，如沉积岩中微量元素示踪、稳定同位素示踪、生物有孔虫数量记录、生物硅等常用指标。使用古生物指标表征古生产力时最常用的手段是运用微量元素反演（沈俊等，2011）。

钡（Ba）是应用最早、也是目前运用最为广泛的微量元素古生产力指标之一。微生物体降解过程中其表面存在高浓度的 SO_4^{2-}，高浓度的 SO_4^{2-} 易与 Ba^{2+} 结合形成重晶石（$BaSO_4$）沉淀，赤道太平洋附近高含量重晶石与海洋古生产力关系密切，同时沉积水体中分离出硫酸钡颗粒的研究推动了钡作为一种古生产力表征元素的发展（Yang 等，2018a）。使用钡作为古海洋生产力指标需要注意陆源钡对生源相关钡的干扰，目前常用的消除陆源影响处理方法为使用陆源相关的钛（Ti）元素扣除陆源成分，计算方法见式（2-5）：

$$Ba_{xs} = Ba_{total} - Ti \times \left(Ba / Ti\right)_{PAAS} \tag{2-5}$$

式中，Ba_{xs} 为 Ba 元素过剩值；Ba_{total} 为页岩中 Ba 元素测量值；$(Ba/Ti)_{PAAS}$ 为新太古界澳大利亚标准页岩中 Ba 元素与 Ti 元素含量比值。

磷元素是与生物活动息息相关的营养元素，参与生物大部分的新陈代谢活动，生物遗体中所含的磷元素随生物体一起沉积，主要以有机磷的形式转移到沉积物中，由于磷元素的这一特性，现今沉积物中磷元素含量对沉积期水体生产力具有指示意义（Zhang 等，2015）。使用磷作为古生产力指标时，会受到海水氧化还原条件和铁化合物对磷吸附能力的影响，还原性水体促进有机质中磷元素释放，氧化环境则有利于沉积物中磷元素的保存（李艳芳等，2015）。

利用 Ba_{xs}、Al_{xs} 作为研究古生产力变化的指标，沿川南—川东南地区横向对比显示，水体古生产力与沉积微相展布规律呈现协同变化，出现先降低后升高的变化趋势。长宁地区五峰组—龙马溪组下段 Ba_{xs} 分布在 567.1～987.2μg/g 之间，平均为 801.9μg/g；丁山地区 Ba_{xs} 分布在 651.0～957.9μg/g 之间，平均为 746.5μg/g；焦石坝地区 Ba_{xs} 分布在 916.7～1791.7μg/g 之间，平均为 1289.4μg/g，五峰组—龙马溪组下段富有机质页岩段沿川南—川东南古生产力水平先降低后升高，对应的沉积微相由含钙质半深水—深水陆棚相变为含硅质深水陆棚相。龙马溪组上段同样具有较高的古生产力水平，长宁地区 Ba_{xs} 分布在 644.3～1433.6μg/g 之间，平均为 1033.2μg/g；丁山地区 Ba_{xs} 分布在 723.9～1206.9μg/g 之间，平均为 839.3μg/g；焦石坝地区 Ba_{xs} 分布在 1333.3～2583.3μg/g 之间，平均为 1948.7μg/g；龙马溪组上段古生产力具有与下段相似的先降低后升高的变化特征。

威 203 井龙马溪组龙一段一亚段 Al/Ti 位于 17.66～26.90 之间，平均为 20.45；龙一段二亚段 Al/Ti 位于 24.33～27.64 之间，平均为 26.42。Al/Ti 指示龙马溪组龙一段一亚段和上部龙一段二亚段均具有较高的古生产力水平。

从五峰组—龙马溪组下段和龙马溪组上段古生产力水平纵向对比来看，龙马溪组上段 Ba_{xs} 指标不低于龙马溪组下段富有机质层段，显示龙马溪组上段也具有较高的古生产力水平（图 2-6）。李艳芳等（2015）对长宁双河地区龙马溪组页岩古生产力水平进行研究时，也出现类似情形，认为是下段还原性环境中 Ba 流失导致下段古生产力比实际偏低，这不能否认上段古生产力水平偏高的数据记录，龙马溪组上段古生产力水平有待进一步证实。

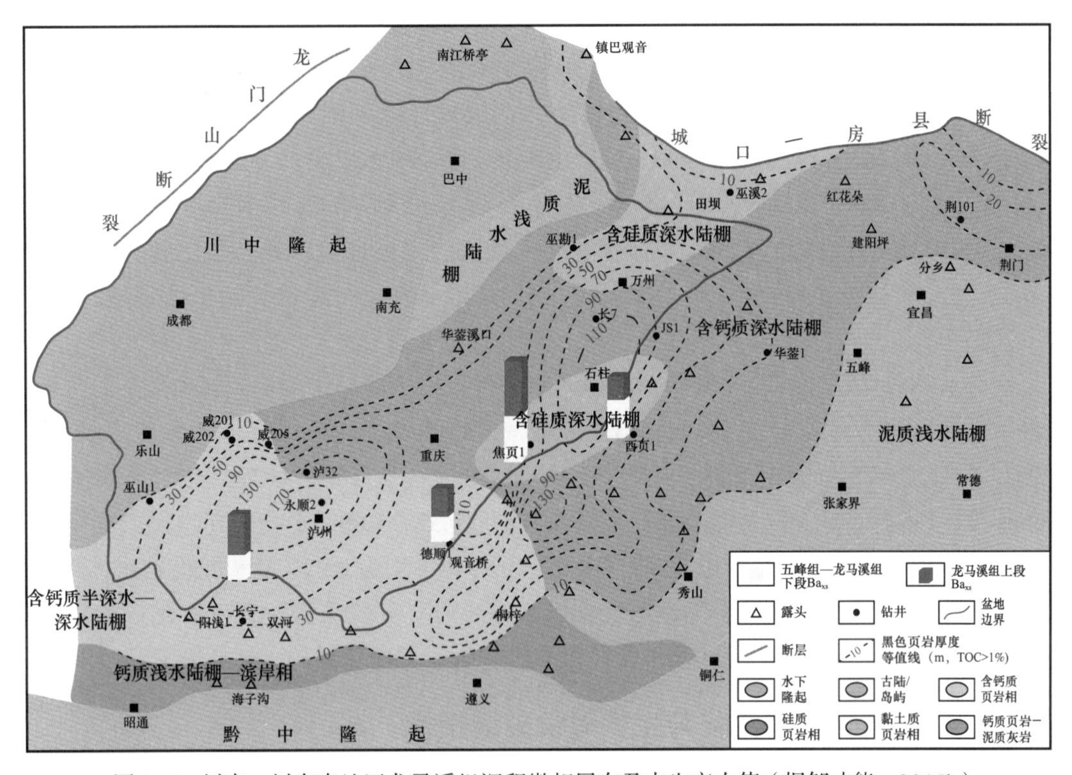

图 2-6　川南—川东南地区龙马溪组沉积微相展布及古生产力值（据邹才能，2015b）

2. 氧化还原条件

沉积岩中某些微量元素（如 U、V、Mo、Cr 等）可以作为微量营养元素进入浮游生物体内，但大多数微量元素主要通过非生物过程发生迁移和积聚。在氧化环境中，非生物过程对微量元素迁移的影响比较有限。在次氧化条件下，微量元素本身价态变化敏感，能够造成它们的重新迁移和富集。微量元素或是通过水—岩界面间扩散，或是沿着氧化还原梯度迁移，从而在海水、沉积物和不同深度的沉积物内重新分配，达到富集或亏损。在这种条件下微量元素还能够通过 Fe 和 Mn 的氧化还原循环有效地富集。在还原状态下，非生物过程对微量元素的富集特别重要，包括金属离子或离子团被有机质或矿物颗粒吸附形成有机金属络合物、硫化物或不溶的氢氧化物沉淀。可以看出，微量元素在沉积物或沉积岩中的富集与否与沉积时的氧化还原状态关系密切，它们在沉积物或沉积岩中的含量可以反映沉积环境的氧化还原状况（常华进等，2009）。因此，可通过沉积物或沉积岩中氧化还原敏感元素的含量进行沉积环境重建。

水体氧化还原条件常用氧化还原敏感元素比V/Cr、V/（V+Ni）、Ni/Co、U/Th加以判定，由于单个指标存在多解性，以多指标综合判别来确定沉积水体的氧化还原性。

V在有机质中优先被结合，而Cr通常出现在沉积物碎屑中，因此V/Cr可作为含氧性指标（王淑芳等，2014）。通常以V/Cr＜2为氧化条件，2＜V/Cr＜4.25为贫氧条件，V/Cr＞4.25为缺氧—静海条件（Jones等，1994）。威203井龙一段一亚段V/Cr为0.75～2.51，平均为1.56，指示弱贫氧水体条件；龙一段二亚段V/Cr为0.98～1.87，平均为1.11，指示氧化性的水体条件。

Ni在H_2S存在的还原环境中易形成硫化物沉淀，在氧化环境中则以离子状态存在；Co在氧化环境中以Co^{2+}形式存在于水体中，在缺氧环境下则以固溶体进入自生黄铁矿（王淑芳等，2014）。一般情况下Ni/Co＜5为氧化环境，5＜Ni/Co＜7为贫氧环境，Ni/Co＞7为缺氧环境（Jones等，1994）。威203井龙一段一亚段Ni/Co为3.74～7.99，平均为6.05，其中大于5的样品占70%，指示贫氧—缺氧的水体环境；龙一段二亚段Ni/Co为3.76～5.58，平均为4.42，小于5的样品占75%，指示氧化—弱贫氧的水体环境（Xiong等，2015）。

U对水体氧化还原度较为敏感，在强还原条件下以不溶于水的U^{4+}形式存在，在氧化条件下则被氧化为可溶的U^{6+}，Th则不受影响，据此可运用U/Th指示水体氧化还原条件。一般以U/Th＜0.75为氧化条件，0.75＜U/Th＜1.25为贫氧条件，U/Th＞1.25为缺氧条件（Jones等，1994）。威203井龙一段一亚段U/Th为0.32～1.08，平均为0.73，指示氧化—贫氧的水体环境；龙一段二亚段U/Th为0.43～0.63，平均为0.52，为氧化性的水体环境。

V/Cr、Ni/Co和U/Th等指标显示五峰组—龙一段一亚段页岩发育于氧化—贫氧的水体环境，而龙马溪组上部的龙一段二亚段页岩则发育于偏氧化性的水体环境中。

二、页岩成烃动态演化与生气时机关键指标

页岩生气是一个受地层温度、压力和时间等多因素影响的复杂地质过程，在漫长地质时间内，由原始沉积有机物通过各种生物、物理、化学作用形成石油和天然气的降解过程。为对页岩气生气机理进行更加深入的研究，基于温度压力可以对时间等地质效应进行补偿，前人开发出了实验室条件下高温高压生烃热模拟实验系统。封闭体系可以通过控制体系内的压力，模拟烃源岩的最大生气量。但是由于实验体系的封闭性，早期生成的液态烃无法排出体系，高温下存在与残留沥青二次裂解贡献的叠加，难以考察高演化阶段有机质的演化特征及其成烃机制，从而放大了地质环境下的真实生烃量，同时也未能反映实际地质体中的排烃效应。封闭体系的热解生烃实验同时考虑了压力、温度和流体压力共同作用下的油气生成和迁移过程，适用于低含碳量全岩样品的热解实验研究。在一个半封闭无水的热解系统中，在考虑地质条件下压力的同时，能够将生成的烃类及时排出系统，从而使得系统内部不会存在裂解和聚合等二次反应，可以更加客观地表征各个演化阶段烃源岩有机质的油气生成特性及其影响因素。

五峰组—龙马溪组海相页岩由于热演化程度高，常规的静态供气能力评价参数不再适用，结合研究区特点，采用生烃动力学方法，使用半封闭体系下的高温高压生烃热模拟实验揭示页岩的生排烃过程，提供全过程海相页岩生烃能力评价参数。

实验采用半封闭体系下高温高压反应釜体系，设置300℃、350℃、400℃、450℃、500℃、600℃等6个温度点，在每个温度点先快速升温至指定温度，后恒温48h，所用主要样品来自河北张家口下花园地区青白口系下马岭组海相页岩。下马岭组海相页岩是一套发育于缺氧环境且成熟度较低的高有机质丰度页岩（鲍志东等，2004），有机质类型为$Ⅱ_1$型，实测TOC为5.17%，与五峰组—龙马溪组海相页岩具有相似的沉积条件和基础地球化学特征，可用于准确的生烃机理对比和生气参数评价。

高温高压生烃模拟实验气态烃产率可以作为判定液态烃裂解生气时机的指标，下马岭组海相页岩高温高压模拟实验烃类产率如图2-7a所示。300～350℃，排出油质量产率稳定升高，烃气质量产率以较小幅度增长；350～400℃，排出油质量产率下降，烃气质量产率快速上升；400～450℃，烃气质量产率持续上升，排出油质量产率小幅度上升；450℃以后，烃气质量产率上升速度明显减缓，排出油质量产率持续缓慢下降。排出油与烃气的质量产率变化推测为低温阶段与高温阶段不同供烃母质差异引起。

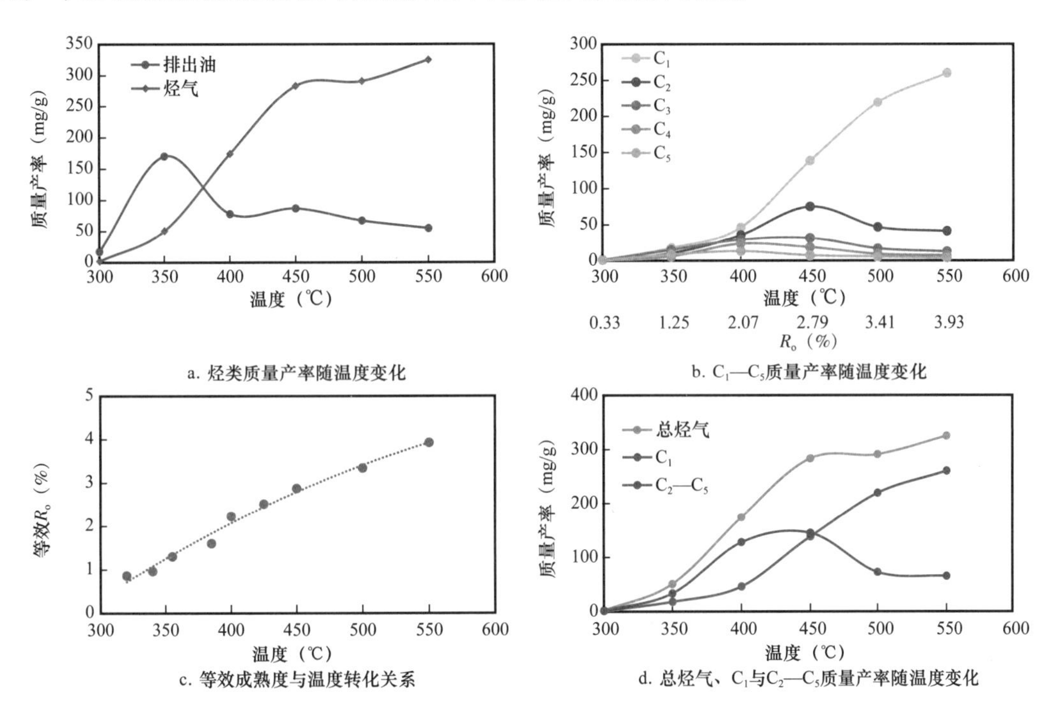

图2-7　下马岭组页岩生烃热模拟实验排出油和烃气质量产率随温度变化

质量产率为HC/TOC

甲烷气（C_1）产率与重烃气（C_2—C_5）产率在不同温度段内具有不同的变化趋势（图2-7b、d）。温度低于400℃时，甲烷产率增长缓慢，重烃气产率快速增长；高于450℃时，乙烷等重烃气产率快速下降，甲烷产率转变为快速增长，气体干燥系数（图2-8）缓慢增大，分布在50%～60%之间，气体主要为重烃湿气，显示300～400℃区间内有机质主要裂解成C_2—C_5重烃气；400～425℃时，重烃气产率达到最大，甲烷产率

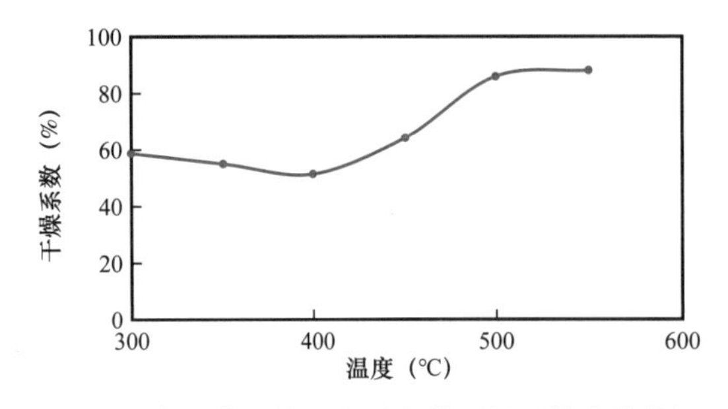

图 2-8　高温高压模拟实验气体干燥系数变化特征

升至较大值（约 100mg/g），气体干燥系数转为增大；425～500℃，重烃气产率快速下降，甲烷产率快速上升，气体干燥系数快速升高，至 500℃时干燥系数接近 90%，显示 400～500℃大量重烃气（C_2—C_5）开始裂解为更低碳数的甲烷气，总烃气产率达到高峰值，该阶段可视为有机质裂解生气的高峰期。结合等效镜质组反射率与温度的关系（图 2-7c），可判定页岩有机质裂解生气高峰期成熟度区间为 2.5%～3.4%。

各温度点固体残渣镜质组反射率测试后的等效镜质组反射率如图 2-7c 所示。上述的烃气产率随成熟度变化关系为：在 R_o 处于 0.33%～1.25% 时，烃气产率缓慢上升，排出油产率快速上升；R_o 位于 1.5% 左右时，烃气产率由缓慢上升转为快速上升，1.5% 的成熟度为烃气产率变化的一个转折点，R_o 达到 2.8% 时，烃气产率开始减缓；排出油产率在 R_o 大于 1.3% 时，开始快速下降，R_o 达 2.1% 时，排出油产率下降速度减缓。

针对海相页岩高成熟阶段如何生烃这一问题进行解释，赵文智等（2005）指出，有机质"接力成气"是指成气过程中生气母质的转换与生气时机的接替，有两层含义：一是干酪根热降解生气在先，液态烃裂解成气在后，二者在主生气时机和先后贡献上构成接力过程，其中，含Ⅰ、Ⅱ型有机质的烃源岩在高—过成熟阶段，干酪根降解气和液态烃裂解气的贡献比大致为 1∶2，含Ⅲ型有机质的烃源岩，可溶有机质和固体有机质生气贡献比大致为 2∶1；二是干酪根降解形成的液态烃只有一部分可排出烃源岩，绝大部分则呈分散状滞留在烃源岩内，在高—过成熟阶段（R_o>1.6%）发生裂解，使烃源岩仍然具有良好的生气和成藏潜力。

本次生烃热模拟实验证实了页岩有机质在低成熟条件下具有较强的生油能力，生气能力较弱，这与经典的干酪根生油气理论相符；在成熟度达到一定程度时（R_o 约为 1.6%），天然气开始大量生成，而封闭体系中的原油产量下降，表明在演化后期滞留于页岩孔隙内的原油代替早期的干酪根生烃母质进行裂解生气，这一阶段的气体生成量较低成熟阶段明显增加，气体大量生成可一直持续到页岩成熟度 R_o=3.5% 的后期；在越过 R_o=3.5% 的成熟度红线后，气体产率开始下降，过高的成熟度导致生烃母质的沥青化，使其不再具有裂解生气能力。

基于下马岭组海相页岩与龙马溪组海相页岩的可对比性，可认为五峰组—龙马溪组页岩当前正处于液态烃大量裂解的生气高峰期内，具有较好的成气潜力。

三、页岩供气能力综合评价指数体系及其应用

（一）供气能力综合评价指数体系

1. 基本参数评价体系

前人在对烃源岩进行质量评价时，主要选用有机质丰度、有机质类型、生烃潜力等指

标，并形成了一套大致的烃源岩评价标准。如国家地质总局石油地质中心实验室制定的生油岩评价基本指标（表 2–2）。李延钧等（2013）在对比四川盆地五峰组—龙马溪组、筇竹寺组页岩与美国阿巴拉契亚盆地 Ohio 页岩、伊利诺斯盆地 New Albany 页岩的有机碳含量、有机质成熟度、埋深、厚度、孔隙度、矿物成分等基本成藏要素状况下，建立了四川盆地南部龙马溪组页岩气评价标准（表 2–3），取得了一定的效果。

表 2–2 国家地质总局石油地质中心生油岩评价基本指标

生油岩类型	生油岩级别	有机碳（%）	氯仿沥青“A”（μg/g）	总烃含量（μg/g）
海相碳酸盐岩	优质	0.1	100	60
泥页岩	优质	＞1.0	＞1000	＞500
泥页岩	中等	0.5～1.0	500～1000	100～500
泥页岩	较差	0.3～0.5	200～500	60～100

表 2–3 四川盆地南部龙马溪组页岩气评价标准（据李延钧等，2013）

评价指标	权重系数	级别（评分）				
		一级（100）	二级（80）	三级（60）	四级（40）	五级（20）
TOC（%）	0.2	≥4.0	2.0～4.0	1.0～2.0	0.5～1.0	＜0.5
埋深（m）	0.2	300～1500	1500～2500	2500～3500	3500～4500	＞4500
孔隙度（%）	0.15	≥8	5～8	3～5	1.2～3	＜1.2
硅质含量（%）	0.15	≥40	35～40	25～35	15～25	＜15
R_o（%）	0.1	1.5～2.0	2.0～3.0	3.0～4.5	4.5～5.0	＞5
优质页岩厚度（m）	0.2	＞100	60～100	35～60	15～35	＜15

该评价标准对于低成熟泥页岩烃源岩评价具有一定的借鉴意义，但针对五峰组—龙马溪组高成熟海相页岩存在局限性，在高成熟演化阶段岩石中残留的游离烃含量极低，检测出的氯仿沥青含量常远低于上述标准，致使以上的烃源岩评价标准不能运用于五峰组—龙马溪组海相页岩烃源岩评价。

2. 衍生指数评价模型及评价体系

为建立多个供气能力基本参数之间的联系，形成了一套以页岩基础供气指数 R_{1i} 为代表的、适用于五峰组—龙马溪组海相页岩气的衍生指数体系评价体系。

页岩气由于自身的致密性，具有自生自储的特点。发育于不同时期的海相页岩提供页岩气的能力主要受限于：（1）自身的有机质丰度高低，如高有机质丰度的龙马溪组底部龙一段产气能力明显高于龙马溪组上部龙二段；（2）现今的有机质成熟度，有机质成熟度控制着页岩所处的生烃演化阶段，进而影响页岩供气能力强弱，如处于较低成熟度的新元古界下马岭组、铁岭组海相页岩（R_o 处于 0.5%～0.7% 之间）产页岩气量低，几乎不具有勘探价值，而处于过成熟阶段的四川盆地牛蹄塘组海相页岩（R_o 处于 3.5%～4.0% 之间）因为过高的成熟度导致大部分有机质发生石墨化，现阶段已基本丧失生气能力，五峰组—龙马溪组海相页岩成熟度（R_o 处于 2.0%～3.5% 之间）介于下马岭组页岩与牛蹄塘组页岩之间，正位于生烃演化高峰时期，页岩含气量明显高于下马岭组页岩和牛蹄塘组页岩；（3）页岩有机质类型，由不同显微组分构成的Ⅰ型有机质与Ⅱ型有机质页岩其产页岩气能力悬殊，前人从不同页岩中提取出Ⅰ型、Ⅱ型、Ⅲ型干酪根进行的生烃热模拟实验结果显示，Ⅰ型有机质具有最强的供气能力，Ⅱ型有机质次之，Ⅲ型有机质供气能力最弱。鉴于上述影响，亟待引入一种新的衍生评价指数——页岩基础供气指数 R_{1i} 来表征页岩供气能力强弱，包含有机质丰度、有机质类型、有机质成熟度，并对比参数的表征效果，体现差异化富集。

首先以含气量分别与 TOC 作回归拟合分析，相应的拟合分析结果如图 2-9 所示，经过相关性比对，发现含气量与 TOC 在线性拟合情况下相关性最好。同时，前人也对含气量与 TOC 进行过相关性检验，认为含气量与 TOC 具有较好的正相关关系。在引入 TOC 进入基础供气指数后，进而需要弄清楚的是怎么在基础供气指数中体现有机质成熟度对供气能力的贡献。生烃热模拟实验中烃类气体产率随成熟度变化的曲线表明，在高—过成熟区间内，烃气产率随成熟度呈现出对数变化趋势，同时进行了包括线性拟合、指数拟合、多项式拟合在内的多种拟合方法比较，结果显示，五峰组—龙马溪组海相页岩含气量与有机质成熟度之间最佳的拟合关系为对数拟合，因此以 R_o 的对数值来表征成熟度对页岩供气能力的影响。

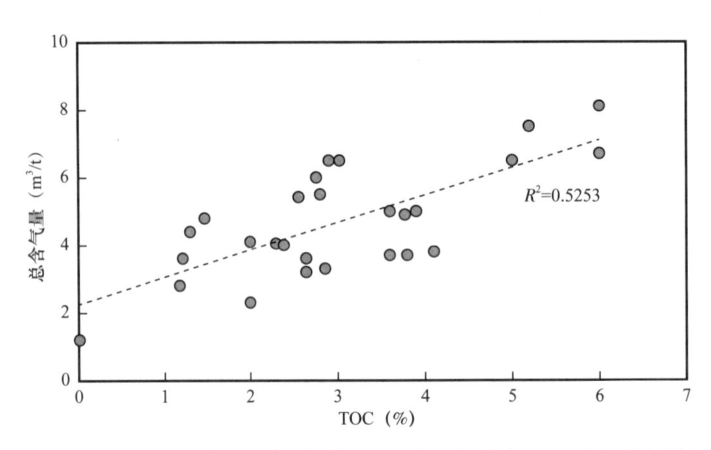

图 2-9　四川盆地五峰组—龙马溪组页岩总含气量与有机碳含量相关性

系数权重法是评价属于同一类型（如物理含义类似），但重要程度不同的一组或多组参数常用方法，考虑到常见的三种类型有机质对页岩供气能力影响呈三级阶梯式关系，因此以一个能反映有机质类型的权重系数 k 来表征不同类型页岩供气能力。

决定不同类型页岩供气能力强弱的因素主要为组成页岩干酪根的显微组分含量，海相页岩显微组分中腐泥组具有较强的生烃能力，相对而言，镜质组、惰质组则不具有生烃能力。因此，经过不同显微组分计算出的干酪根类型指数可作为表示海相页岩基础供气能力的权重系数，具体赋值权重如表 2-4 所示，对Ⅰ型有机质基础供气能力权重系数 k 值赋值 1.0，$Ⅱ_1$ 型赋值 0.8，$Ⅱ_2$ 型赋值 0.4，Ⅲ型赋值 0.2。

表 2-4　不同类型页岩中基础供气能力权重系数表

有机质类型	Ⅰ型	$Ⅱ_1$型	$Ⅱ_2$型	Ⅲ型
干酪根类型指数	＞80	40～80	＜40	＜0
权重系数 k	1.0	0.8	0.4	0.2

基于上述过程，构建表征页岩供气能力强弱的页岩基础供气能力指数 R_{1i}，具体计算方法如式（2-6）所示：

$$R_{1i} = k \times \ln\left(1 + R_{o}\right) \times \mathrm{TOC} \tag{2-6}$$

式中，k 为有机质类型系数；R_o 为镜质组反射率，%；TOC 为总有机碳含量，%。

利用 Min—Max 标准化方法对 R_{1i} 作数据标准化处理，最终得到归一化之后的页岩基础供气指数：

$$R'_{1i} = 10 \times \left(R_{1i} - R_{1\min}\right) / \left(R_{1\max} - R_{1\min}\right) \tag{2-7}$$

式中，$R_{1\max}$ 和 $R_{1\min}$ 为 R_{1i} 的最大值和最小值。

构成页岩基础供气指数的基本参数 TOC、R_o 可由测井、埋藏史等资料轻易获取，生产实践应用价值较高。

考虑到常规烃源岩评价标准的局限性，在参考前人以单参数对优质烃源岩、一般烃源岩、较差烃源岩划分结果的基础上，基于前述页岩气成藏供气基本参数评价体系、衍生指数评价体系，建立了一套适于四川盆地五峰组—龙马溪组海相页岩的供气能力综合评价指数体系（表 2-5）。

表 2-5　四川盆地及周缘五峰组—龙马溪组海相页岩供气能力关键要素评价体系

评价参数	TOC（%）	Equal-R_o（%）	$\delta^{13}C_{干酪根}$（‰）	干酪根类型指数	厚度（m）	页岩基础供气指数（R_{1i}）	含气量（m^3/t）	典型研究区
富集区	＞3.0	2.6～3.3	＞-32	＞80	＞35	＞8.0	＞5	焦石坝、威远
相对富集区	2.0～3.0	2.2～2.6	-38～-32	70～80	25～35	1.6～8.0	4～5	泸州、大足
相对贫化区	＜2.0	＜2.2 或＞3.3	＜-38	＜70	＜25	＜1.6	＜4	彭水

该综合评价体系中，共划分出富集区、相对富集区、相对贫化区等三级评价参数标准。富集区页岩 TOC 大于 3.0%，等效镜质组反射率位于 2.6%～3.3% 之间，干酪根碳同位素（$\delta^{13}C_{干酪根}$）大于 -32‰，干酪根类型指数大于 80，富有机质层段页岩厚度超过 35m，页岩基础供气指数超过 8.0，含气量较高，以焦石坝、威远地区为典型代表区块；相对富集区 TOC 介于 2.0%～3.0% 之间，等效镜质组反射率介于 2.2%～2.6% 之间，干酪根碳同位素（$\delta^{13}C_{干酪根}$）介于 -38‰～-32‰之间，干酪根类型指数为 70～80，富有机质层段页岩厚度为 25～35m，页岩基础供气指数位于 1.6～8.0 之间，含气量中等，以泸州、大足地区为典型代表；相对贫化区 TOC 小于 2.0%，等效镜质组反射率小于 2.2% 或大于

3.3%，干酪根碳同位素（$\delta^{13}C_{干酪根}$）小于 -38‰，干酪根类型指数小于 70，富有机质层段页岩厚度小于 25m，页岩基础供气指数低于 1.6，含气量低，以彭水地区为典型代表。

（二）供气能力综合评价体系的应用与实践

页岩气成藏供气能力基本参数包括页岩有机碳含量（TOC）、干酪根类型指数（TI）、干酪根碳同位素（$\delta^{13}C_{干酪根}$）、等效镜质组反射率（Equal-R_o）、富有机质层段厚度。

有机碳含量是控制页岩生烃能力强弱最主要的因素之一，同时控制着页岩孔隙、裂缝发育程度，进而影响页岩气的富集成藏。相关性分析表明，五峰组—龙马溪组页岩总含气量与有机碳含量呈较好的正相关关系（图 2-9），有机碳含量对页岩气藏差异富集具有明显的控制作用。

有机质类型决定了页岩生油、生气相对强弱，进而对含气量有一定的控制作用。汤庆艳等（2013）以美国犹他盆地始新统Ⅰ型泥页岩、美国俄克拉何马州 Woodford Ⅱ型页岩、珠江口盆地古近系恩平组Ⅲ型碳质泥岩为基本样品，对经抽提后取出的干酪根样品开展了生烃热模拟实验，模拟实验结果表明（图 2-10），Ⅰ型有机质泥岩具有最高的气态烃产率，在温度 520℃左右达到产率峰值，约 350mg/g；Ⅱ型有机质的 Woodford 页岩气态烃产率在峰值时约 300mg/g；而Ⅲ型有机质的恩平组碳质泥岩气态烃产率比起Ⅰ、Ⅱ型明显偏低，峰值仅为 100mg/g。因此，不同类型有机质对页岩供气能力的影响呈三级阶梯式关系（Xiong 等，2016）。

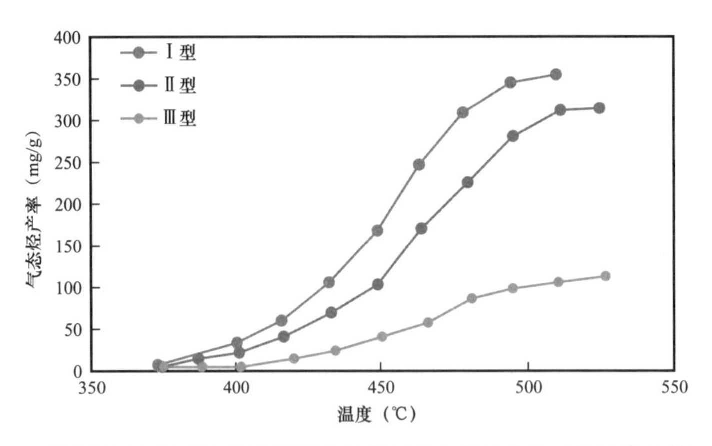

图 2-10　不同类型有机质生烃模拟实验气态烃产率变化曲线（据汤庆艳等，2013）

气态烃产率为 HC/TOC

干酪根类型指数和干酪根碳同位素是划分干酪根类型的重要指标。干酪根类型指数直接受页岩生烃显微组分（腐泥组、固体沥青等）含量所影响，直接控制着页岩供气能力强弱。含气量与干酪根碳同位素（$\delta^{13}C_{干酪根}$）的相关性分析表明（图 2-11a），含气量与 $\delta^{13}C_{干酪根}$相关性较好（相关系数为 0.5614），表明 $\delta^{13}C_{干酪根}$是影响海相页岩供气能力强弱的一个关键参数。

页岩富有机质层段（一般定义为 TOC>2.0% 的层段）厚度影响页岩层总有机质含量，同时也影响页岩层自封闭性。四川盆地差异富集区五峰组—龙马溪组页岩富有机质层段厚度差别较大，较高含气量的焦石坝地区焦页1井、焦页2井页岩富有机质层段厚度超过35m，而含气量相对较低的大足、泸州地区富有机质层段厚度分布在20～30m之间，由此可见富有机质层段页岩厚度对含气量有较大影响。进一步分析含气量与富有机质层段厚度的相关性表明（图2-11b），含气量与富有机质层段厚度呈较好的正相关关系（相关系数为0.5249），表明页岩富有机质层段厚度是影响供气能力的一个直接参数。

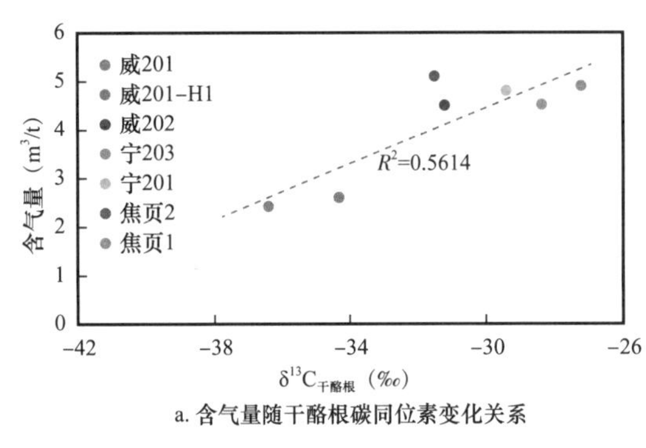

a. 含气量随干酪根碳同位素变化关系

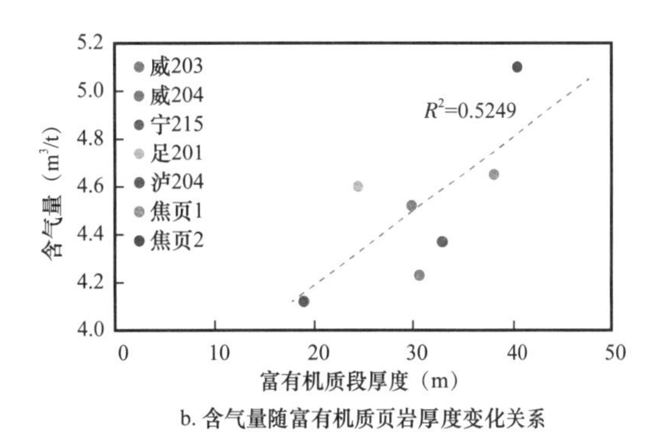

b. 含气量随富有机质页岩厚度变化关系

图2-11　四川盆地关键井含气量与供气能力基本参数相关性图

以四川盆地富集区威203井、宁213井和相对富集区足201井、泸202井总含气量与计算的页岩基础供气能力指数R'_{1i}进行相关性分析，以验证基础供气能力指数评估海相页岩产气能力高低的可靠性。如图2-12所示，总含气量与基础供气指数R'_{1i}之间具有较好的相关性（相关系数为0.6987），表明供气指数在指示页岩含气高低方面成效较好，该指数是良好的用以预测勘探新区含气高低的指标之一。

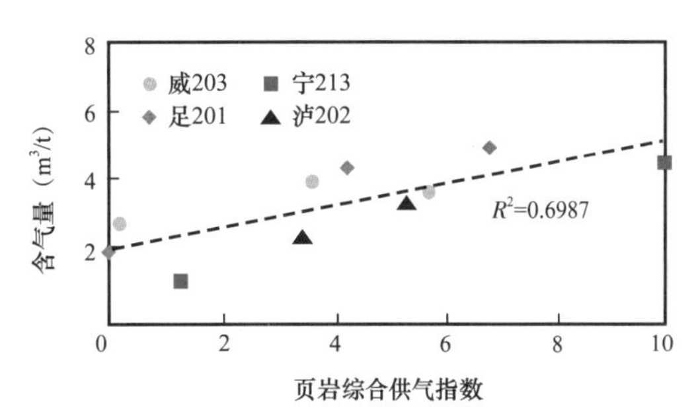

图2-12　含气量与页岩基础供气能力指数R'_{1i}相关性图

第二节　页岩储气关键地质要素定量表征

一、不同岩相页岩储层微观孔隙基本特征评价指标

（一）页岩岩相判识及类型划分

基于不同地区页岩有机质丰度和矿物组成的岩相划分结果表明，五峰组—龙马溪组页岩主要发育富有机质硅质页岩、富有机质混合质页岩和含有机质黏土质页岩三种页岩岩相（Chen等，2016）。

五峰组—龙马溪组页岩以脆性矿物和黏土矿物为主，脆性矿物以石英和长石为主，含量在38.2%～77.1%之间，平均为61.3%；黏土矿物以伊/蒙混层、伊利石和绿泥石为主，含量在 16.2%～60.0% 之间，平均为 37.6%。伊利石、伊 / 蒙混层和绿泥石组合是晚成岩阶段以后的特征组合，伊利石主要在晚成岩作用阶段和极低变质作用阶段出现（Guo 等，2018）。据此表明五峰组—龙马溪组海相页岩已进入晚成岩作用阶段，对应有机质演化阶段为高—过成熟阶段，高于陆相页岩成熟度。

以页岩的有机碳含量（TOC）和矿物组分作为岩相划分参数，可有效地反映页岩储层的基本特征。TOC 和 X 射线衍射（XRD）实验准确易行，所得 TOC 与矿物组分是页岩孔隙结构、含气性和力学性质的关键控制因素。李卓等（2017）首先根据页岩有机碳含量，将页岩划分为富有机质页岩（TOC＞2%）、含有机质页岩（1%＜TOC＜2%）和贫有机质页岩（TOC＜1%）；进而根据矿物组成划分为黏土质页岩（Ⅰ，黏土矿物＞40%）、钙质页岩（Ⅱ，黏土矿物＜40%，Ca/Si＞2）、混合质页岩（Ⅲ，黏土矿物＜40%，1/2＜Ca/Si＜2）和硅质页岩（Ⅳ，黏土矿物＜40%，Ca/Si＜1/2）；最终建立了海相页岩岩相划分方案，包括 12 种岩相类型（图 2-13）。

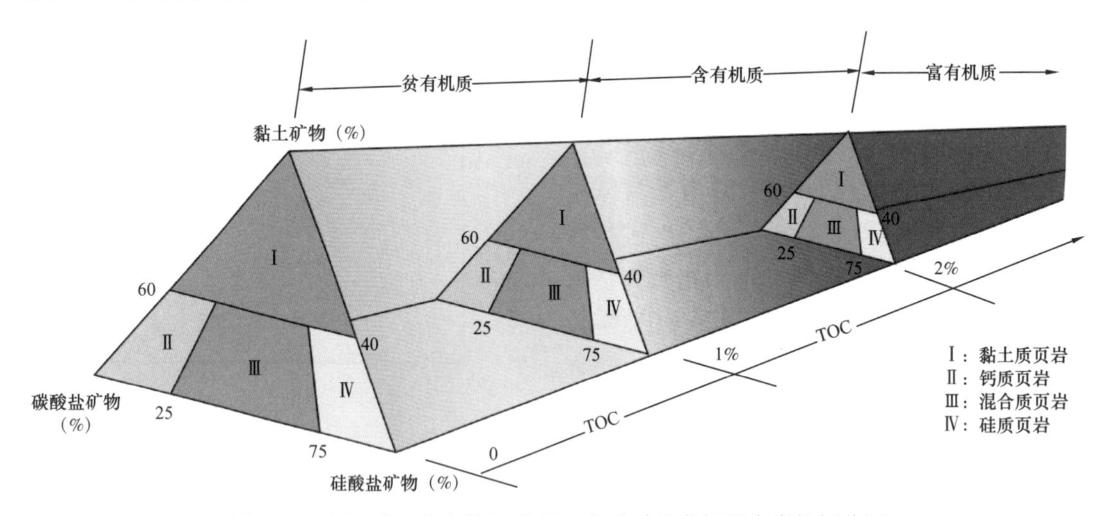

图 2-13　四川盆地及周缘五峰组—龙马溪组海相页岩岩相划分图

基于矿物组成，可将四川盆地及周缘五峰组—龙马溪组划分为硅质、混合质、黏土质和钙质页岩相四种基本岩相。结合 TOC 和矿物组成可将四川盆地及周缘五峰组—龙马溪组海相页岩划分为 12 种亚相类型，分别为富有机质硅质页岩、富有机质黏土质页岩、富有机质混合质页岩、富有机质钙质页岩、含有机质硅质页岩、含有机质黏土质页岩、含有机质混合质页岩、含有机质钙质页岩、贫有机质硅质页岩、贫有机质黏土质页岩、贫有机质混合质页岩及贫有机质钙质页岩。其中主要类型有 6 种：富有机质硅质页岩、富有机质黏土质页岩、富有机质混合质页岩、含有机质硅质页岩、含有机质黏土质页岩及贫有机质混合质页岩（图 2-14）。

（二）页岩储层孔隙类型及发育特征

五峰组—龙马溪组不同岩相页岩孔隙发育类型多样，有机质、脆性矿物和黏土矿物等基质均有孔隙发育，其中有机质孔主要发育在富有机质硅质页岩和富有机质混合质页岩岩相中（Li 等，2017）。

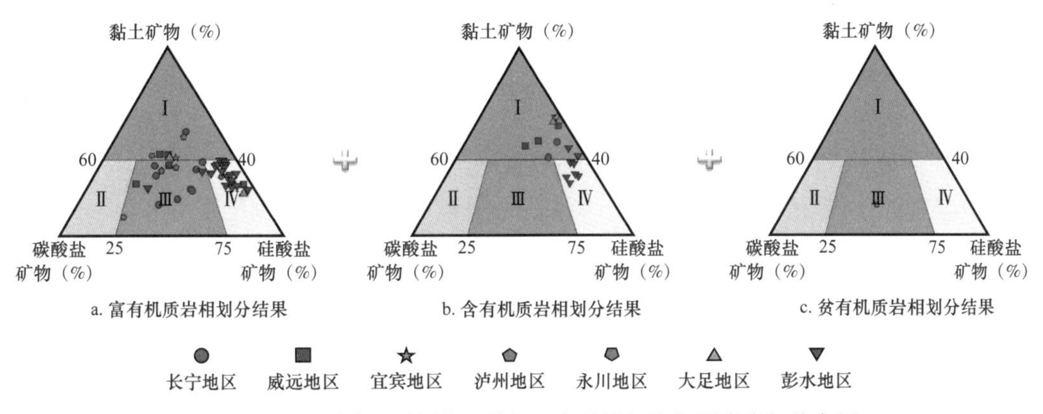

图 2–14　四川盆地及周缘五峰组—龙马溪组海相页岩岩相分布图

孔隙不能作为独立的个体存在，必须赋存于页岩基质中的固体格架之中（Baojun Bai 等，2013）。页岩孔隙载体可以分为有机质和无机矿物（有机质与无机矿物相互耦合）两大类。通过扫描电镜观察表明（图 2–15），五峰组—龙马溪组中可见孔隙分布在纳米尺度到微米尺度范围内，在 200nm～2μm 的比例尺下对页岩进行大量扫描电镜观察，发现大量有机质孔（Ross 等，2009）。

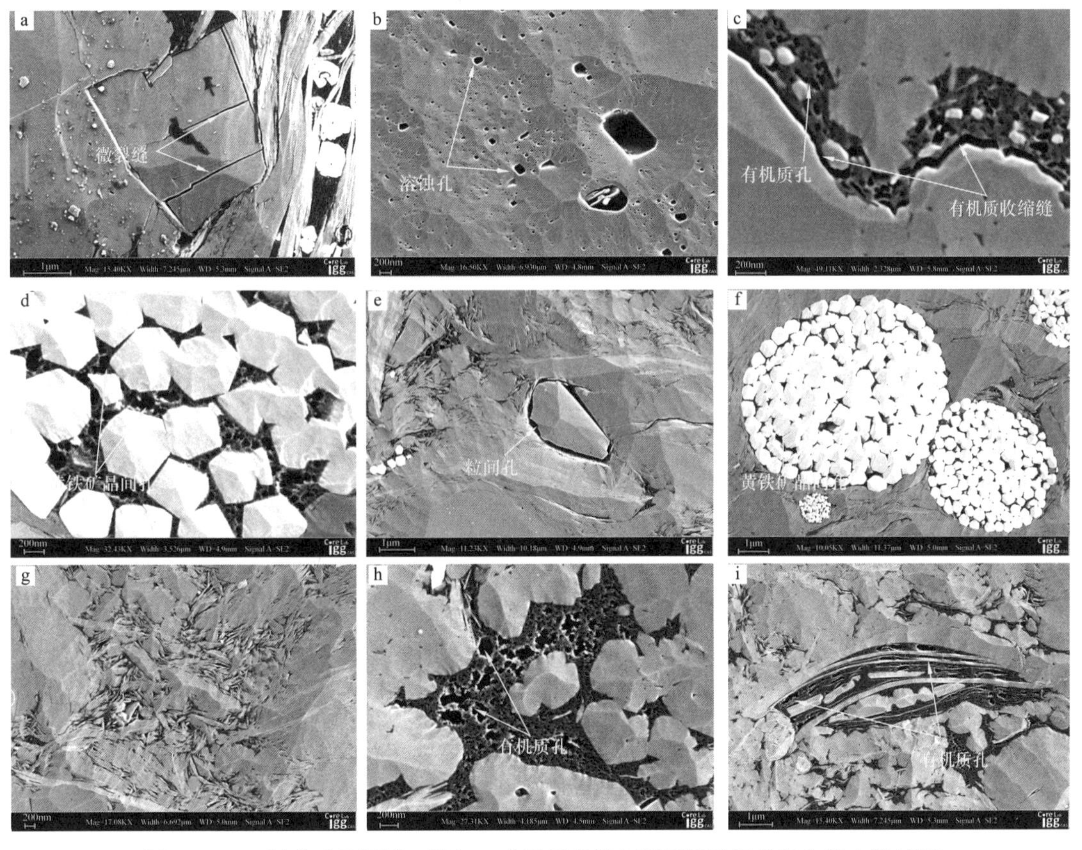

图 2–15　四川盆地及周缘五峰组—龙马溪组海相页岩孔隙场发射扫描电镜特征

a—宁 213，2578.23m，微裂缝；b—宁 213，2560m，溶蚀孔；c—宁 213，2560m，有机质孔和有机质收缩缝；d—宁 213，2544.5m，黄铁矿晶间孔；e—宁 213，2325.7m，粒间孔；f—宁 216，2304.74m，黄铁矿晶间孔；g—宁 216，2304.74m，有机黏土复合体；h—宁 215，2504m，有机质孔；i—宁 215，2504m，有机质孔

有机质孔是研究区五峰组—龙马溪组页岩中最重要的孔隙，是在有机质生油生烃期间在其内部发育的孔隙，是页岩气重要的赋存载体。五峰组—龙马溪组海相页岩有机质孔发育较好，在 1μm 的观察比例尺下，可以较为清晰地观测到五峰组—龙马溪组页岩样品中有机质孔的形态特征，这些孔隙通常为椭圆状、长条状或海绵状（图 2–15c、h、i），在二维平面上常常看到其呈现孤立状，但在三维空间上，它们是相互连通的，而将比例尺放大到 200nm～1μm 时，可以发现大孔套小孔的现象，即一些大孔中赋存大量孔径较小的孔，这些小孔连接大孔附近的其他孔隙，起到桥梁作用，增强了页岩内部孔隙之间的连通性（Ruppel 等，2012）。

有机质孔同样发育于其他模式：与硅质矿物有关的孔隙、与黏土矿物有关的孔隙及与黄铁矿有关的孔隙。五峰组—龙马溪组海相页岩中硅质矿物含量较高，大多数硅质矿物具有自形晶形，且粒径为微米级大小。有机质赋存于硅质矿物晶间孔中的粒间孔内，难以见到未被充填的硅质矿物粒间孔；黄铁矿晶间孔中发育的有机质孔主要是页岩中直径为 2～8μm 的草莓状黄铁矿集合体晶间充填的有机质内发育的孔隙（图 2–15d、f），其单晶之间的孔隙被有机质所充填，有机质孔就发育在其内部的有机质中，大多呈现不规则形状；黏土矿物晶片与有机质共同支撑形成复合孔隙（图 2–15i），黏土矿物多呈片状，有机质呈团粒状密集分布其间，形成颗粒态、表面吸附态和黏土矿物层间结合态等多种形式的黏土矿物—有机质与无机矿物耦合孔隙（图 2–15g）。

与陆相页岩不同，海相页岩硅质矿物与有机质含量之间呈明显的正相关关系，而与黏土含量呈负相关关系，这主要是因为二者硅质来源不同，海相页岩中的硅为生物成因，而陆相页岩中的硅为陆源碎屑成因（郭旭升等，2016）。海相页岩中硅质含量高表明生物贡献作用强，其往往也具有高的有机碳含量，而陆相页岩中硅质含量高表明陆源作用强，往往具有低的有机碳含量，因此有机质孔也相对较少。另外，海相页岩中的黏土矿物能提供大量的层间孔隙以及晶间孔隙，增大了页岩的孔体积和比表面积，同时黏土矿物能促进有机质孔的发育，扫描电镜观察显示，与黏土矿物伴生的有机质中有机质孔更发育，这可能与蒙皂石向伊利石转化过程中能降低热解反应的活化能有关，对干酪根热解生烃具有催化作用，能加快热解反应速率，促进有机质孔的发育（Li 等，2018）。

总体而言，海相页岩有机质孔发育较好，观察到有机质大部分呈不规则状，有机质孔则以长条状、椭圆状及海绵状为主，且有机质和无机黏土矿物共生的赋存状态中（有机黏土复合体）有机质孔十分发育，呈均匀分布的蜂窝状（Li 等，2020）。黄铁矿晶体之间常充填的有机质中，有机质孔也十分发育。另外，在有机质和无机硅质矿物共生的情况下，孔隙发育且以圆形和椭圆形为主。海相混合质及黏土质页岩中黏土矿物孔隙也十分发育，包括黏土矿物集合体内狭缝状的孔，或与刚性矿物之间的粒间孔。由于成岩收缩作用，黏土矿物集合体易形成微裂缝，并可连通颗粒内孔隙，建立三维连通孔隙网络。在黄铁矿晶体和伊利石团聚体之间也观察到颗粒间的孔隙，黄铁矿的框架被伊利石不完全填充，留下大量的残余空间。石英、长石和方解石的颗粒内孔隙一般分布均匀，孔径从几十纳米到几百纳米不等，形状通常为圆形和椭圆形，这些孔隙是由晶粒溶解作用形成的。

（三）页岩储层全孔径孔隙结构特征

盆内长宁、威远等地页岩孔体积和比表面积最高，泸州、永川地区次之，宜宾、大足等地孔隙发育最差。过成熟阶段页岩热演化程度升高，微、中孔孔体积和比表面积先增加后减少，宏孔发育程度总体呈减弱趋势，局部略有增强。

前人研究表明，氮气（N_2）吸附法最大可测孔径为200nm（俞雨溪等，2016），基于密度函数理论的DFT模型分析微孔和较小中孔效果最好（戴方尧，2018），因此采用如下方案进行页岩全孔径表征：选用CO_2和N_2吸附的DFT计算模型解释获得0.1～70nm孔径区间数据，选用N_2吸附的BJH模型解释获得70～200nm孔径区间数据，选用高压压汞法解释获得200nm以上孔径区间数据（图2-16）。

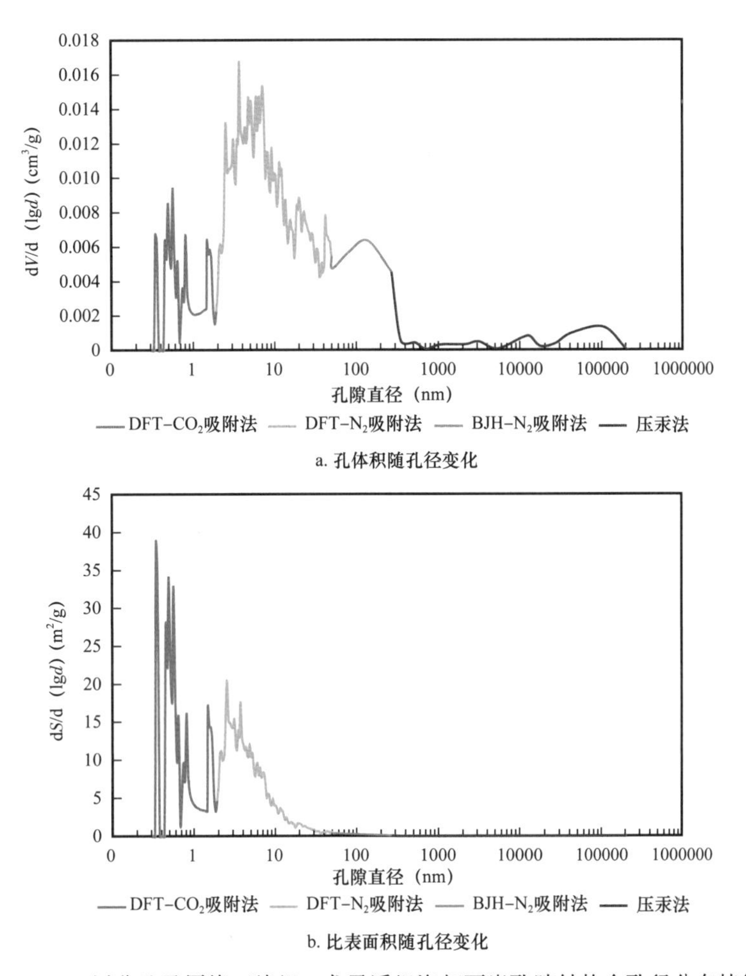

图2-16　四川盆地及周缘五峰组—龙马溪组海相页岩孔隙结构全孔径分布特征

不同地区五峰组—龙马溪组页岩孔体积普遍存在三个比较稳定的峰值区间，分别为0.2～0.3nm、1.2～4nm和20～90nm（图2-17）。长宁、威远地区页岩孔体积明显高于其他地区，页岩有机质含量越高，微、中孔孔体积越大。不同地区五峰组—龙马溪组页岩比表面积主要由微孔提供，且小于0.8nm的孔隙比表面积占主导地位。伴随孔径的增大，比表面积整体降低。长宁、威远地区页岩孔比表面积略高于其他地区，页岩有机质含量越高，比表面积越大。

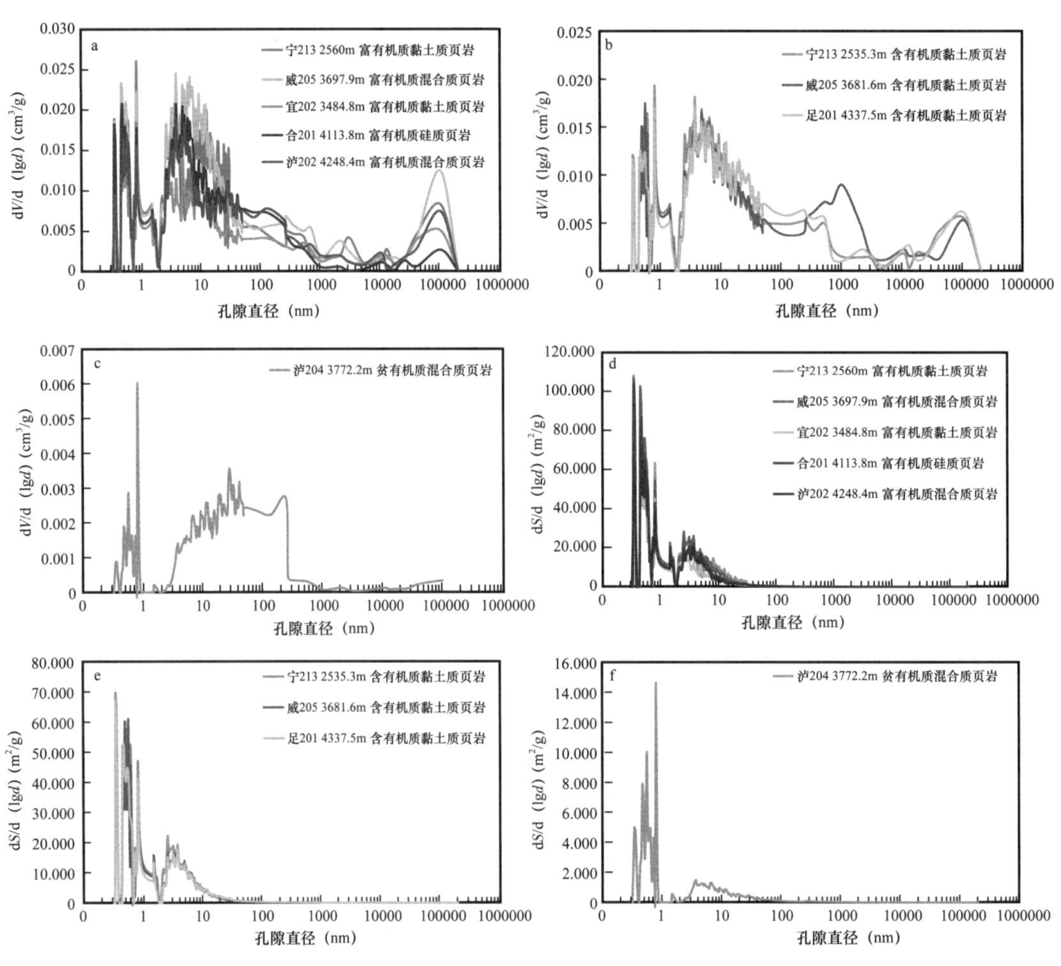

图 2-17　四川盆地及周缘典型页岩气井五峰组—龙马溪组海相页岩孔隙结构全孔径分布特征

a、b、c 为孔体积随孔径变化；d、e、f 为比表面积随孔径变化

二、页岩储层有机质孔形成与演化特征参数指标

五峰组—龙马溪组海相页岩面孔率（Phi）、等效圆直径（ECD）、主流孔隙直径（DOMsize）随热演化程度增大呈先增后减趋势，R_o 在 2.6%～3.0% 之间大量有机质孔扩大合并成亚微米级孔隙；R_o 在 3.0%～3.3% 之间压实作用致使孔径和面孔率显著减小（Yang 等，2018b）。

通过软件 Image PR_o Plus（IPP）对扫描电镜镜下富有机质页岩有机质孔隙进行提取，并计算页岩中有机质包括面孔率、等效圆直径、周长面积比及主流孔隙直径在内的 4 种孔隙结构特征参数。通过 IPP 图像处理软件对孔隙定量数据提取工作分为以下 3 步：（1）图像参考刻度设置；（2）页岩 SEM 图像孔隙识别；（3）孔隙定量数据提取（图 2-18）。首先根据页岩样品图像标尺设置图像识别比例尺；然后通过调整图像阈值识别页岩有机质孔隙，阈值的确定以最能反映页岩孔隙形态为主，并突出显示页岩有机质孔隙部分；然后经颗粒分析提取页岩图像定量数据，将识别的所有页岩孔隙进行编号，形成各参数统计数据表，经 Excel 统计、分类和计算，逐一列举孔隙结构特征参数。

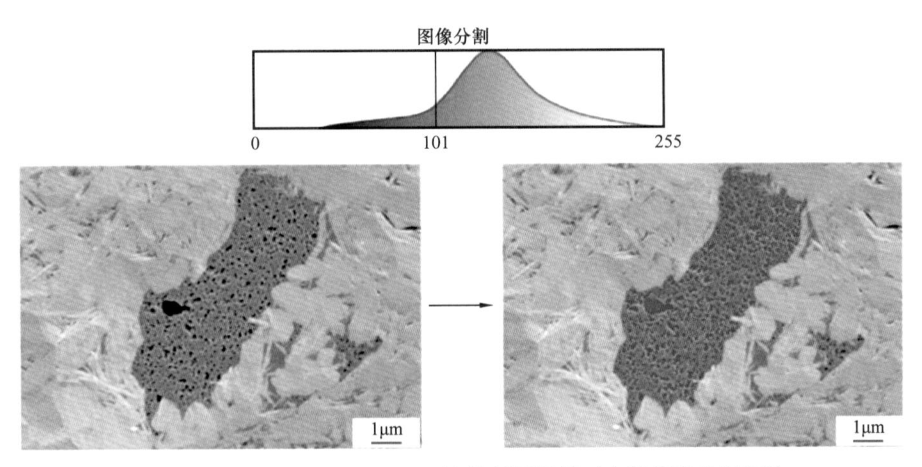

图 2-18　基于 Image PR_o Plus 软件利用阈值对有机质孔进行提取

选取 TOC 相近、矿物含量基本一致的五峰组—龙马溪组高—过成熟页岩进行有机质孔隙结构特征参数表征并对比差异。

面孔率（Phi）是指孔隙面积与基质面积之比，反映有机质孔隙总体发育情况。对于研究区 TOC 相近（3.24%～3.36%）的高—过成熟页岩，从 R_o=2.0% 开始，随着有机质热演化程度的增加，大量海绵状有机质孔隙合并扩大形成微米级孔隙，面孔率不断增大，但在 R_o=2.6% 拐点之后，大孔被无机矿物所充填，面孔率不断减小。

周长面积比（POA）是指单个孔隙周长和面积的比值，是二维空间内的比表面积。当 R_o=2.6% 时，周长面积比分布范围集中在 0.05～0.2nm^{-1} 之间；当 R_o=3.0% 时，周长面积比分布范围集中在 0.01～0.09nm^{-1} 之间，明显较 R_o=2.6% 变小；当 R_o=3.3% 时，周长面积比分布范围集中在 0.05～0.18nm^{-1} 之间，较 R_o=3.0% 变大，体现出了先减小后增大的趋势。周长面积比越大，反映有机质孔越复杂，体现有机质孔隙在拐点前由单一简单的孔隙向大孔与小孔并存发展，拐点之后有机质孔中的小孔保留下来，大孔消失，周长面积比变大（图 2-19）。

等效圆直径（ECD）是指对一个不规则的有机质孔隙统计其平均直径。当 R_o=2.6% 时，等效圆直径分布范围集中在 20～40nm 之间；当 R_o=3.0% 时，等效圆直径分布范围集中在 40～150nm 之间，明显较 R_o=2.6% 变大；当 R_o=3.3% 时，等效圆直径分布范围集中在 0～20nm 之间，较 R_o=3.0% 变小，体现出了先增长后减小的趋势，与周长面积比表现出相反的趋势（图 2-19）。

对单个孔隙直径提供的面积累计求和，当某一孔径对应的累计面积为总面积的 50% 时，该孔径即为主流孔隙直径（DOMsize）。当 R_o=2.6% 时，主流孔隙直径为 86nm，表明孔隙多发育为小孔；当 R_o=3.0% 时，主流孔隙直径为 549nm，明显较 R_o=2.6% 变大，表明孔隙大小明显增大；当 R_o=3.3% 时，主流孔隙直径为 204nm，较 R_o=3.0% 变小，同样体现出了先增长后减小的趋势，反映了大孔在拐点前后的变化状态。

结合前人研究可知，研究区五峰组—龙马溪组页岩处于较高的热演化程度，在该阶段以滞留烃与残余不溶有机质之间的热解环构化、芳构化缩聚或交联反应生气为主，气体的

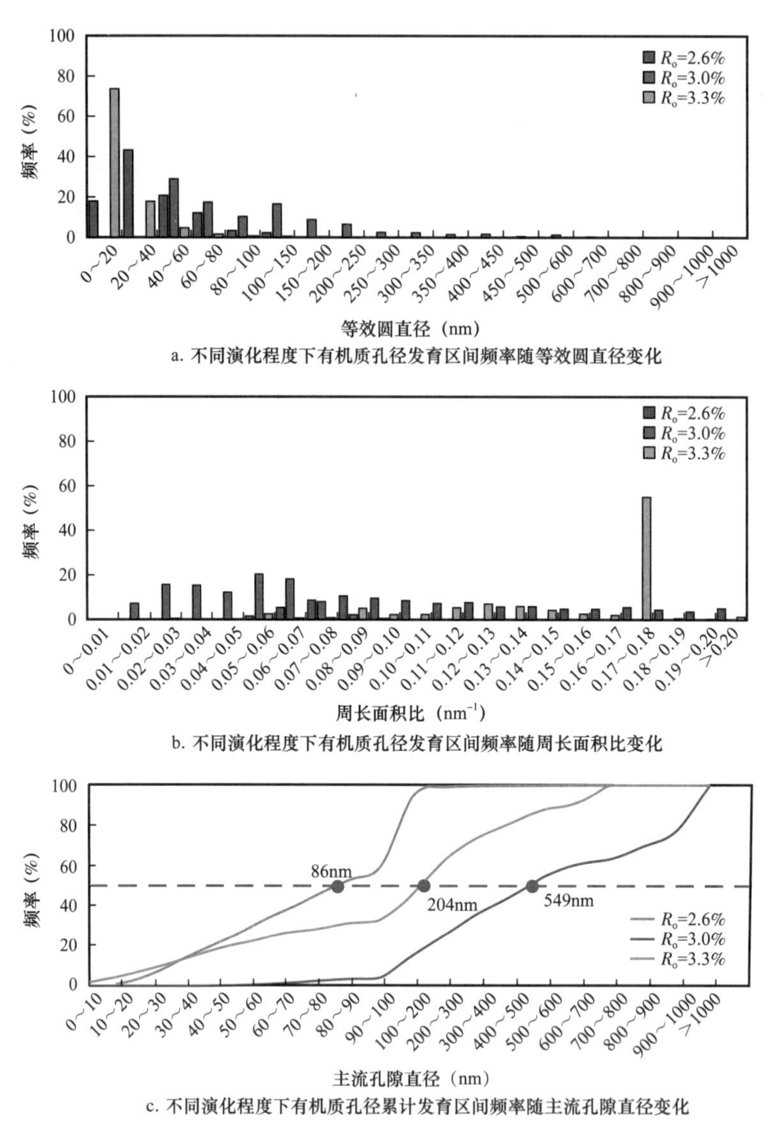

a. 不同演化程度下有机质孔径发育区间频率随等效圆直径变化

b. 不同演化程度下有机质孔径发育区间频率随周长面积比变化

c. 不同演化程度下有机质孔径累计发育区间频率随主流孔隙直径变化

图 2-19 典型地区五峰组—龙马溪组高—过成熟页岩有机质孔隙提取参数特征

大量生成有利于有机质孔隙的形成，等效圆直径和主流孔隙直径逐渐增大，而周长面积比逐渐减小（Liu 等，2019）。随着热演化程度逐渐升高，滞留烃与残余不溶有机质的生烃生气减缓，上覆岩层的压力逐渐增大，有机质孔隙发生坍塌及缩小，导致有机质孔面孔减小，等效圆直径及主流孔隙直径减小，周长面积比增大。总体上，有机质孔隙在高—过成熟阶段呈现出先增大后减小的趋势。

三、页岩储气能力综合评价指数体系及其应用

（一）页岩关键控储衍生指数评价模型

近年来，有不少学者对优质页岩储层主控因素进行了研究，这些研究为优选储层评

价的关键参数奠定了基础（乔辉等，2018）。有机碳含量（TOC）是页岩储层评价的一项重要指标，对长宁页岩气区块测试资料的统计分析表明，页岩储层的总含气量与有机质含量、储层的孔隙度之间都存在较好的正相关关系。有机碳含量较高的页岩，有机质孔隙发育，其比表面积大，为吸附态天然气的赋存提供了吸附剂，也为游离态天然气的赋存提供了孔隙空间。因此，TOC 为页岩储层评价的关键指标之一（Wang 等，2017）。

页岩储层的孔隙度受储层中矿物成分与含量及含气性的影响较大（乔辉等，2018）。对长宁区块实测孔隙度与不同类型矿物含量关系的拟合结果表明，孔隙度随着石英含量增加而增高，且 TOC 随着石英含量的增加而增加，石英为生物成因，来源于较为丰富的硅质生物残体，间接增加了有机质的含量。丰富有机质来源的石英和有机质伴生，发育丰富的微孔隙，具有较大的比表面积，增加了页岩中可供页岩气吸附以及游离气赋存的空间，同时石英等脆性矿物越发育，越易形成天然裂缝，微裂缝的存在可有效改善储层物性且有利于后期页岩气的压裂改造。统计表明，孔隙度与碳酸盐矿物含量呈微弱的负相关关系，通过岩石薄片、扫描电镜可观察到碳酸盐胶结物，其对页岩储层的孔隙度具有一定的消极影响。

生烃能力的评价以 TOC 为核心指标，储集能力的评价以孔隙度为核心，但是对于高—过成熟海相页岩来说，迁移有机质是后期生气的主体，而脆性矿物的发育状态对迁移有机质的赋存及发育至关重要。所以矿物成分及储层的脆性评价是储层评价的另一项关键评价指标。采用脆性指数来进行脆性评价，脆性指数的计算方法采用 Jarvie 公式：

$$B_{\mathrm{i}} = \frac{C_{石英}}{C_{石英} + C_{碳酸盐} + C_{黏土}} \times 100\% \tag{2-8}$$

式中，B_{i} 为脆性指数；C 为各矿物含量，%。

式（2-8）中各矿物含量通过测井曲线参数求取，或通过 XRD 矿物组成分析实测获得。脆性指数能够反映脆性矿物在海相页岩中的发育程度，脆性指数越高，则页岩基质内部刚性骨架强度越高，能够减弱后期压实作用的影响，体现有机质在其内部的发育状态。

为此，在深入认识储层基本特征及储层质量影响因素的基础上，优选有机碳含量、储层矿物成分与含量、储层脆性指数、储层物性及含气量作为最终页岩储层评价的关键指标参数。结合文献调研：研究区五峰组—龙马溪组储层“三分性”特征明显，以 TOC、孔隙度及脆性指数作为关键划分指标，基于源储耦合系数（胡宗全等，2015），进而得出新的页岩综合储气指数（R_{2i}）：

$$R_{2i} = \mathrm{TOC} \times \phi \times 10000 \times B_{\mathrm{i}} \tag{2-9}$$

式中，TOC 为有机碳含量，%；ϕ 为孔隙度，%；B_{i} 为脆性指数。

利用 Min—Max 标准化方法对 R_{2i} 作数据标准化处理，最终得到归一化之后的页岩综合储气指数（R'_{2i}）：

$$R'_{2i} = 10 \times \left(R_{2i} - R_{2\min}\right) / \left(R_{2\max} - R_{2\min}\right) \tag{2-10}$$

式中，$R_{2\max}$ 和 $R_{2\min}$ 分别为 R_{2i} 的最大值和最小值。

（二）页岩储气能力分级评价指数体系

随着页岩气勘探开发的推进，对于页岩地层的沉积作用、成岩作用机理及页岩气富集机理等方面的认识都有了长足的进步（Chen 等，2019c）。同时，随着页岩地层开发的不断深入，逐渐认识到页岩储层具有较强的非均质性，需要形成一系列适合中国页岩储层评价的技术方法（乔辉等，2018）。对页岩储层关键参数的定量评价方法进行简述，建立一套适合中国页岩储层特征的综合评价方法，为优质页岩富集层段的评价与优选提供依据（于炳松，2012；聂海宽等，2020）。

目前，页岩储层研究主要采用样品分析实验及测井方法对页岩储层有机碳含量、矿物组成、储集空间类型、储层孔隙度和渗透率特征、储层孔隙结构及含气性等关键参数进行研究（乔辉等，2018）。

在储层研究的基础上，对储层进行分类评价是储层研究的一项重要工作（陈欢庆等，2015）。在常规储层评价中，储层分类评价主要利用岩心、测井、试油等资料对储层进行分级，并把分级评价指标落实到孔隙度、渗透率等储层参数中。目前，不少学者对页岩储层分级评价进行了研究，大多是基于高分辨率仪器对孔隙大小、孔隙类型进行分类（陈强，2014；陈欢庆等，2017），也有部分学者尝试利用影响页岩储层质量的关键因素对页岩储层进行定量分类评价。涂乙等（2014）筛选出 10 个影响页岩储层的评价参数，采用灰色关联分析法分析各因子之间的相关性，计算影响页岩储层质量各因子的权重和综合评价因子，对页岩储层进行了综合分类评价。

值得注意的是，这些评价标准可能适用于某个研究区块，并不具有普适性。为了明确研究区实际储层分级评价标准，基于页岩微观储集空间特征研究结果，结合研究区五峰组—龙马溪组现有成果资料，选取不同参数对长宁、威远、泸州、大足及永川地区页岩储层进行分级评价，基于页岩储层基本控储参数、页岩关键控储衍生指数，即综合储气指数构建了四川盆地及周缘五峰组—龙马溪组海相页岩储层储气能力关键要素评价体系（表 2-6）。

表 2-6　四川盆地及周缘五峰组—龙马溪组海相页岩储层储气能力关键要素评价体系

储层分级	有机质丰度（%）	中—宏孔孔体积（cm^3/g）	总孔体积（cm^3/g）	微—中孔比表面积（m^2/g）	总比表面积（m^2/g）	有机质特征评价系列指数				页岩综合储气指数（R_{2i}）	典型研究区
						面孔率（%）	周长面积比（mm^{-1}）	等效圆直径（nm）	主流孔隙直径（nm）		
Ⅰ级	＞3.0	＞0.025	＞0.3	＞35	＞35	＞25	3000～4000	＞18	＞300	7.86～10.00	长宁、威远
Ⅱ级	2.5～3.0	0.018～0.025	0.2～0.3	25～35	25～35	15～25	2000～3000	14～18	100～300	2.62～7.86	泸州、大足
Ⅲ级	2.0～2.5	0.01～0.018	0.1～0.2	15～25	15～25	10～15	1000～2000	10～14	0～100	0～2.62	永川

（三）储气能力综合评价体系的应用与实践

四川盆地及周缘五峰组—龙马溪组海相页岩总体含气量较好，但不同因素对页岩气富集的影响不同，通过对长宁、威远、大足等六个地区的含气量及孔隙结构参数的对比（图 2–20），结果发现：页岩含气量主要由吸附气量和游离气量两部分构成，页岩孔隙度和有机碳含量对吸附气量和游离气量都具有重要的影响，页岩孔隙度和有机碳含量越大，则页岩的总含气量越高。五峰组—龙马溪组海相页岩微观孔隙结构参数（孔体积、比表面积、渗透率、脆性指数及黏土矿物含量等）中，含气量与总孔体积、总比表面积呈现出较好的正相关关系，即随着总孔体积、总比表面积的增大，含气量增大（图 2–20a、c）。其中，含气量与中—宏孔的孔体积及微—中孔比表面积表现出较好的正相关性关系（图 2–20b、d），宏孔则较差，表明典型地区中五峰组—龙马溪组微—中孔贡献了大部分页岩气。

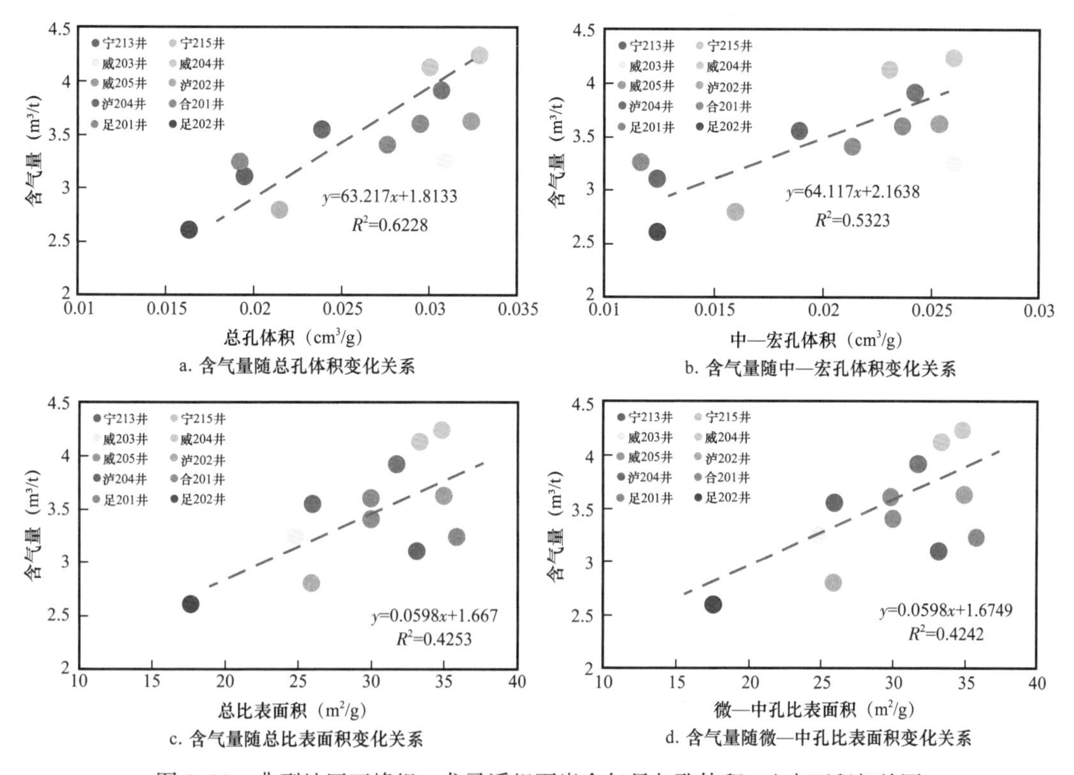

图 2–20　典型地区五峰组—龙马溪组页岩含气量与孔体积 / 比表面积相关图

有机质特征评价参数能够对微观储层有机质孔隙结构及发育特征进行精细刻画，进而反映有机质孔在有机质内实际的赋存状态，通过结合含气量发现：含气量与面孔率、周长面积比、主流孔隙直径及等效圆直径均呈现较好的正相关关系，其中面孔率与周长面积比相关性最优，$R^2>0.6$。故有机质特征评价参数是关键控储参数体系中重要的构成部分（图 2–21）。

以四川盆地富集区宁 213 井、宁 215 井、威 203 井、威 204 井和威 205 井，相对富集区泸 202 井、泸 204 井、合 201 井、足 201 井和足 202 井的总含气量与计算的页岩综合储气指数 R'_{2i} 进行相关性分析，以验证页岩综合储气指数评估海相页岩储气能力高低的可靠性。如图 2–22 所示，总含气量与综合储气指数 R'_{2i} 之间具有较好的相关性（$R^2=0.74$），表明储气指数在指示页岩含气高低方面成效较好，适用于四川盆地五峰组—龙马溪组页岩的储气能力评价。

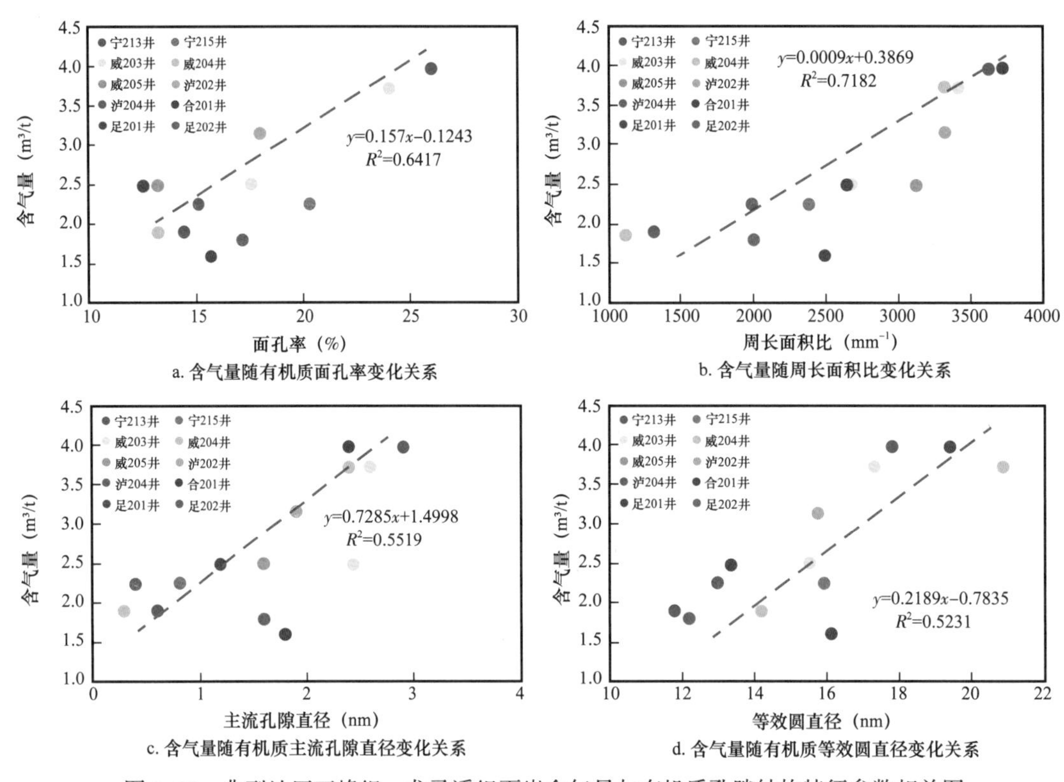

图 2-21　典型地区五峰组—龙马溪组页岩含气量与有机质孔隙结构特征参数相关图

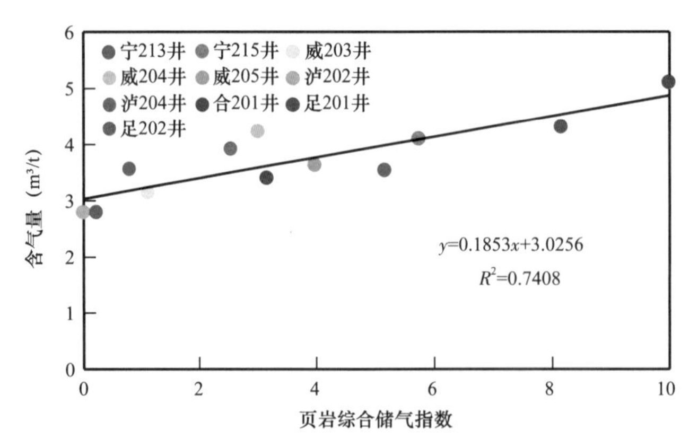

图 2-22　典型地区五峰组—龙马溪组页岩含气量与综合储气指数相关图

第三节　页岩保气关键地质要素定量表征

一、页岩气保存条件基本特征评价指标

中国南方四川盆地及周缘地区海相泥页岩热演化程度高，具有良好的生烃及储集能

力，但受到多期构造运动改造，页岩气保存条件复杂。页岩气成藏后期保存条件的好坏是页岩气能否富集高产的关键因素（赵宗举等，2002；聂海宽等，2011；李建青等，2014；徐二社等，2015；琚宜文等，2016）。现今对页岩气保存条件的研究，主要从以下六个方面进行：断裂—破碎作用、剥蚀作用、大气水下渗作用、深埋热变质作用、盖层有效性及天然气散失作用、岩浆侵入热变质作用（楼章华等，2008；胡东风等，2014）。评价页岩气保存条件的主要参数为：页岩自封闭性相关参数、盖层相关参数、断裂—裂缝相关参数、构造改造相关参数、地层压力等（马永生等，2006）。

（一）页岩顶底板封闭性基础地质要素评价指标

顶底板为直接与含气页岩层段接触的上覆及下伏地层，一方面对页岩气的封存起重要作用，另一方面也影响着页岩压裂改造的效果。顶底板可以是泥岩、页岩、粉砂岩、碳酸盐岩等任何岩性，其性质的好坏决定着岩石物性、封闭性的好坏（胡东风等，2014）。顶底板性质对含气页岩的保存条件非常关键，好的顶板、底板与含气页岩层段组成流体封存箱（Powley，1990），可以有效减缓页岩气向外运移，从而使页岩气得到有效保存；差的顶板、底板对流体的封闭性差，油气易于向外散失，导致页岩气藏遭到破坏。通过对四川盆地及周缘地区下古生界牛蹄塘组和龙马溪组海相页岩顶底板封盖保存条件的研究发现，牛蹄塘组顶板封盖为厚层泥质页岩，底板封盖为厚层致密灰岩，但是裂缝较为发育，形成了“上盖下渗型”顶底板封闭保存模式，页岩气易向下逸散；而龙马溪组海相页岩顶板封盖为厚层泥质页岩，底板封盖为厚层瘤状灰岩，顶底板封闭性能好，页岩气不易散失（图 2-23）。

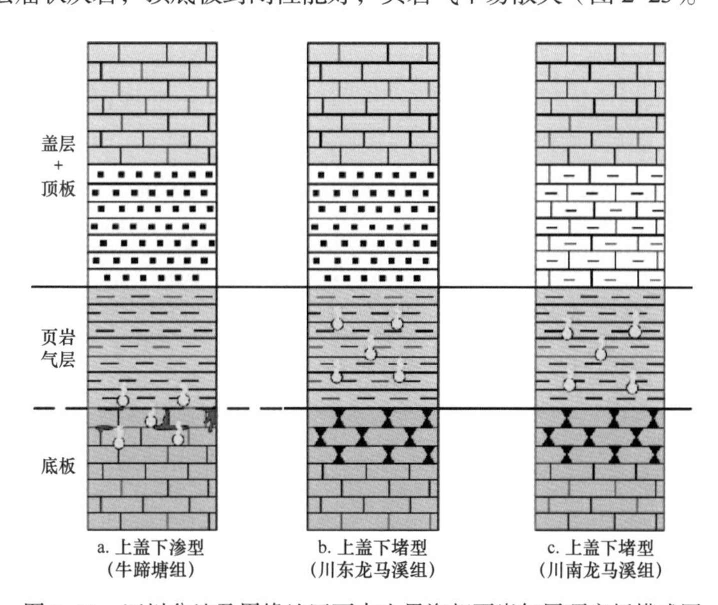

图 2-23　四川盆地及周缘地区下古生界海相页岩气层顶底板模式图

1. 顶板发育特征

1）顶板发育宏观特征

四川盆地及周缘地区五峰组—龙马溪组顶板封盖为龙马溪组二段及以上发育的大套灰色—深灰色厚层泥灰岩（图 2-24），该套盖层为一套浅海陆棚相—滨浅海相的砂泥岩建造，岩性稳定，均为连续沉积。

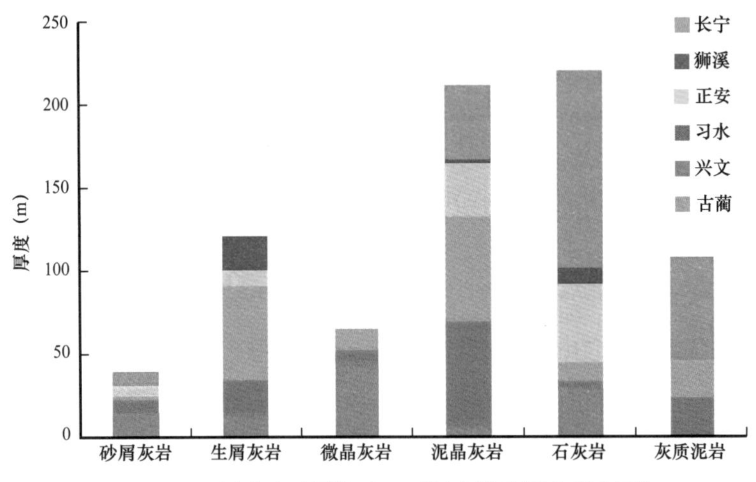

图 2-24　四川盆地及周缘地区顶板岩性及厚度划分图解

该套盖层厚度较大，主要分布在 90～150m 之间，平均为 110m，焦石坝地区顶板厚度最大，可达 170m。四川盆地及周缘地区五峰组—龙马溪组海相页岩顶板盖层横向上主要分布在研究区坳陷区域，在四川盆地东南部地区遭受较大程度的剥蚀，黔中地区更是缺失该套盖层（Xiong 等，2017）。四川盆地东南部地区的丁山 1 井钻遇龙马溪组黑色碳质泥岩 144.5m，单层最大厚度达 48m。顶板盖层深埋藏于地下，顶板封盖埋深多分布在 2000～3000m 之间。川南地区现今该套盖层深埋地腹，长宁—威远、焦石坝等地最厚可达 150～200m，向四周变薄。盖层排替压力相差不大，均在 13.7～13.8MPa 之间。

对顶板样品进行压汞实验，对其孔隙特征进行定量表征及分析，压汞实验参数如表 2-7 所示。顶板孔隙体积介于 0.0048～0.0222cm^3/g 之间，平均为 0.0108cm^3/g；孔隙度介于 1.27%～3.60% 之间，平均为 2.45%。

表 2-7　四川盆地及周缘地区五峰组—龙马溪组海相页岩顶板封盖压汞参数表

地区名称	剖面名称	取样位置	样品岩石名称	压汞参数			
				孔体积（cm^3/g）	中值孔径（nm）	孔隙度（%）	渗透率（mD）
巫溪白鹿	白鹿剖面	顶板	粉砂质页岩	0.0102	22	3.60	0.0180
巫溪田坝	田坝剖面	顶板	泥页岩	0.0097	14	2.48	0.0080
彭水	鹿角剖面	顶板	泥页岩	0.0055	10	1.46	0.0090
綦江	观音桥剖面	顶板	泥页岩	0.0048	12	1.27	0.0090
习水	骑龙村剖面	顶板	泥页岩	0.0122	28	3.19	0.0006
长宁	双河剖面	顶板	泥页岩	0.0222	20	2.69	0.0012

2）顶板排替压力特征

龙马溪组上段粉砂质页岩的野外露头样品测试结果如表 2-8 所示，研究区顶板均表现出低孔—低渗的特征，但通过排替压力可表现出不同的顶板封闭能力的差异性。

表 2-8 研究区顶板排替压力测试结果

孔隙参数	剖面名称					
	巫溪白鹿剖面	巫溪田坝剖面	彭水鹿角剖面	綦江观音桥剖面	习水骑龙村剖面	长宁双河剖面
排替压力（MPa）	11.027	12.798	13.775	16.677	13.769	13.775
汞饱和度中值压力（MPa）	67.030	112.114	146.755	131.565	78.675	90.885

通过顶板排替压力数据可知，研究区 6 条剖面野外露头顶板样品排替压力分布在 11.027～16.677MPa 之间，平均为 13.637MPa。其中巫溪白鹿剖面顶板排替压力最小，为 11.027MPa；綦江观音桥剖面排替压力最大，为 16.677MPa。汞饱和度中值压力分布在 67.030～146.755MPa 之间，平均为 104.504MPa。巫溪白鹿剖面中值压力最小，为 67.030MPa；最大值为 146.755MPa，出现在彭水鹿角剖面。排替压力的差异，反映了不同的顶板封闭能力。通过汞饱和度中值压力也反映出，巫溪白鹿地区的顶板封闭能力最差，綦江与彭水地区的最好。结合顶板排替压力和汞饱和度中值压力的特征，作与孔渗特征相关关系图（图 2-25）。如图 2-25a、b 所示，顶板的排替压力与顶板孔隙度、渗透率呈负相关，相关系数分别为 0.606 和 0.6351。顶板的汞饱和度中值压力与孔隙度、渗透率也呈负相关（图 25c、d），相关系数分别为 0.9297 和 0.7114。表明孔隙度越小、渗透率越低的顶板的排替压力和汞饱和度中值压力越大，封闭性则越强。

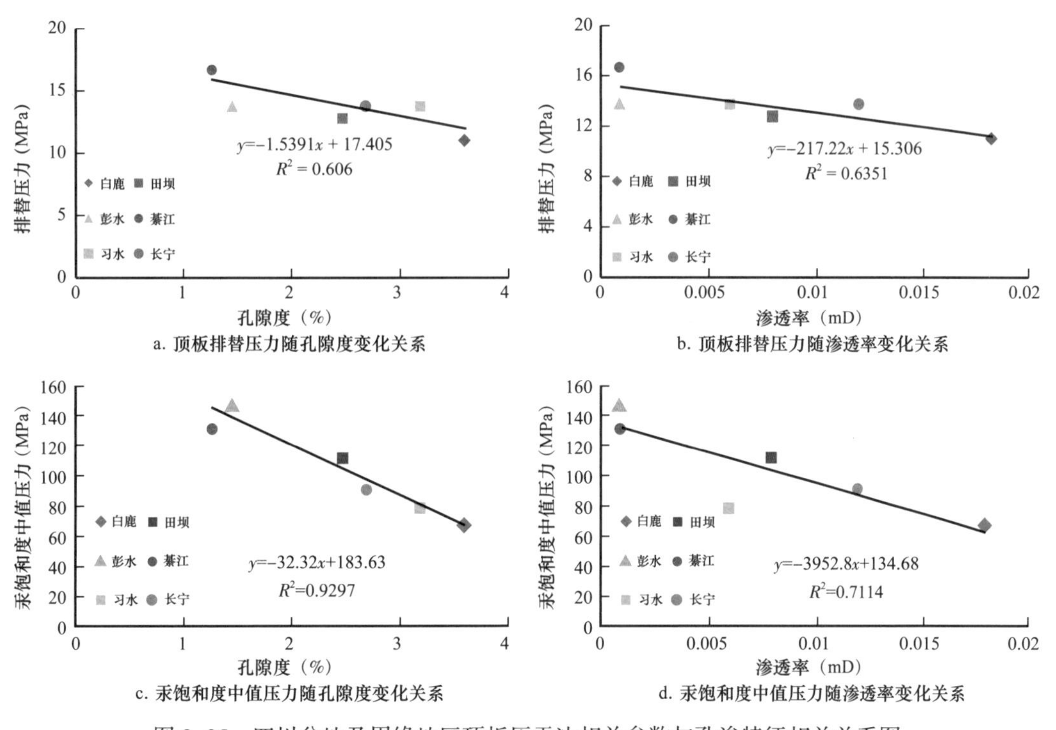

图 2-25 四川盆地及周缘地区顶板压汞法相关参数与孔渗特征相关关系图

通过顶板盖层排替压力和汞饱和度中值压力与孔隙度、渗透率相关关系图（图 2–25）可以看出，四川盆地及周缘五峰组—龙马溪组海相页岩顶板样品的孔隙度、渗透率与排替压力、汞饱和度中值压力都具有良好的负相关性，即孔隙度、渗透率越小，排替压力、汞饱和度中值压力越大。排替压力越大，岩性越致密，页岩气垂向封闭性能越强。

3）顶板突破压力特征

突破压力是指岩石中连通孔隙内的润湿相流体被非润湿相流体驱替时所需施加的最小压力，在数值上近似等于多孔介质中连通的最大孔隙的毛细管压力，是反映流体渗流通过多孔介质固有特性的特征压力（Chen 等，2019a，2019b）。

突破压力测试实验方法采用分步式（SBS），依据 SY/T 5748—2013 标准开展实验。具体实验步骤为：（1）岩心在恒温干燥箱 105℃烘干 8h，测试长度、直径、密度等参数；（2）抽真空 8h 至系统真空度达到 50mTorr，饱和煤油；（3）将饱和好煤油的页岩，放入高压容器中，加压饱和 20MPa，饱和时间为 24h；（4）将岩心放入夹持器中，缓慢加围压至上覆压力 46MPa（模拟地层深度约 2000m）；（5）恒压 20MPa 驱替，待渗流稳定后记录稳定流速，测试岩心中煤油的渗透率；（6）采用直接驱替法测量岩心的突破压力，分步加载甲烷气体压力，压力起始值为 5MPa，每个压力保持 2h。从被测岩心一端直接驱替饱和岩心中已有的煤油，直至气体从岩心另一端逸出时，记录该气体压力为被测试件的突破压力。

由于顶底板的物性封闭能力主要受孔隙结构控制，而岩性是影响孔隙结构的主要因素，故突破压力与岩性之间存在良好的相关性。当岩石中孔隙结构越好，孔隙度和渗透率越大，岩石的突破压力越小，物性封闭能力越差。

通过对取自龙马溪组上段粉砂质页岩的野外露头样品进行测试，突破压力结果如表 2–9 所示。

表 2–9　四川盆地及周缘龙马溪组页岩气层段顶板平均突破压力测试结果

孔隙参数	剖面名称					
	巫溪白鹿剖面	巫溪田坝剖面	彭水鹿角剖面	綦江观音桥剖面	习水骑龙村剖面	长宁双河剖面
突破压力（MPa）	5	21	33	28	22	31

通过实验测得研究区龙马溪组页岩气层段顶板盖层突破压力数据，按照郑德文（1996）对突破压力的等级划分，白鹿地区突破压力为 5MPa，认为白鹿地区顶板封盖性差；田坝、綦江和习水骑龙村地区突破压力在 20～30MPa 之间，顶板封盖性较好；彭水鹿角和长宁地区突破压力大于 30MPa，顶板封盖性好。

通过观察四川盆地及周缘地区龙马溪组页岩气层段顶板盖层突破压力与孔渗参数相关性发现，得到的认识与通过排替压力分析的认识一致。顶板样品的突破压力与孔渗参数具有良好的负相关性，即孔隙度越小，顶板的突破压力越大，岩性越致密，页岩垂向封闭作用越强（图 2–26）。

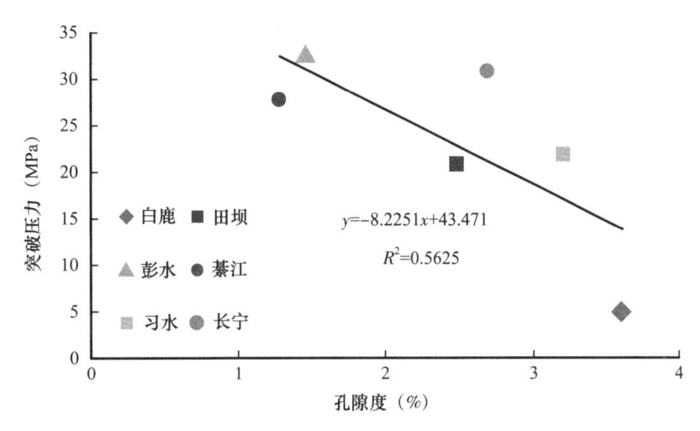

图 2-26　四川盆地及周缘地区顶板突破压力与孔隙度关系图

2. 底板发育特征

1）底板发育宏观特征

底板封盖为五峰组下伏宝塔组、临湘组等岩层，均为连续沉积，岩性以致密灰岩为主，部分地区为泥岩，长宁、威远、宜宾等地底板厚度较大，田坝、白鹿、城口等地底板厚度较小（图 2-27）。

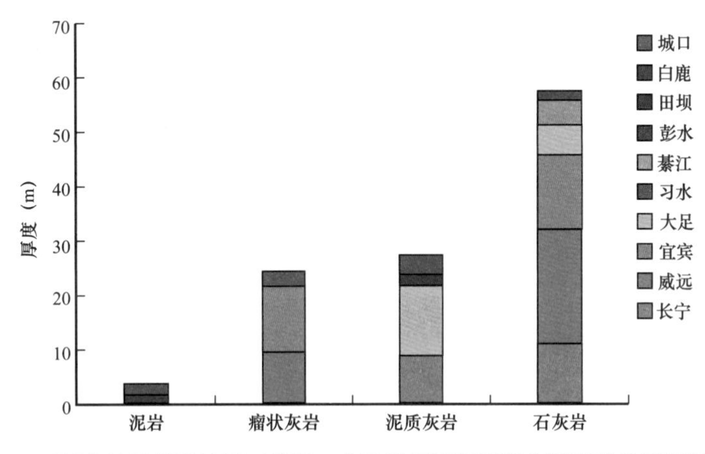

图 2-27　四川盆地及周缘地区五峰组—龙马溪组海相页岩底板岩性及厚度划分图解

对底板样品进行压汞实验对其孔隙特征进行定量表征及分析，压汞实验参数见表 2-10。底板孔体积介于 0.0009～0.0149cm^3/g 之间，平均为 0.0063cm^3/g；孔隙度介于 0.25%～2.79% 之间，平均为 1.73%。

2）底板排替压力特征

宝塔组顶部致密灰岩的野外露头样品测试结果如表 2-11 所示，研究区底板封盖均表现出低孔—低渗特征，并且相较于顶板封盖更加致密，具有更强的封闭性。

通过底板排替压力数据可知，研究区长宁地区底板排替压力最大，为 24.065MPa，其他地区底板排替压力相差不大，均在 13.766～13.798MPa 之间。与通过汞饱和度中值压力得到的结果相一致，认为长宁地区底板物性最为致密。

表 2-10　四川盆地及周缘地区五峰组—龙马溪组海相页岩底板封盖压汞参数表

地区名称	剖面名称	取样位置	样品岩石名称	压汞参数			
				孔体积（cm^3/g）	中值孔径（nm）	孔隙度（%）	渗透率（mD）
巫溪白鹿	白鹿剖面	底板	临湘组石灰岩	0.0106	16	2.79	0.0031
巫溪田坝	田坝剖面	底板	临湘组石灰岩	0.0052	12	1.41	0.0060
彭水	鹿角剖面	底板	宝塔组石灰岩	0.0149	26	2.79	0.0089
綦江	观音桥剖面	底板	临湘组石灰岩	0.0096	10	2.49	0.0050
习水	骑龙村剖面	底板	涧草沟组石灰岩	0.0026	14	0.62	0.0011
长宁	双河剖面	底板	宝塔组石灰岩	0.0009	10	0.25	0.0010

表 2-11　底板封盖排替压力测试结果

剖面名称	孔隙参数	
	排替压力（MPa）	汞饱和度中值压力（MPa）
巫溪白鹿剖面	13.784	99.116
巫溪田坝剖面	13.779	133.040
彭水鹿角剖面	13.798	60.500
綦江观音桥剖面	13.766	152.214
习水骑龙村剖面	13.778	106.815
长宁双河剖面	24.065	166.745

3）底板突破压力特征

通过对取自宝塔组和临湘组顶部致密灰岩的野外露头样品进行测试，突破压力结果如表 2-12 所示。

表 2-12　底板封盖平均突破压力测试结果

孔隙参数	剖面名称					
	巫溪白鹿剖面	巫溪田坝剖面	彭水鹿角剖面	綦江观音桥剖面	习水骑龙村剖面	长宁双河剖面
突破压力（MPa）	27	42	21	37	33	32

底板岩性均为石灰岩和瘤状灰岩，相比顶板岩性更加致密，突破压力也比顶板大。通过底板突破压力数据，按照郑德文对突破压力的等级划分，研究区底板均具有良好的封闭性，但是不同地区还存在一些差异（郑德文，1996）。

3. 区域（间接）盖层发育特征

根据勘探实践证明，区域盖层的发育特征，也是影响四川盆地及周缘地区五峰组—

龙马溪组海相页岩气保存条件的重要地质要素。间接盖层是指储集层系之上分布广泛、对储层具有区域性封盖作用的岩层。区域性盖层通常为封闭性能较强的大套泥页岩或膏盐岩地层，这些岩层由于塑性较强，对构造应力的抵抗性较好，具有抑制裂缝发育和大型断裂穿透的作用，有利于维持下伏地层的压力平衡。虽然页岩层系可作为自生天然气的直接盖层，具有较强的封闭性，但在中国南方构造抬升幅度大、断裂发育的区域，间接盖层的作用不容忽视（聂海宽等，2016；魏祥峰等，2017）。

四川盆地及周缘地区五峰组—龙马溪组海相页岩间接盖层为中—下三叠统发育的一套膏盐岩层（图 2–28）。该层在四川盆地内普遍发育，厚度可达 200m 以上，虽然经历了加里东期、海西—印支期、燕山期和喜马拉雅期等多期构造作用的破坏和改造，但现今仍有连片分布，尚有残存的构造复向斜。

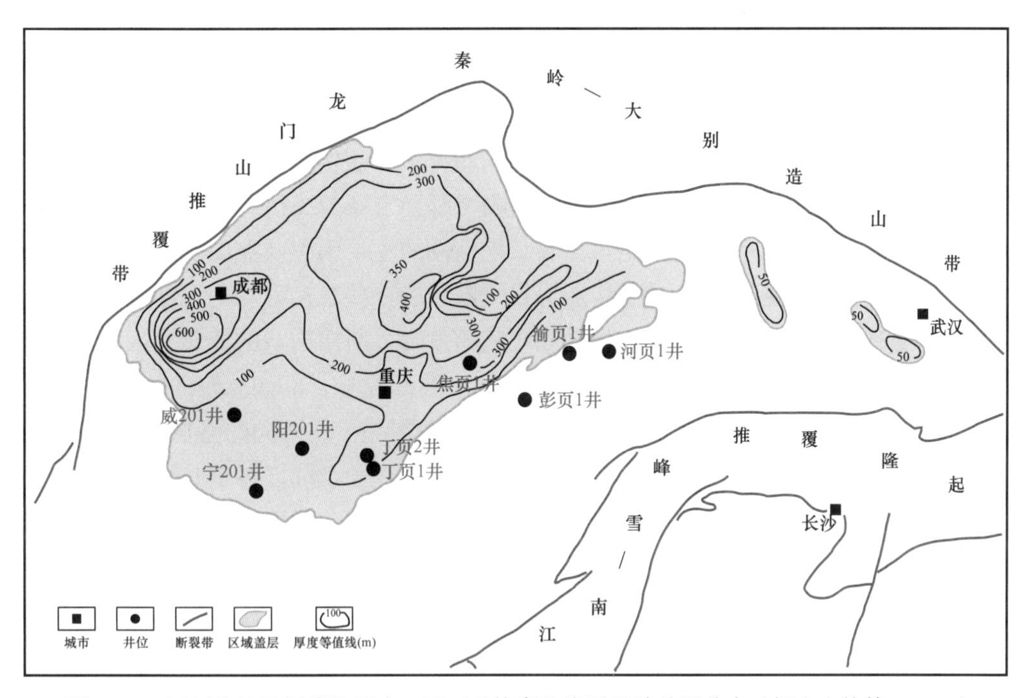

图 2–28　四川盆地及周缘地区中—下三叠统膏盐岩层区域盖层分布（据金之钧等，2006）

对四川盆地及周缘地区五峰组—龙马溪组海相页岩来说，中—下三叠统膏盐岩发育的区域能形成一定范围内的压力封闭（梁兴，2006；聂海宽等，2016），有利于页岩气成藏和保存，而且膏盐岩盖层具有低孔隙度、低渗透率、流动性强的特点，在后期构造变形过程中表现为典型的塑性变形。三叠系盖层发育的地区，整体构造抬升剥蚀都相对较晚，泄压时间也较晚，页岩气尚有大量保存，是长宁—威远、焦石坝等地区高丰度页岩气藏富集的关键。

川南长宁地区保存了部分三叠系膏盐岩，宁 201 井龙马溪组页岩气藏压力系数达到 2.0。而对于区域盖层缺失的盆地边缘如白鹿、田坝等地区，龙马溪组页岩气藏压力系数在 1.0 左右。渝东彭水地区不发育三叠系膏盐岩层，彭页 1 井龙马溪组页岩气藏的压力系数仅在 1.0 左右。压力系数是保存条件的综合反映，美国页岩气的勘探开发表明，压力系数较高的页岩气藏一般具有较好的产能。类比我国南方海相页岩气藏地质条件，区域范围内的压力封闭区是页岩气勘探的有利地区。四川盆地内部总体保存条件好，压力系数高，多在 1.2 以上，其中焦页 1 井在 1.55 左右，压裂后页岩气产量较高；四川盆地外部总体保存条件较盆地内部变差，如彭水地区的彭页 1 井压力系数在 1.0 左右，页岩气产量较低；压力系数较低的河页 1 井和黄页 1 井等压裂后效果不佳（金之钧等，2016）。

（二）页岩层系断裂分布基础地质要素评价指标

断裂对页岩气的保存影响巨大，热成因型页岩气藏主要靠微裂缝运聚，断层和宏观裂缝起破坏作用，因此强烈的构造活动不利于该类型气藏的保存（白振瑞，2012；谢丹等，2018）。而生物成因型气藏的形成与活跃的淡水交换密切相关，裂缝不仅是地层水的通道，也是页岩气的运聚途径，故构造运动反而起积极作用（李登华等，2009）。中国南方四川盆地及周缘地区五峰组—龙马溪组海相页岩气藏是热成因型，所以保存条件主要同断裂系统有关。断裂构造作用与隆升剥蚀作用一样，主要是对盖层连续性的破坏。断裂作用对保存条件的影响主要体现在活动的强度和性质上，研究区断裂构造发育，而断裂构造作用对盖层的破坏及断层封闭性对保存条件有直接影响（彭金宁等，2015）。

影响油气保存的断裂作用主要是古生界长期活动的主干断裂及燕山晚期和喜马拉雅早期的正断层活动。主干断裂一般是指构造边界大断层和一些长期活动的深断裂，它们对四川盆地及周缘地区构造边界的形成、隆起和坳陷的发育、断褶构造的演化、区域岩相变化等都具有明显的控制作用。主干断裂的形成时间一般都较早，例如北东向的华蓥山断裂、齐岳山等深断裂，南北向的甘洛小江、遵义松坎等深断裂，北西向的峨眉瓦山等深断裂，都可以追溯到加里东期，并且后期多次活动，成为控制扬子及邻区各个时期沉积和构造演化的重要因素。特别是印支期以来，北东向深断裂更加活跃，导致扬子及邻区现今以北东向断褶带为主导的构造格局。平面上，现今主干断裂在区域上整体以北东向为主，秦岭—大别造山带及其逆冲褶皱带前缘以北西向为主，北东向、北西向、南北向甚至东西向断裂都很发育。

从分布程度来看，四川盆地北缘大巴山逆冲褶皱带，一般为 5～10 条，多的如四川盆地东缘雪峰构造带南缘等构造活跃的地区，可达 15 条；而四川盆地内部一般为 2～3 条。主干断裂的长期活动和分布程度反映了构造的多次活动及其强度，往往还伴随着岩浆的侵入和喷溢，温泉也常沿着这些断裂分布，因此长期活动的主干断裂异常发育对油气的保存来说一般是不利的。

（三）页岩层系构造作用基础地质要素评价指标

1. 构造样式

构造条件是页岩气藏保存条件评价一项非常重要的内容。构造活动不仅能直接影响泥页岩的沉积作用和成岩作用，还在很大程度上控制着页岩气藏的保存。构造变形的强度、应力场类型、规模和样式不同，对页岩气藏保存条件的影响程度就不同。构造变形强的地区，页岩气盖层被剥蚀并发育一系列叠瓦状逆冲断层及裂缝，页岩气封盖的保存条件就差；相对构造变形弱的地区，页岩气盖层保存条件较好（唐鑫，2018；聂海宽等，2020）。

一般来说，稳定构造区及压性应力场适于页岩气藏的保存；反之，构造活动区和张性应力场不适于页岩气藏的保存。对于游离型或水溶型（极少）页岩气藏，尽管页岩具有超低孔超低渗的特征，但由于驱动动力与构造活动有极大的关系，气藏的保存条件有与常规页岩气藏相似的要求。构造产生的潜伏背斜，有利于页岩气的保存。在逆冲推覆带发育的页岩气，当构造样式主要为断弯褶皱和断展褶皱时，有利于页岩气保存成藏（梁兴，2006；张涛，2014）。

大中型褶皱对含气量也有影响。紧密褶皱地区的岩层往往是屏障区，有利于页岩气藏的保存。大型向斜的含气量高于背斜。中型褶皱封闭条件较好时，背斜较向斜含气量高；封闭条件较差时，向斜部位含气量高。长期活动的通天断裂带既是页岩气保存条件变化最强烈的地区之一，又是不同区块的分区界线。在高陡背斜带之间相对宽缓向斜背景中的低潜微幅度、低幅度构造有利于页岩气成藏与保存。

2. 构造抬升剥蚀史

构造运动导致的地壳抬升剥蚀可以使含气页岩层段的上覆岩层和区域盖层减薄或剥蚀，导致上覆压力减小，残余盖层的孔隙度、渗透率提高，也易使脆性好的盖层破裂或已形成的断裂（含微裂缝）变成开启状态，降低盖层的封闭能力。如果抬升剥蚀的幅度较大，整个含气页岩段之上的盖层可能完全剥蚀，导致页岩含气段丧失盖层的保护（图 2–29）。同时抬升剥蚀可以使页岩层埋深过浅而与地表大气水连通或产生的断裂沟通地表，一方面导致页岩含气段本身压力降低，游离气散失，从而系统吸附气开始解析，进而造成总含气量降低，另一方面由于氮气、二氧化碳具有更强的吸附性从而置换甲烷，导致页岩气藏遭受破坏。

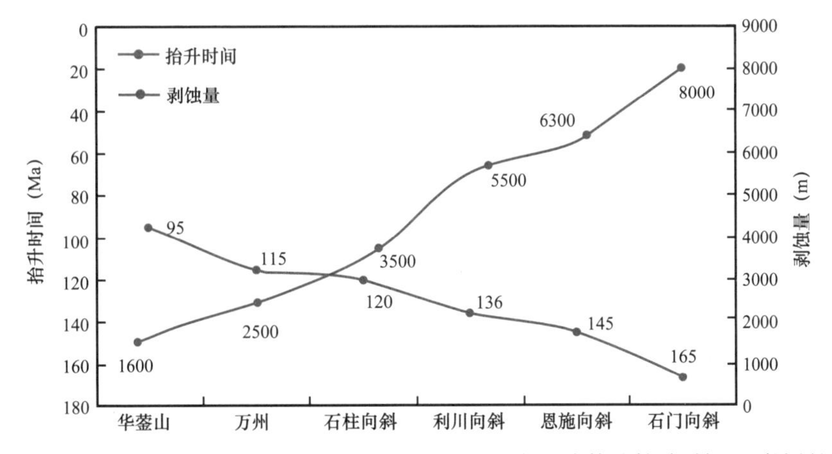

图 2–29　四川盆地及周缘地区五峰组—龙马溪组海相页岩构造抬升时间及剥蚀量图

盆地后期隆升的原因较多，主要包括：区域构造挤压作用不仅导致盆地构造反转，同时使盆地整体抬升；后期叠加变形产生的差异性升降，使盆地局部地区发生抬升和剥蚀；岩浆侵入产生的热穹隆构造，可引起局部地区的隆升。

地壳抬升作用可以分为两类：整体性抬升和差异性抬升。不同的抬升类型对页岩气藏产生的改造作用不一样。抬升范围大、抬升幅度小、地区间抬升差异小等抬升情况，有利于页岩气藏的保存；而差异性抬升范围小、抬升幅度大和地区间抬升差异大等情况，常导致地层中断裂发育、页岩埋深变小或出露地表，气藏遭受大范围的破坏（聂海宽等，2012；唐鑫，2018）。

地壳抬升可使页岩气藏盖层压力和烃浓度封闭能力减弱；断层垂向封闭性减弱，甚至开启；地表水、游离氧和细菌直接作用于页岩气藏，使之遭到水洗、氧化和菌解破坏作用；气藏的天然气扩散损失量进一步增大，不利于页岩气藏保存。

地层抬升对盖层封闭能力的影响主要体现在盖层的压力封闭能力上。压力封闭是盖层封闭页岩气的一种特殊机理，只存在于特定的地质条件下，即欠压实具有异常高孔隙流体压力的泥岩盖层中。这种盖层主要依靠其内的异常孔隙流体压力来封闭游离相和水溶相页岩气，异常孔隙流体压力越大，压力封闭能力越强，反之则越弱。由于地层抬升，油气藏盖层上升，埋深减小，如果按照上述同样的假设，上升之后的页岩气藏盖层的异常孔隙流体压力减小，压力封闭能力降低。

地层抬升导致页岩气藏盖层的上升出露、风化剥蚀，埋深减小也使得地层压力降低，改变了页岩气扩散的环境条件，使其扩散距离减小，页岩气扩散系数减小，页岩气扩散量增大，页岩气浓度减小。盖层抬升遭受剥蚀，页岩气藏就可能被破坏。但是，地层的抬升剥蚀也使得水溶气转变为游离气，只要区域盖层的整体封闭性未遭破坏，就有利于页岩气的聚集与保存。

3. 末次构造抬升时间

地层抬升剥蚀后，烃源岩生烃作用停止，页岩气在后期保存中得不到有效的补充，而页岩气的散失却持续进行，抬升时间早晚决定了页岩气散失量的大小，抬升时间越晚越有利于页岩气的保存。就四川盆地及周缘地区五峰组—龙马溪组海相页岩而言，燕山—喜马拉雅期构造活动对各地区的改造时间对页岩气的保存具有非常大的影响，燕山—喜马拉雅期构造抬升剥蚀时间越早，对页岩气后期的保存条件越不利。

（四）地层压力特征评价指标

1. 地层异常高压

地层压力是作用于地层孔隙空间流体上的压力（Shen 等，2017）。正常地层压力可由地表至地下任一点地层水的静水压力来表示；但是由于种种因素影响，作用于地层孔隙流体的压力很少等于静水压力。通常把偏离正常地层压力趋势线的地层压力称之为异常地层压力，或压力异常，即地下某一特定深度范围的地层中，由于地质因素引起的偏离正常地层静水压力趋势线的地层流体压力，包括异常的超压和欠压（尹丽娟，2003）。在周围封闭的封存箱孔隙系统中，由密封的流体形成异常压力。前人提出运用实测的地层流体压力计算其压力梯度值，鉴别异常压力（李刚毅，2009；崔杰，2010）。引起异常压力的基本地质因素有：（1）地层的抬升剥蚀或沉降埋藏；（2）异常热流体或冷流体的影响；（3）成岩作用岩石孔隙的压实或孔隙的扩容等。异常压力是驱动页岩气运移、制约页岩气藏形成与分布、影响页岩气勘探成效的一个重要因素。

美国的页岩气勘探开发表明，页岩气藏的压力系数通常要超过正常地层压力系数。在美国的主要产气页岩中，热成因的页岩气藏一般以超压和微超压为主，该类页岩气藏通常都是在经历足够的埋藏作用、压实作用、上覆地层的压力作用、流体热增压和有机质向烃类转化过程中体积膨胀等，引起高异常地层压力，这是页岩气成藏和保存条件较好的表现。只有少数生物成因的页岩气藏为正常压力或低压。该类生物成因气藏埋藏深度比较浅，与大气水有交换沟通，具有代表性的是美国密歇根盆地的 Antrim 页岩气藏和圣胡安盆地的 Lewis 页岩气藏。类比中国南方高热演化的页岩气藏，若出现低压或超低压，则表明其上覆地层封闭性较差，导致页岩层的释压。要加强从区域范围内寻找较好的压力封闭区，有利于页岩气成藏和保存，尤其是目前处在微超压和超压状态的压力封闭区是页岩气勘探值得关注的领域和地区。

2. 地层孔隙压力

地层压力能对页岩气的成藏和保存形成重要的压力封闭区，地层压力预测就显得非常重要和必要。地层压力预测的研究在油气开采过程中一直受到广泛的关注。纵观地层压力预测的方法大体上可以分为两类：一是利用地震速度谱资料按 Dix 公式换算层速度进行地层压力预测，其物理基础是异常压力与速度的对应关系；二是利用井参数进行地层压力预测，井参数包括钻井参数、测井参数和压力测试参数，利用测井参数预测是从测井资料中提取能反映地层压力变化的参数。

可用于地层孔隙压力预测的测井资料有声波时差、密度、中子、电阻率、自然伽马、自然伽马能谱等，归纳起来，这些资料用于预测地层孔隙压力的依据主要有以下 4 种：（1）随着深度的增加，孔隙度按指数规律衰减；（2）随着深度的增加，放射性强度增加；（3）随着深度的增加，地层水矿化度按指数规律增加；（4）随着深度的增加，地层温度按线性规律增加。因此，通过建立 ϕ—H、GR—H、PW—H、T—H 正常趋势线，计算实测资料与正常压实趋势线的偏离程度，可以达到预测地层压力的目的。在油田施工过程中，最为常用的方法是根据孔隙度随深度的变化关系，依据等效深度法原理建立 ϕ—H 正常趋势线，对地层压力进行预测。等效深度法原理是如果目标层某一点 A 与正常压实地层深度上某一点 B 的速度时差接近，那么地层被压实的程度就接近，说明地层骨架承受的压力接近，从而认为这两点深度等效。这两个等效深度点之间的地层载荷由地层流体承担，因而引起地层高压。

对于沉积压实作用形成的泥页岩，孔隙度（ϕ）与垂直有效应力（及上覆岩层压力 p_0）的关系如下：

$$\phi = \phi_0 \times \mathrm{e}^{-kp_0} \tag{2-11}$$

式中，k 为孔隙压缩系数。

常压实情况下，泥质沉积物的垂直有效应力随着埋藏深度（H）的增加而逐渐增大，孔隙度减小。因此式（2-11）中可以改为孔隙度随深度变化的关系：

$$\phi = \phi_0 \times \mathrm{e}^{-CH} \tag{2-12}$$

式中，C 为地层压缩因子。声波时差与孔隙度之间的关系满足 Wyllie 时间平均公式，即

$$\phi = \frac{1}{S}\frac{\Delta t - \Delta t_{\mathrm{m}}}{\Delta t_{\mathrm{f}} - \Delta t_{\mathrm{m}}} \tag{2-13}$$

式中，ϕ 为岩石孔隙度，%；Δt 为地层声波时差，μs/m；Δt_{m} 为岩石骨架声波时差，μs/m；Δt_{f} 为地层孔隙流体声波时差，μs/m；S 为校正系数。

地面孔隙度 ϕ_0 为

$$\phi_0 = \frac{1}{S}\frac{\Delta t_0 - \Delta t_{\mathrm{m}}}{\Delta t_{\mathrm{f}} - \Delta t_{\mathrm{m}}} \tag{2-14}$$

将以上各式综合，化简得

$$\Delta t - \Delta t_{\mathrm{m}} = \left(\Delta t_0 - \Delta t_{\mathrm{m}}\right) \times \mathrm{e}^{-CH} \tag{2-15}$$

由于

$$\Delta t_0 \mathrm{e}^{-CH} = \Delta t_{\mathrm{m}}\left(1 - \mathrm{e}^{-CH}\right)$$

所以

$$\Delta t \approx \Delta t_0 \mathrm{e}^{-CH}$$

式（2–15）又可写为

$$H = \frac{1}{C}\ln\Delta t_0 - \frac{1}{C}\ln\Delta t \tag{2-16}$$

式中，Δt_0 为地表距地下同地层声波时差。

根据 Terzaghi（1923）孔隙介质的有效应力原理和压实平衡方程，很容易得到如下公式：

$$p_{\mathrm{B}} = G_0 H_{\mathrm{B}} + \left(G_{\mathrm{W}} - G_0\right) H_{\mathrm{A}} \tag{2-17}$$

式中，p_{B} 为异常压力，MPa；H_{B} 为异常压力深度，m；H_{A} 为对应于 H_{B} 的等效深度，m；G_0 为上覆地层压力梯度，MPa/m；G_{W} 为静水压力梯度，MPa/m。式（2–17）由 Reynold 在 1974 年导出。在使用中由于 H_{A} 一般较难确定，所以需引入正常压实趋势线并假定按指数规律变化，将式（2–17）变为

$$p_{\mathrm{B}} = G_0 H_{\mathrm{B}} + \left(G_{\mathrm{W}} - G_0\right)\frac{1}{C}\ln\frac{\Delta t}{\Delta t_0} \tag{2-18}$$

式中，C 为地层压缩因子，数值上等于正常压实趋势线的斜率；Δt_0 为初始地层间隔传播时间，等于正常压实趋势线在时间轴上的截距；Δt 为异常压力带的间隔传播时间。

在正常压实情况下，随着地层埋藏深度的增加，地层孔隙度减小，声波时差将减小，密度则增大。利用井段的测井数据建立正常压实趋势线。在异常高压地层中，孔隙流体压力比正常压力高，使得颗粒间有效应力减小，相对于正常压力，地层孔隙度将增大，密度减小，而声波时差值将增大。相反，异常低压地层密度增大，而声波时差减小，将偏离正常压实趋势线。异常压力地层的这些响应特征是利用测井资料预测孔隙压力的依据。

对正常压实采用最小二乘法进行拟合，得到压实趋势线。在建立正常压实趋势线时，泥岩层段声波时差数据的选取十分重要。正常压实泥岩层段数据的读取应注意以下几点：（1）尽量选取较纯的泥岩段，其测井曲线特征应该是自然电位基线无异常，自然伽马为高

值，电阻率为低值；（2）泥岩段应该有一定的厚度，薄的泥岩段测井值受围岩影响较大而不可靠；（3）不能选择有井壁坍塌或缩径的地层段，井径过大或过小都会使时差曲线不能真实反映地层的真实情况；（4）在每一层段都应多读取几个声波时差值，取其平均值。

3. 地层压力系数分布

地层压力系数是页岩气保存条件评价的综合指标。页岩气藏相比常规油气藏具有特殊性，是生储盖三位一体的地质体，决定了其保存条件的评价也有所不同。常规油气藏为外源性，保存条件好可表现为超压，也可能表现为低压。页岩气藏为内源性，作为烃源岩的页岩生烃造成孔隙压力增大而形成异常高压，在异常压力和烃浓度差的作用下，烃类的运移总是指向外面，如果气藏封闭性不好，页岩气排出过快造成压力大幅降低，甚至形成低压；反之则会保持较高的地层压力。因而地层压力系数对页岩气的保存条件具有良好的指示作用（胡东风等，2014）。

对美国与中国下古生界主要产气页岩层系的埋深、热演化程度和地层压力资料的统计与对比分析表明：热演化程度较低、埋深较浅的含气页岩层系，如 Antrim、Ohio 和 NewAlbany 页岩，地层压力表现为低压或常压；埋深介于 1000～3000m 之间的热成因含气页岩层系通常为常压—微超压，个别为低压或超压；埋深介于 2000～3000m 之间的热成因含气页岩层系，如 Haynesville 页岩，地层压力普遍超压（刘树根等，2016）。四川盆地及周缘地区五峰组—龙马溪组海相页岩埋深主要介于 2000～4000m 之间，等效 R_o 大于 2.2%，地层压力普遍处于超压状态，地层压力系数分布在 1.5～2.0 之间，与美国 Haynesville 页岩具有类似的天然气成因、埋深和地层压力系数。页岩气藏的压力梯度通常要超过正常地层压力梯度，正常压力梯度一般为 0.4psi/ft。

四川盆地及周缘地区五峰组—龙马溪组海相页岩气层段基本均处于超压状态，压力系数主要分布在 1.5～2.0 之间，平均在 1.5 左右，但不同构造地区差异较大（图 2-30）。

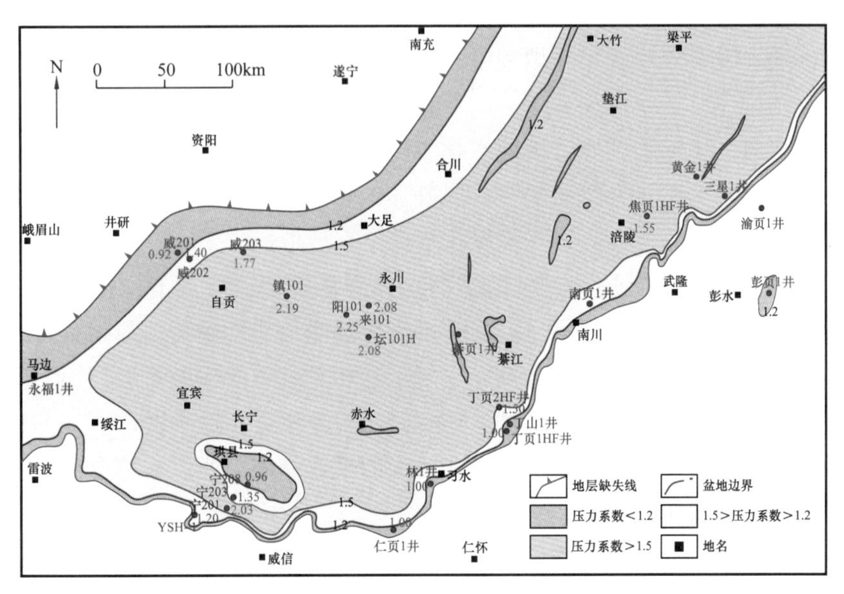

图 2-30 四川盆地东南部地区五峰组—龙马溪组海相页岩地层压力系数等值线图（据胡东风等，2014）

压力系数越大，对页岩气保存越有利。如黔中隆起的方深井灯影组的地层压力系数仅为0.74～0.76，丁山1井志留系地层压力系数介于0.83～1.88之间，压力梯度区间值在0.50～1.31MPa/100m之间变化，反映了该区域压力封闭性较差；在鄂西渝东地区的建深井中龙马溪组压力系数为1.72～2.02，在钻井过程中则具有较强的页岩气显示，反映了较好的页岩气保存条件。四川盆地川东南地区，除邻近剥蚀区和地层缺失线的地方，五峰组—龙马溪组地层压力系数总体高，最高可达2.25，保存条件较好；而向南部、东部盆缘方向压力系数降低，到盆外地层压力系数一般小于1.2，保存条件总体较差。

二、页岩气保存条件衍生指数及其评价模型

页岩气勘探实践表明，页岩气藏的形成，烃源岩是基础，保存是关键，二者缺一不可，页岩气保存条件的好坏决定了页岩气藏的有无和储量的相对大小。页岩气藏的保存条件应包括两个部分：一是盖层本身的封盖能力；二是后期构造运动、地下水活动、扩散作用等对天然气保存的影响。前者主要反映盖层质量的好坏，而后者则集中反映其形成时间的长短（王世谦等，2013）。许多学者对页岩气藏的封盖机理和保存条件都曾做过深入研究和探讨，并已形成一套研究方法（刘方槐，1991；董忠良，2010；胡文瑄等，2019），但这些方法均是将盖层和后期保存条件分割开来进行研究与评价的，并未将二者综合起来考虑，其仍是页岩气保存研究的薄弱环节。因此，页岩气藏保存条件综合评价技术体系需要从以下几个互为成因联系的方面进行。

（1）页岩气藏的物质基础是页岩气藏保存条件最基础的研究内容，也是页岩气藏最根本的因素，主要包括页岩层的厚度和分布面积、有机地球化学相关指标、物性特征和矿物组成等。

（2）后期构造作用及演化历史是影响页岩气藏生成、聚集、保存和破坏与散失的根本原因，构造运动的主要研究内容包括构造运动的期次、褶皱变形的强度、构造演化史、断裂和裂缝的性质、发育规模及其充填程度、层滑构造发育程度和页岩地层抬升剥蚀过程及幅度等。

（3）氮气含量、地层水性质、地层水化学特征参数、氢氧同位素、区域水动力条件以及地层压力等指标是判断页岩气藏保存状况好坏的判识性指标，同时也是物质基础和构造运动的综合反映，是判断现今页岩气藏保存条件的直接指标。

（4）盖层及其微观性质是针对中国多期次强烈复杂构造背景下，在评价页岩气藏保存条件时必须考虑的一个重要因素。页岩层系自身的非均质性是页岩封闭页岩气的先决条件，致密的硅质层或石灰岩层可以将页岩气封闭在相对较软的碳质页岩层内。同时页岩气藏目的层系之上也要有盖层保护，可以是碳酸盐岩、膏盐层或泥质岩。

（5）强烈的岩浆活动对页岩气藏具有非常大的破坏作用，所以在综合评价页岩气藏好坏时，要考虑到岩浆活动的影响。

（6）目前比较常用的页岩气藏保存条件评价的静态指标主要有页岩的物质基础、氮气含量、地层水指标、地层压力、盖层发育情况、地壳抬升程度、褶皱发育程度、裂缝和断裂发育程度以及岩浆活动情况等。

评价页岩气藏保存条件不能只应用静态指标，也要进行动态评价，这就要求加强盆地的演化史研究，恢复不同时期的盆地原型，动态地反映盆地改造过程，从而在区域上对页岩气藏的发育和保存条件进行控制（梁兴，2006）。可以通过对页岩气藏直接盖层之上地层中古流体来源的地球化学示踪，对页岩气藏的保存条件进行动态评价。各种地质因素在时间和空间上的组合关系也是页岩气藏保存应该考虑的关键条件。

另外，还要考虑天然地震对页岩气藏保存条件的影响。天然地震是以岩石快速破裂和能量快速释放为特征的构造运动，总是与断层活动相伴生。中国绝大多数地震与区域性大断裂有成因联系，大多数强地震带受近代活动性大断裂的控制。一般认为余震范围就是地震能量蓄积范围，与发生构造裂缝的范围大致相当，而破坏性地震发生的频率可以看作较大规模构造裂缝发生的频率。由于地震存在周期性特征，而且与断层和裂缝相关。因此，可以根据一段时间内地震的分布情况在宏观上预测断裂和裂缝的分布，从而进一步讨论区域性的页岩气保存条件。

在页岩气藏保存条件评价过程中，应具体问题具体分析，将页岩气藏保存条件的各个方面综合起来进行判断，不能以一个指标的好坏而肯定或否定一个地区。

盖层本身封盖条件的优劣既要受其宏观发育特征的控制，又要受其微观封闭能力的制约，它集中反映在盖层的突破压力、厚度和气藏本身压力系数特征上。盖层厚度越大，突破压力越高，气藏压力系数越大，气藏封盖保存条件越好。反之，盖层厚度越小，突破压力越低，气藏压力系数越小，气藏封盖保存条件越差。后期构造运动、地下水活动、扩散散失等对页岩气藏保存的影响，是各种地质因素综合作用的结果，可用气藏形成后的保存时间相对长短来反映后期阻止各种地质因素破坏条件的优劣。页岩气藏保存时间越长，越易遭受各种地质作用的破坏；反之，页岩气藏不易遭受各种地质作用的破坏。为了综合反映页岩气藏保存条件，最终基于顶底板及盖层厚度、末次构造抬升时限、压力系数、孔隙流体压力等，构建海相页岩综合保气指数（R_{3i}）：

$$R_{3i}=\mu\frac{p_{\mathrm{g}}-p_{\mathrm{l}}}{\sigma_{\mathrm{R}}}\times10^{4}+\mathrm{SGR}\frac{L}{f_{\mathrm{m}}d}+\left(c\frac{H_{1}H_{2}}{t'D}\right)/10 \tag{2-19}$$

$$p_{\mathrm{g}}=G_{0}\times Z-\left(G_{0}-G_{\mathrm{H}}\right)\times Z_{\mathrm{C}}$$

式中，p_{g} 为上覆载荷压力，MPa；p_{l} 为孔隙流体压力，MPa；σ_{R} 为岩石强度，MPa；G_0 为压力梯度，MPa/m；Z 为气藏埋深，m；G_{H} 为正常静水压力梯度，MPa/m；Z_{C} 为等效深度，m，可由声波时差得到；H_1 为直接盖层厚度，m；H_2 为区域盖层厚度，m；μ 为泊松比；c 为压力系数；$t'=5.256\times10^{11}t$，s；t 为末次构造抬升时间，Ma；f_{m} 为泥岩涂抹系数；D 为扩散系数，$\mathrm{m^2/s}$；SGR 为断层泥比率；L 为距主要邻近断裂距离，m；d 为主要邻近断裂断距，m。

利用 Min—max 标准化方法对 R_{3i} 作数据标准化处理，最终得到归一化之后的页岩综合保气指数：

$$R'_{3i}=10\cdot\left(R_{3i}-R_{3\min}\right)/\left(R_{3\max}-R_{3\min}\right) \tag{2-20}$$

式中，R_{3max} 和 R_{3min} 分别为 R_{3i} 的最大值和最小值。

三、页岩保气能力综合评价指数体系及其应用

（一）保气能力综合分级评价体系

页岩气保存条件的主要研究内容包括物质基础、构造作用和演化历史、地层水条件、盖层及其微观性质、天然气组分和压力条件等及其在时间和空间上的组合关系。在评价过程中，应具体问题具体分析，将页岩气保存条件的几个方面综合起来进行判断，不能以一个指标的好坏而肯定或否定一个地区或领域，即需要根据实际地质条件进行详细的研究。针对中国南方海相页岩的地质特征，页岩气保存条件的评价需从以下两方面进行综合分析，进而建立起研究区及其周缘下志留统页岩气保存条件的综合评价指标体系。

主控因素：物质基础是页岩气藏最根本的因素，主要包括页岩的厚度和面积、有机地球化学指标、物性特征和矿物组成等。其中厚度和面积、有机地球化学指标和物性特征决定着页岩气藏的生气和储集能力，矿物组成决定着页岩气藏的改造能力，这就要求在剖面上对页岩的沉积相，尤其是沉积微相进行研究。要寻找有足够厚度、面积和较高有机地球化学指标、物性参数以及由脆性矿物组成的页岩，以保证页岩气藏有足够的含气量，并且满足目前勘探开发技术的经济改造要求。与常规油气藏的保存条件类似，构造条件和封盖条件仍然是控制页岩气藏保存性的主要因素。构造作用引起的抬升剥蚀、断裂和裂缝的发育作用等，是造成页岩气藏遭受破坏与散失的根本原因，同时要考虑到构造运动的动态性和空间性，页岩的构造演化史决定了页岩的埋藏史及受破坏的程度，进而控制着页岩的热演化及其生、排经史，需重点分析构造运动的强度和期次以及构造演化史与热演化史的动态匹配关系。构造运动的主要研究内容包括构造运动的期次、褶皱变形的强度、构造演化史、热演化史、页岩的生排烃时间、断裂的性质、发育规模及演化历史和页岩抬升剥蚀过程及幅度等。在构造运动强烈的地区、页岩最大生气时间较早或处在大断裂带范围内的页岩气藏的保存条件可能较差。页岩的封盖条件是影响页岩气保存的直接因素，需从宏观和微观两方面来评价，区域盖层对于保持地层的整体封闭性、维持页岩层的压力平衡具有不可忽视的作用，是页岩封盖条件评价的宏观因素；页岩的吸附性及自身的物性条件决定了页岩气具有较强的抗破坏能力，具有自我封盖能力，不需要类似于常规油气的圈闭条件，但由于页岩层系受到后期构造应力作用，页岩本身的物性结构也将发生变化，页岩层的自身封盖性能是影响页岩气保存的最直观因素，需根据页岩的物性参数、微观孔缝结构等方面给予评价。

判识性指标：判识性指标主要指能够反映页岩地层保存性好坏的储层流体性质及相关的压力和动力体系，主要包括储层内油、气、水的物理化学性质及压力场和动力场的演化特征。地层封闭性的破坏将提高地表大气水与地层的连通性，地下水的矿化度、水型及运动方式等将发生变化，同时，大气的注入也将导致天然气成分发生变化，通过这些指标可以很好地判识页岩气的保存性能。页岩气保存条件是多种因素综合作用的结果，在评价的时候，应该综合考虑各项指标，具体问题具体分析。根据研究区及周缘下志留统页岩气

保存条件综合评价指标体系，川东南地区页岩气保存条件总体偏差，局部较好，不同区域保存条件具有差异性，可将研究区分为三个区。四川盆地及周缘地区五峰组—龙马溪组海相页岩气保存条件主要受控于构造演化，在四川盆地东南部构造抬升较强烈的区域，断裂发育、地层剥蚀严重、缺乏区域盖层的保护，综合各项评价指标，该区域下志留统页岩气保存条件最差；在西北部处于四川盆地内部的区域，构造较稳定，抬升幅度较小，具有较好的页岩气保存条件；而在四川盆地中部沿北东向构造延伸的区域，靠近盆地边缘，存在一些构造相对稳定的地区，页岩气保存条件一般。总体上，四川盆地从盆地边缘到盆地内部，上奥陶统五峰组—下志留统龙马溪组海相页岩气保存条件具有逐渐变好的趋势。

根据页岩气在页岩中赋存和自身保存条件的特殊性，结合四川盆地及周缘典型页岩气钻井的解剖研究，初步建立了四川盆地及周缘下古生界海相页岩气的保存条件评价指标体系（表 2–13），主要综合了封盖条件、页岩气层自身封堵性、构造作用（构造改造时间、断裂作用、地层变形强度等）等条件在时间和空间上的组合关系，另外页岩气层含气性表征参数和压力系数同样可在一定程度上指示保存条件的优劣。因此在评价过程中，应将页岩气保存条件的评价参数有机地结合起来，客观地评价打分，从而能够有效地指导南方海相页岩气保存条件的选区评价。

表 2–13　四川盆地及周缘地区五峰组—龙马溪组海相页岩保气能力关键要素评价体系

评价参数	评分等级			
	好（Ⅰ）	较好（Ⅱ）	一般（Ⅲ）	差（Ⅳ）
区域盖层厚度（m）	＞300	150～300	50～150	＜50
顶板厚度（m）	＞100	80～100	50～80	＜50
底板厚度（m）	＞30	20～30	10～20	＜10
突破压力（MPa）	＞30	20～30	10～20	＜10
末次抬升时间（Ma）	＜90	90～120	120～150	＞150
裂缝开度（mm）	＜0.2	0.2～0.4	0.4～0.6	＞0.6
高角度缝频数（条/m）	＜1	1～3	3～8	＞8
断裂活动期次	＜1	1～2	2～3	＞3
距剥蚀区距离（m）	＞15	10～15	5～10	＜5
气层压力系数	＞1.8	1.2～1.8	1.0～1.2	＜1.0
含气量（m^3/t）	＞4	2～4	1～2	＜1
页岩综合保气指数 R_{3i}	＞6	4～6	2～4	＜2

（二）保气能力综合评价体系的应用与实践

研究区顶板盖层厚度较大，主要分布在 90～150m 之间，平均为 110m。盆地中心长宁等地最厚可达 150～200m，向四周变薄。偏东的焦石坝地区顶板厚度最大，可达 170m。

结合含气量进行综合分析，发现页岩含气量与顶板厚度呈良好的正相关关系，即顶板厚度越大，越有利于页岩气富集成藏与后期保存。底板封盖厚度普遍分布在10～40m之间，其中焦石坝、丁山和长宁地区底板厚度相对较大，相应地含气量较高，说明以上地区盖层封闭能力较强；而巫溪、彭水地区底板厚度较小，相应地含气量较少，说明该地区盖层封闭能力较弱（图2–31）。

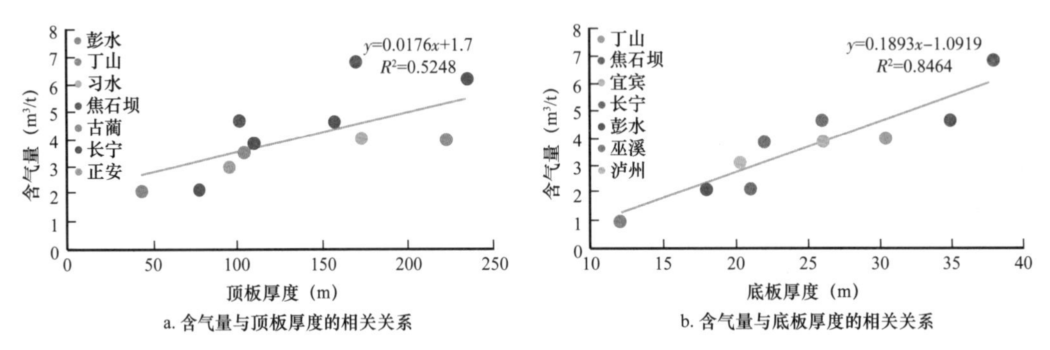

图2–31　四川盆地及周缘地区五峰组—龙马溪组海相页岩含气量与顶底板盖层厚度相关关系图

研究区不同地区的含气量采用该地区典型井的平均含气量，含气性的测试主要通过现场解析气量的测试（邢雅文，2013；翟常博，2013；张译戈，2014；梁峰等，2016；武瑾等，2017；李笑天等，2018）。岩心出筒后，立即将新鲜钻取的页岩岩心放入解析罐中。采用细粒石英砂填满解析罐内的剩余空间，然后密封解析罐。使用温度控制器和加热元件将解析罐加热到储层温度（Huang等，2019）。使用气体流量计记录解析气量，记录间隔为5min。持续到每天平均解析量不大于10cm³，或在1周内每克样品的平均解析量小于0.05cm³/d，解析气量测试结束。记录罐的温度、空气温度和大气压，将现场解析得到的解析气总量校正成标准状态下的体积。自然解析完毕后，取出部分样品称量后放入密封的球磨机中粉碎到0.2464mm（60目）以下，然后放入与储层温度相同的恒温装置自然解析，直到每个样品一周内平均每天解析量不大于10cm³时，残余气结束。

白鹿地区典型页岩气井平均含气量为0.29m³/t，田坝地区典型页岩气井平均含气量为1.50m³/t，彭水地区典型页岩气井平均含气量为2.12m³/t，綦江地区典型页岩气井平均含气量为3.07m³/t，习水地区典型页岩气井平均含气量为2.77m³/t，长宁地区典型页岩气井平均含气量为4.60m³/t。结合不同地区顶板排替压力、突破压力特征，作相关性图如图2–32所示。

根据含气量与顶板封闭性关键参数排替压力和突破压力的相关性（图2–32）发现，四川盆地及周缘不同地区五峰组—龙马溪组海相页岩平均含气量与顶板封盖排替压力、突破压力均有良好的正相关性，相关性R^2最大可以达到0.5952。表明顶底板越致密，突破压力越高，封隔性越好，越有利于页岩气富集。

汤济广等（2015）对四川盆地及周缘地区五峰组—龙马溪组海相页岩顶底板盖层进行研究认为，顶板盖层为龙马溪组上段低TOC泥页岩、含砂质泥页岩，不同地区沉积厚度及物性封闭能力皆不相同；而底板盖层为临湘组和宝塔组石灰岩，空间分布稳定，普遍发育30～40m，因此底板物性封闭能力大体相似。结合页岩气运移散失方向表明，顶板的物性封闭能力差异是决定页岩气差异富集的关键因素。

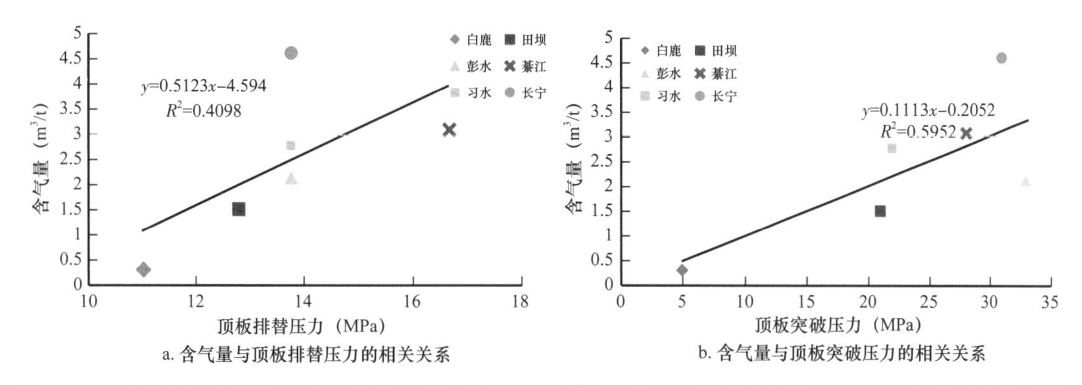

图 2-32　四川盆地及周缘地区五峰组—龙马溪组海相页岩含气量与顶板盖层排替压力和突破压力关系图

根据含气量与顶底板封闭性关键参数排替压力和突破压力的相关性（图 2-32、图 2-33）发现，研究区不同地区页岩平均含气量与顶板封盖排替压力、突破压力均有良好的正相关性；而与底板排替压力、突破压力也具有一定的正相关性，但不明显（图 2-33）。不同地区页岩含气性差异大，分析认为主要原因在于页岩气的散失方向主要为向上运移逸散，故顶板封闭性能的强弱相比底板封闭性能的强弱，更能影响到研究区页岩气的保存条件好坏。

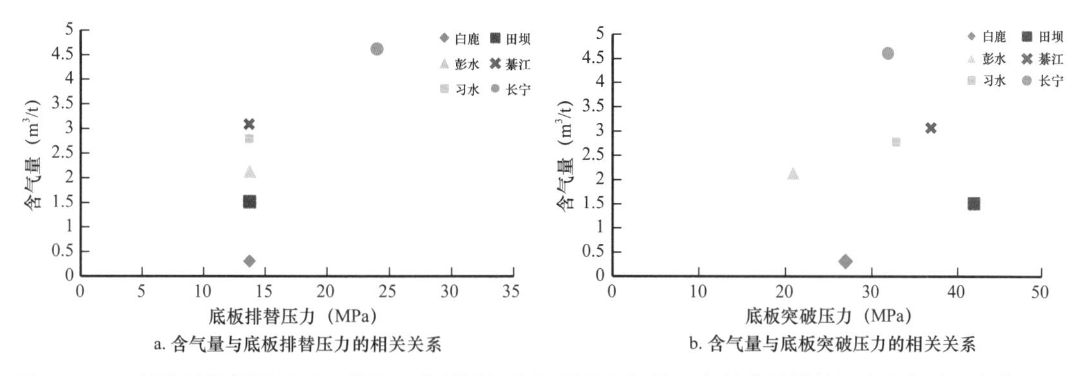

图 2-33　四川盆地及周缘地区五峰组—龙马溪组海相页岩含气量与底板盖层排替压力和突破压力关系图

胡东风等（2014）、雷子慧等（2016）认为顶底板越致密，突破压力越高，封隔性越好，越有利于页岩气富集。通关观察相关性图，顶底板封盖物性的差异最终导致页岩气富集的差异性。页岩含气量高的地区，如长宁、綦江位于川东南地区，顶底板排替压力和突破压力相对较大，表明顶板岩性更致密，垂向封闭性相比其他地区更好，更有利于页岩气的后期保存和页岩气成藏。而白鹿、田坝位于川东北地区盆地北缘受构造影响强烈的区块，顶底板盖层封闭性差，页岩气垂向散失量较大，不利于页岩气的后期保存和富集成藏。

分析结果表明，研究区顶底板盖层排替压力与突破压力的大小，决定了页岩气在横向上和纵向上的分布规律。横向上，各组排替压力和突破压力大的地区，页岩气能够有效地聚集成藏且有着良好的后期保存条件。反之则页岩气富集程度和后期保存条件较差。纵向上，顶底板盖层的排替压力和突破压力值大于含气层段相关参数的值，便能对页岩气进行有效封堵，易于页岩气富集成藏。

由表 2–14 可以看出，位于四川盆地边缘的渝页 1 井上覆嘉陵江组膏盐岩盖层全部缺失，封闭性差，基本不含气；位于四川盆地内部的丁页 1 井，上覆嘉陵江组膏盐岩盖层部分缺失，封闭性较差，压力系数为 1.06，产气量较低，测试最高日产量为 $3.45\times10^4m^3$；位于四川盆地内部的丁页 2 井，上覆嘉陵江组膏盐岩盖层保存完整，封闭性好，压力系数为 1.78，产气量较高，测试最高日产 $10.5\times10^4m^3$。说明三叠系膏盐岩层的存在对于五峰组—龙马溪组页岩气藏的压力保持具有重要意义，在膏盐岩发育的地区，页岩气的产量一般较高，在膏盐岩大面积缺失区，一般产量较低或无产量。

表 2–14　四川盆地及周缘地区海相页岩区域盖层、压力系数及初始产气量

构造位置	井号	区域盖层	压力系数	初始产气量（$10^4m^3/d$）
四川盆地内	焦页 1HF	三叠系嘉陵江组	1.55	20.3
	宁 201–H1	三叠系嘉陵江组四段	2	18
	阳 201–H2	三叠系嘉陵江组和雷口坡组	2.2	43
	丁页 2 井	三叠系嘉陵江组	1.78	10.5
	丁页 1 井	无	1.06	3.45
四川盆地外	彭页 1 井	无	0.9	2.5
	河页 1 井	无	0.9	微含气
	渝页 1 井	无	—	微含气

断裂是构造运动积累的应力释放的结果，断裂与裂缝相伴而生，也就是说断裂附近裂缝也发育。页岩层段发育的裂缝使得页岩渗透率增大，页岩气以渗流的方式快速向断裂运移，如果断裂开启，将对页岩气保存不利（Zhang 等，2019）。断裂对页岩气藏的破坏作用最直接表现在通天断裂可断穿上部区域盖层，成为页岩气散失的通道，造成页岩气藏破坏。断穿页岩气层的开启断裂连通高渗透层也可造成页岩气向外运移而导致含气量减少。故而提出页岩气井距开放性断裂或露头的距离参数，对开放性断裂对页岩气差异富集的影响作用进行定量表征。四川盆地及周缘地区典型井距开放性断裂或露头的距离主要分布在 6～10km 之间，平均为 9km，断裂长度均大于 5km，典型井距开放性断层或露头的距离越远，对页岩气成藏越有利（图 2–34）。

受雪峰山造山作用影响，自盆缘造山带（距今约 95Ma）向盆地方向（距今约 80Ma），末次构造抬升时间逐渐变晚，具递进变新的特征。与前人研究湘鄂西（距今约 165Ma）向川东华蓥山（距今约 95Ma）构造变形发展的时代变晚相似。焦石坝地区焦页 1 井燕山—喜马拉雅期构造抬升剥蚀时间为距今 85Ma，彭水地区彭页 1 井燕山—喜马拉雅期构造抬升剥蚀时间为距今 125Ma。对四川盆地及周缘地区整体而言，末次构造抬升时间主要分布在 80～120Ma 之间，平均为 91Ma。对应地层剥蚀量分布在 3000～6000m 之间，末次构造抬升时间越晚，地层剥蚀量越小，对页岩气保存越有利。通过对四川盆地不同区块典型井龙马溪组海相页岩含气量与末次构造抬升时间的相关性进行分析，含气量与末次构造抬升时间具有较强的负相关关系，与前人研究结果一致（图 2-35）。

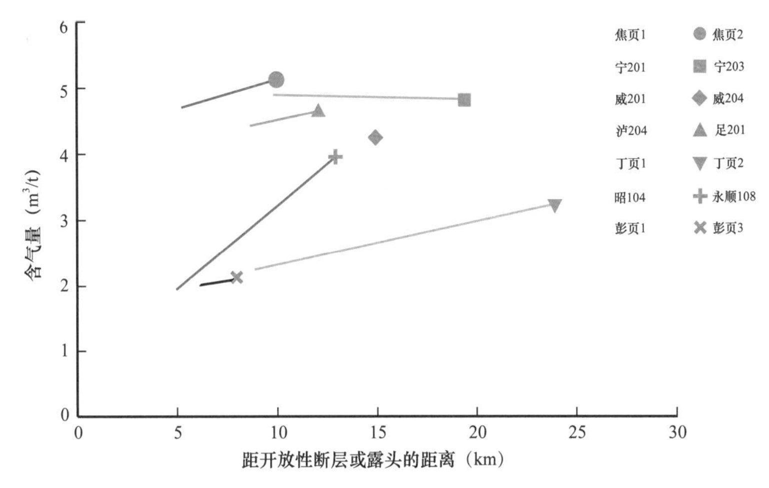

图 2-34　含气量与距开放性断层或露头距离的相关关系

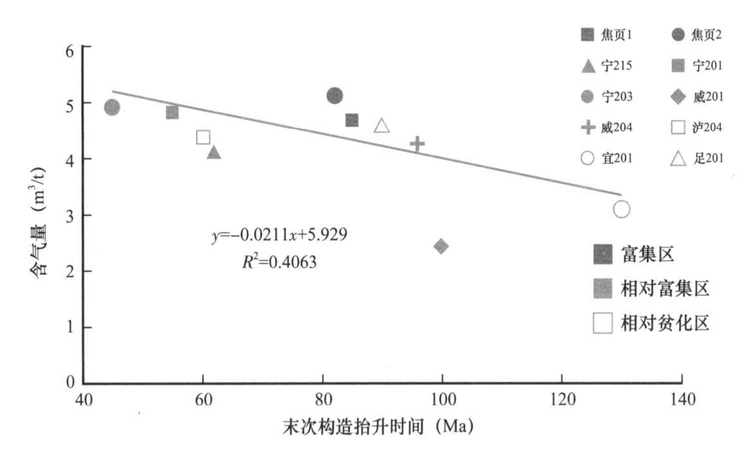

图 2-35　四川盆地不同区块典型井龙马溪组海相页岩含气量与末次构造抬升时间相关图

压力系数是保存条件的综合反映，四川盆地及周缘地区五峰组—龙马溪组海相页岩含气量与压力系数的关系呈正相关（图 2-36），相关系数为 0.71。总体来看，富集区与相对富集区含气量高于 4m^3/t，其对应的压力系数均大于 1.5，最高达到 2.0；相对贫化区含气量较低，其中宜 201 井含气量低于 3m^3/t，对应的压力系数为 1.2 左右。由于地层压力系数是在钻井的基础上获得，数据较为有限，在进行区域保存条件评价时需结合地层剥蚀、断裂、抬升时间等保存因素分析。

以四川盆地富集区焦页 1 井、焦页 2 井，相对富集区宁 215 井、宁 201 井、宁 203 井、威 204 井，相对贫化区泸 204 井、足 201 井、宜 201 井的总含气量与计算的页岩综合保气指数进行相关性分析，以验证综合保气指数评估海相页岩气藏保存条件的可靠性。如图 2-37 所示，典型页岩气井含气量与综合保气指数呈正相关关系，证明该系数可有效评价海相页岩保存条件与综合保气能力。

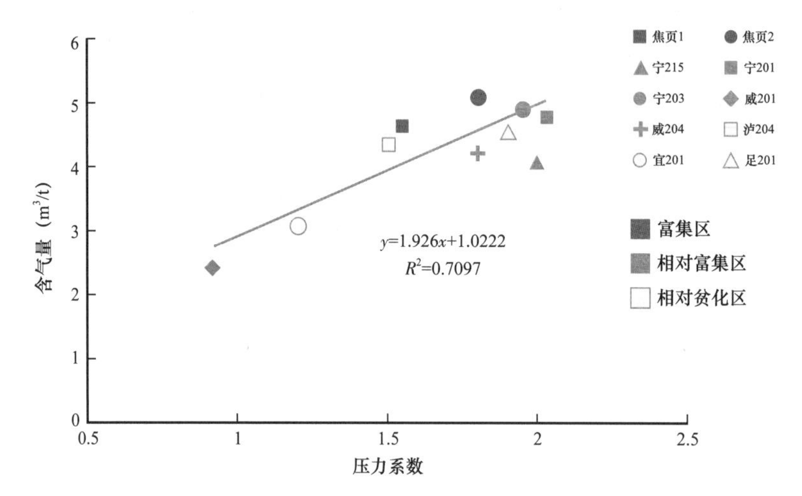

图 2-36　四川盆地不同区块典型井龙马溪组海相页岩含气量与压力系数相关图

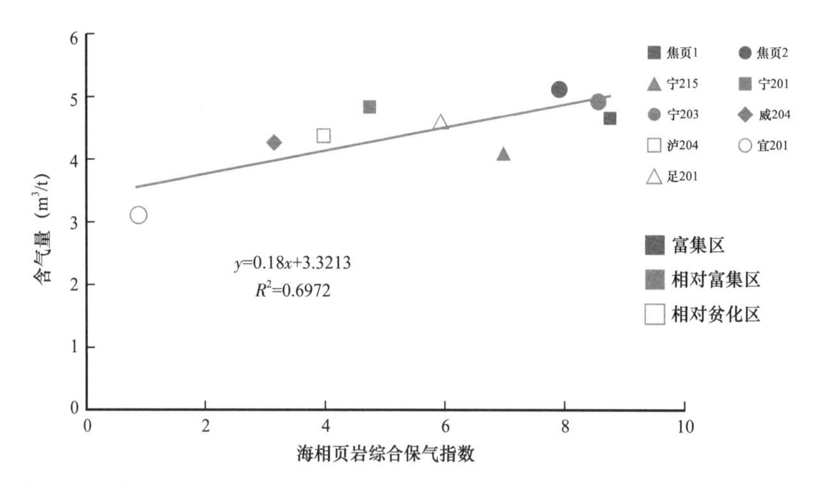

图 2-37　四川盆地及周缘地区重点页岩气井五峰组—龙马溪组海相页岩含气量与综合保气指数相关性图

第三章　页岩气成藏要素时空匹配及成藏效应

页岩生气要素包括有机质丰度、类型、热演化程度，是页岩气生成的物质基础；页岩岩相及其组合、孔隙结构等储气要素是页岩气赋存的载体及富集成藏的核心；页岩顶底板特性、盖层、断裂系统、构造运动等保存条件是页岩气富集成藏的关键（Charles 等，2008）。生气、储气、保存各要素演化过程及时空匹配决定着页岩气能不能成藏以及富集程度和成藏品质。

第一节　页岩生气与储气要素时空演化及匹配

一、页岩生气物质基础

（一）有机质丰度

有机质是气体生成的物质基础，有机质丰度是气体生成量的决定性因素，有机质丰度越高，页岩生烃潜力越大，反之，生烃潜力越小（Yassin 等，2017）。川南及川东地区上奥陶统五峰组—下志留统龙马溪组页岩有机质含量普遍较高。通过对长宁地区（宁 213 井、宁 215 井、宁 216 井）、威远地区（威 203 井、威 204 井、威 205 井）和焦石坝地区（焦页 11-4 井、焦页 41-5 井、焦页 143-5HF 井）9 口井共计 147 个样品进行有机碳含量测试，结果表明三个地区五峰组—龙马溪组黑色页岩有机碳含量介于 0.36%～6.98% 之间，平均为 2.63%。其中有机碳含量在 2.0%～4.0% 之间的样品占总样品数的 49.66%，大于 4.0% 的样品占 14.97%。即有机碳含量在 2.0% 之上的样品占 64.63%（图 3-1a）。因此，四川盆地南部及东部地区具备页岩气生成的良好物质基础。

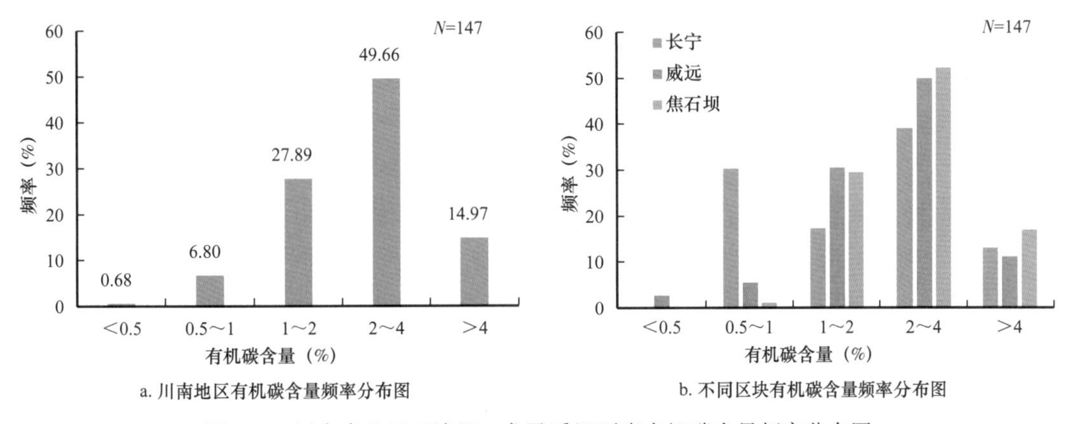

图 3-1　川东南地区五峰组—龙马溪组页岩有机碳含量频率分布图

对长宁、威远和焦石坝三个地区页岩样品有机碳含量分别进行统计分析，结果显示威远地区和焦石坝地区页岩有机碳含量分布特征基本相似，约 70% 的样品有机碳含量大于 2.0%，有机碳含量介于 1.0%～2.0% 之间的样品数占总样品数的 30% 左右，而有机碳含量小于 1.0% 的样品数量非常少（图 3-1b）。长宁地区样品的有机碳含量分布特征与威远地区和焦石坝地区有所不同，有 30% 的样品有机碳含量分布在 0.5%～1.0% 的区间内，这是由于长宁地区龙马溪组页岩样品上部层位偏多，沉积环境有所变化，由底部的深水陆棚逐渐向浅水陆棚转变，因此有机质含量减少。

（二）有机质类型

不同有机质类型生烃能力有所差异，一定程度上影响着页岩气生成及富集成藏。通过对川东南地区五峰组—龙马溪组页岩有机显微组分进行镜检分析，结果显示，研究区页岩干酪根显微组分主要为腐泥组、沥青质和动物碎屑，可见沥青球粒状、藻类体、长条状沥青质体，以及不规则的动物有机碎屑（图 3-2）。据不同干酪根中所含 $\delta^{13}C$ 值的差别，以 $\delta^{13}C$=-26‰和 $\delta^{13}C$=-29‰为界限来划分干酪根类型；另外也可以利用各组分百分含量计算 T_i 值，用 T_i 值来划分干酪根类型，T_i>80 为Ⅰ型，T_i 值在 40～80 之间为Ⅱ$_1$ 型，T_i 值在 0～40 之间为Ⅱ$_2$ 型干酪根，T_i 值<0 为Ⅲ型干酪根。研究区干酪根 $\delta^{13}C$ 小于 -26‰，干酪根类型指数 T_i 为 66.5～96，有机质类型以Ⅰ型干酪根为主，Ⅱ$_1$ 型次之（表 3-1）。

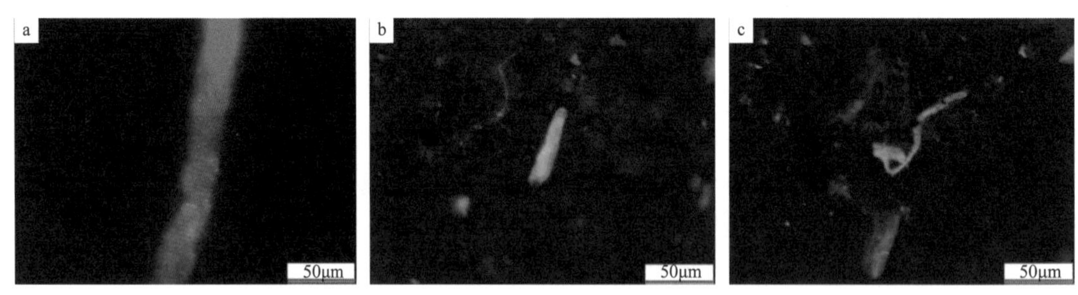

图 3-2　川东南地区五峰组—龙马溪组页岩有机显微组分

a—威 203 井，3142.6m，沥青质体，油浸荧光；
b—威 205 井，3705.6m，藻类体，油浸荧光；c—威 205 井，3705.6m，动物碎屑

（三）有机质成熟度

成熟度是烃源岩评价的一个重要指标。不同热演化程度下天然气的成因、类型及生成量都有所差异。对于热成因页岩气，只有当有机质达到一定的热演化程度后才会大量生气，才有形成页岩气藏的潜力（赵文智等，2011）。根据 Tissot（2013）有机质生烃模式，R_o<0.5% 为低成熟阶段（生物化学生气阶段），该阶段会形成生物气和未熟油；R_o 在 0.5%～1.3% 之间为成熟阶段（热催化生油期阶段），该阶段形成大量液态石油；R_o 在 1.3%～2.0% 之间时为高成熟阶段（热裂解生湿气阶段），主要生湿气和凝析油；R_o>2.0% 为过成熟阶段（深部高温生气阶段），处于生干气带。

表 3-1 川南地区龙马溪组页岩有机质显微组分及类型

井名	组分含量（%）			T_1	$\delta^{13}C$（‰）	有机质类型
	腐泥组	固体沥青	动物碎屑			
威 201	78～90	10～19	0	72.5～90	-37.89～-36.4	Ⅰ型、$Ⅱ_1$型
威 201-H1	—	—	—	—	-37.78～-34.3	Ⅰ型
威 202	—	—	—	—	-36.9～-31.2	Ⅰ型
宁 203	75～86	12～20	0	72～87	-31.4～-27.2	Ⅰ型、$Ⅱ_1$型
宁 201	72～90	10～23	0	66.5～90	-29.5	Ⅰ型
宁 201-H1	—	—	—	—	-28.9～-27	$Ⅱ_1$型
宁 209	89～91	9～11	0	89～91	—	Ⅰ型
宁和 2-2	—	—	—	—	-29.7～-27.2	Ⅰ型、$Ⅱ_1$型
宁和 3-3	—	—	—	—	-29.3～-26.9	Ⅰ型、$Ⅱ_1$型
焦页 2	92～96	0	4～8	92～96	-33.3～-31.5	Ⅰ型
焦页 1HF	—	—	—	—	-30.51～-28.36	Ⅰ型、$Ⅱ_1$型
焦页 7-2HF	—	—	—	—	-30.71～-29.03	Ⅰ型
焦页 8-2HF	—	—	—	—	-30.41～-29.07	Ⅰ型
焦页 12-2HF	—	—	—	—	-30.2	Ⅰ型

川南地区五峰组—龙马溪组页岩缺少镜质组，实验测试沥青反射率，然后通过公式 R_o=（R_b+0.2443）/1.0495 转换为等效镜质组反射率（Schoenherr 等，2007）。通过测试威远、长宁、焦石坝三个地区 8 口页岩气井 40 个页岩样品的成熟度，结果显示，研究区五峰组—龙马溪组页岩热演化程度普遍较高，等效镜质组反射率介于 2.02%～3.75% 之间，平均为 2.78%（图 3-3），处于高—过成熟阶段，位于热裂解生干气窗口内，经历了大量生气阶段。

二、页岩气成因机理及演化

（一）热模拟实验

为了揭示海相页岩气成因及生烃演化过程，研究中进行了仿真地层孔隙热压生排烃模拟实验。由于四川盆地及周缘五峰组—龙马溪组页岩普遍处于高演化阶段，不满足热模拟实验的地质条件，为此研究中选取华北地区中元古界下马岭组低成熟页岩作为原始样品进行生烃热模拟实验，模拟四川盆地五峰组—龙马溪组页岩生烃演化过程。华北下马岭组页岩同为海相页岩，处于低演化阶段，等效镜质组反射率 R_o 约为 0.68%，有机质类型为Ⅰ、$Ⅱ_1$ 型，矿物组成与川南地区五峰组—龙马溪组页岩相似（表 3-2）。

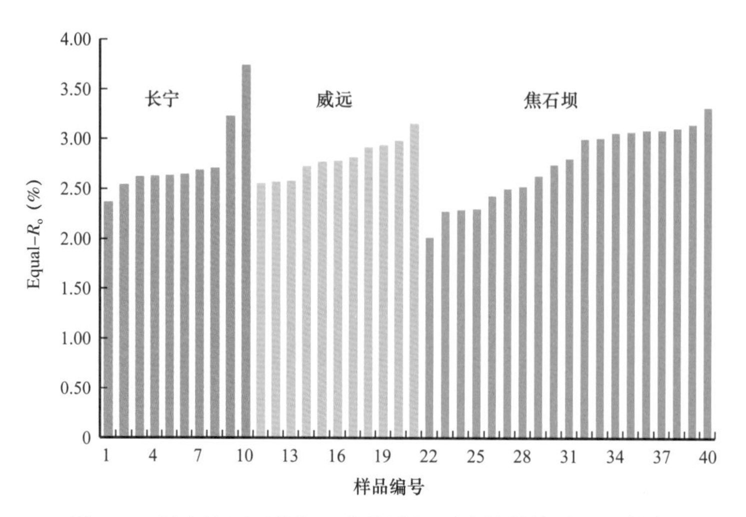

图 3–3　川南地区五峰组—龙马溪组页岩等效镜质组反射率

表 3–2　下马岭组页岩与五峰组—龙马溪组页岩主要特征对比

盆地 / 地区	层位	沉积环境	成熟度（%）	TOC（%）	有机质类型	显微组分	矿物组成
华北下花园地区	下马岭组	海相	0.6～1.6	1.17～6.74	Ⅰ—$Ⅱ_1$	腐泥组为主少量壳质组	石英 + 伊 / 蒙混层为主
四川盆地及周缘	五峰组—龙马溪组	海相	>2.0	1.23～4.71	Ⅰ—$Ⅱ_1$	腐泥组为主	石英 + 伊利石为主

热模拟实验在中国石化无锡石油地质研究所完成，采用其自主研发的 DK–Ⅱ型地层孔隙热压生排烃模拟仪进行生排烃模拟。为了能够模拟四川盆地五峰组—龙马溪组页岩真实地质条件下的生烃过程，根据川南地区典型页岩气井埋藏史对实验过程中的模拟温度和压力进行设计（表 3–3）。实验共设计 10 个不同的模拟温度，加热系统每分钟升高 1℃，达到设定模拟温度后，恒温 48h。实验系统为半开放体系，加热加压过程中气液产物能够自动排出高压釜，实现真实地层条件下幕式排烃过程。

通过热模拟实验得到 10 个不同热演化程度条件下的页岩样品，并对各个样品的总有机碳含量、镜质组反射率、矿物组分等基础地质地球化学特征进行分析测试，测试结果见表 3–4。可以看出随着模拟温度及压力的升高，页岩样品的等效镜质组反射率（Equal-R_o）不断增大，从原始样品的 0.68% 增大到 550℃下的 3.91%。模拟温度为 600℃时，虽然样品未检测到沥青反射率，但可以推测其等效镜质组反射率应该在 4.0% 以上。有机碳含量随温度的升高不断减小，原始样品有机碳含量为 6.64%，600℃时样品有机碳含量仅为 2.92%。说明随着温度的升高，页岩成熟度增加，页岩中的有机质发生生排烃作用。由于生成的气态烃及部分液态烃排出页岩内部，导致页岩的总有机碳含量减小。热模拟过程中随着温度和压力的升高，样品的矿物组成也发生相应变化，如石英含量有增加的趋势，长石含量逐渐减小，黏土矿物含量在温度低于 450℃时基本不发生变化，而在超过 450℃后开始减小。矿物组成发生变化最主要是受到温度和压力的作用，此外有机质生烃作用也会导致矿物含量的变化。

表 3–3　下马岭组页岩热模拟实验温压条件

样品编号	模拟温度（℃）	埋深（m）	地温（℃）	地温梯度（℃ /100m）	静岩压力（MPa）	岩石密度（g/cm^3）	最低地层压力（MPa）	最高地层压力（MPa）	压力系数
X–1	320	2200	120	5.45	52.8	2.4	22	26.4	1.2
X–2	340	3000	140	4.67	72.0	2.4	30	39.0	1.3
X–3	355	3800	160	4.21	91.2	2.4	38	53.2	1.4
X–4	385	4400	180	4.09	110.0	2.5	44	66.0	1.5
X–5	400	4800	185	3.85	120.0	2.5	48	72.0	1.5
X–6	425	5000	190	3.80	125.0	2.5	50	80.0	1.6
X–7	450	5400	200	3.70	135.0	2.5	54	86.4	1.6
X–8	500	5800	210	3.62	145.0	2.5	58	98.6	1.7
X–9	550	6000	220	3.67	150.0	2.5	60	108.0	1.8
X–10	600	6500	240	3.69	162.5	2.5	65	117.0	1.8

表 3–4　页岩样品不同模拟温度下有机地球化学及矿物组成特征

样品	模拟温度（℃）	TOC（%）	Equal–R_o（%）	矿物含量（%）				
				石英	长石	硬石膏	普通辉石	黏土矿物
X–0	原始样品	6.64	0.68	52.8	4.9	—	—	39
X–1	320	4.77	0.86	52.9	2.4	0.9	1.9	41.9
X–2	340	4.76	0.97	51.5	2.3	0.8	1.6	43.8
X–3	355	4.28	1.30	53.5	2.4	0.6	0.9	42.6
X–4	385	3.69	1.61	53.2	2.7	0.5	0.8	42.8
X–5	400	3.67	2.23	52.9	2.8	0.4	1.0	42.9
X–6	425	3.62	2.52	54.8	3.2	0.5	1.0	40.5
X–7	450	3.60	2.86	54.2	2.7	0.5	1.2	41.4
X–8	500	3.25	3.33	55.7	2.7	0.4	1.5	39.7
X–9	550	3.04	3.91	56.9	2.7	0.5	2.2	37.7
X–10	600	2.92	4.20	56.6	3.1	0.5	2.4	37.4

（二）页岩生烃演化过程

每个模拟温度点实验结束后，收集模拟过程中气态和液态产物，并进行测量分析。原油和残留油产率随温度升高先增大后减小，峰值出现在350℃左右；排出油先增加，然后趋于稳定（图3–4a）。气态产物除少量CO_2和H_2外，其他均为烃类气体。气态烃质量产率和体积产率都随温度的升高整体上呈递增趋势，总烃产率整体上随模拟温度升高而增加，在500～550℃之间有相对的低值区（图3–4b）。不同烃类产率变化规律的不同与有机质在不同生烃时段的生烃潜力有关。为探讨不同热演化程度下烃类生成规律及变化趋势，总结页岩气成因，首先需将不同温度转化为对应的等效镜质组反射率，在此采用实测R_o与模拟温度进行拟合，拟合关系如图3–5所示，相关系数达到0.9903。

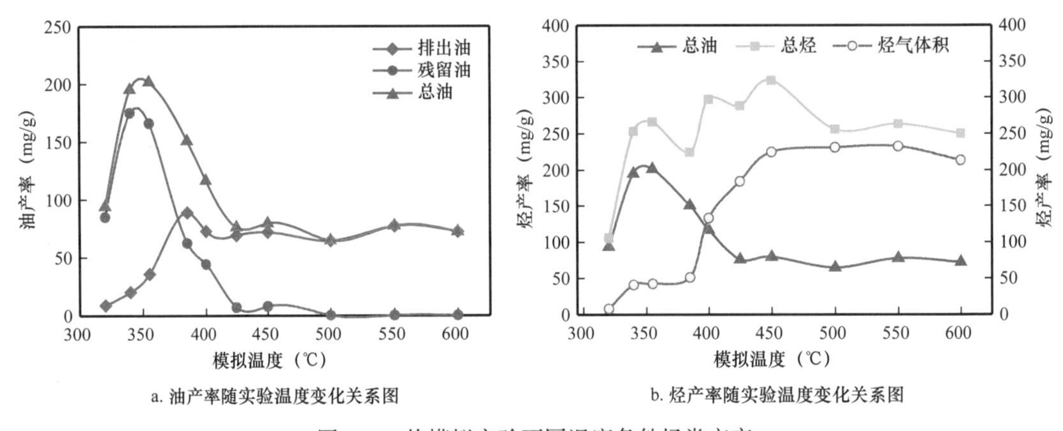

图3–4　热模拟实验不同温度条件烃类产率

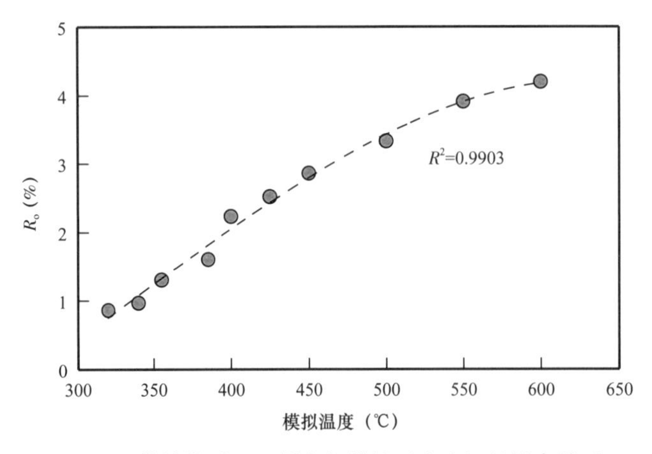

图3–5　等效镜质组反射率与模拟温度之间的拟合关系

将温度转换为等效镜质组反射率之后，不同热演化条件下油气产率曲线如图3–4所示。下马岭组页岩在进入生油窗后（R_o>0.7%），总油产率快速增加，当R_o值约为1.1%时达到生油高峰，产油率高峰值为245mg/g，占此时生烃量的79%；当R_o>1.1%之后，总油产率开始逐渐减小，R_o值越过2.5%之后，产率开始趋于平稳。残留烃产率变化趋势与总油产率相似，R_o=1.1%时残留烃产率也达到峰值，为212.5mg/g，之后开始减小，直

到 R_o=2.5% 之后趋于平稳。排出油从进入生油窗之后，产率逐渐增加，R_o 值约为 1.6% 时达到峰值，峰值产率为 96mg/g，之后略有减小，R_o>2.5% 之后趋于平稳（图 3-6a）。气态烃产率整体上随成熟度升高呈现出增大趋势，具有两个产气相对较高的时段，对应 R_o 分别为 1.1%～1.6% 和 2.5%～3.2%。干酪根主要生油期 R_o<1.5%，生油高峰期为 1.0%～1.3%，生油窗时段内气态烃产量仅占约 21%，主要为干酪根热解生成；干酪根热解生气时期为 1.0%～2.5%，高峰期为 1.1%～1.6%。当 R_o>1.6% 后液态烃含量减少，而气态烃含量开始快速增加，主要原因是滞留液态烃裂解生气。液态烃（原油）主要生气期 R_o 值为 1.6%～3.5%，高峰期 R_o 为 2.5%～3.2%。烃类气体产率高峰值为 243.19mg/g，对应 R_o 值约为 2.8%（图 3-6b）。除了干酪根和液态烃生气外，高一过演化程度下重烃气也会发生裂解，能够进一步补充甲烷气体含量（图 3-7）。重烃气含量在 350℃之前有小幅度增加，之后都开始不同程度地减少，裂解为甲烷气体。不同碳原子数重烃气裂解需要

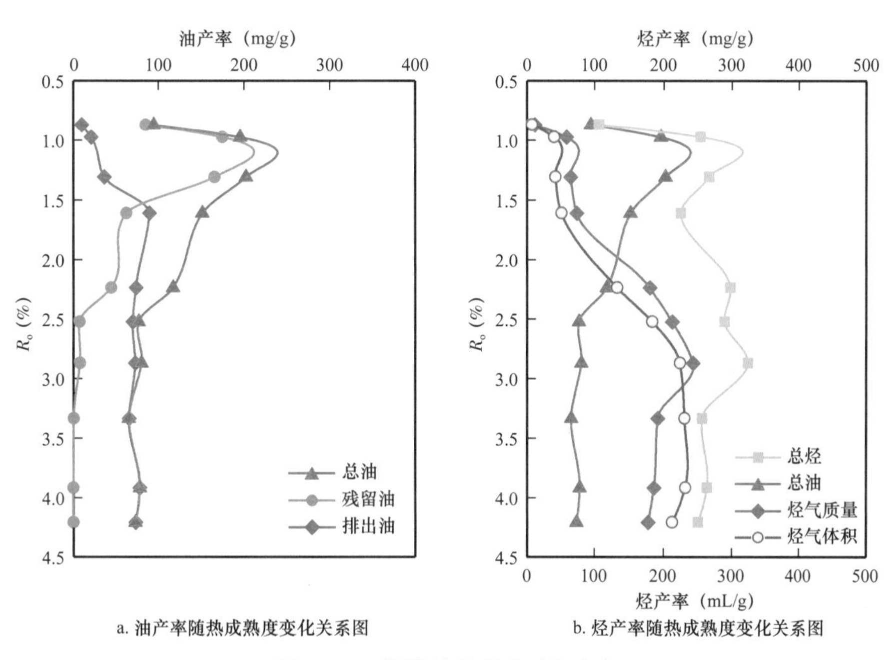

a. 油产率随热成熟度变化关系图　　b. 烃产率随热成熟度变化关系图

图 3-6　不同热演化程度油气产率

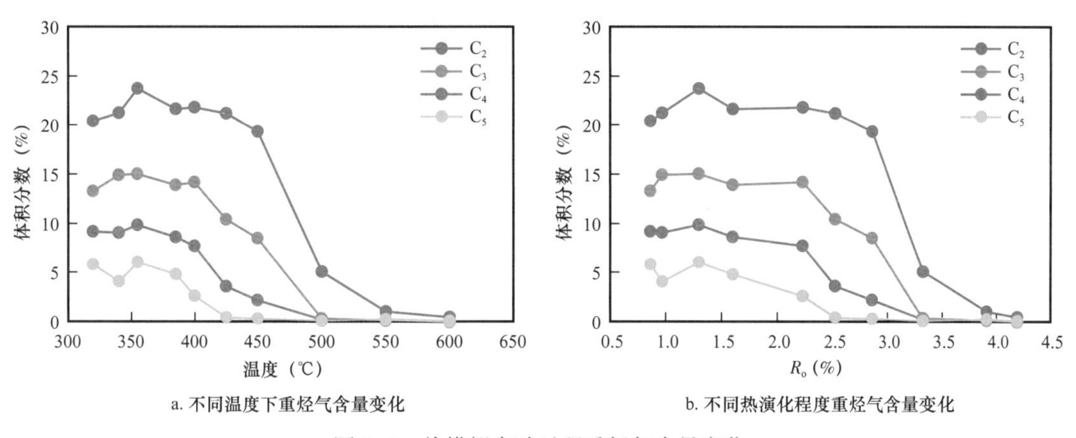

a. 不同温度下重烃气含量变化　　b. 不同热演化程度重烃气含量变化

图 3-7　热模拟实验过程重烃气含量变化

的活化能不同，随着碳原子数减少，裂解温度及演化程度增加，戊烷最开始裂解（R_o为0.5%～2.5%），随后依次为丁烷（R_o为2.0%～3.3%）、丙烷（R_o为2.3%～3.5%）、乙烷（R_o为2.8%～4.2%）。干酪根热解生气与滞留液态烃裂解生气构成接力，极大拓宽了烃类气体的生烃时段，增加了供气的有效性和高效性。尤其是高—过成熟页岩，干酪根＋液态烃联合接力供气模式，保证了页岩气源供给的高效性。

（三）页岩气成因及模式

在热模拟实验的基础上，通过生烃演化过程综合分析，对页岩气成因模式进行总结，初步揭示页岩气生成机理。图3-8展示了全过程生烃演化模式。R_o<0.3%这一阶段是干酪根未成熟时期，烃类主要是微生物作用下产生的生物化学气，以甲烷为主。0.3%<R_o<0.7%为未成熟—低成熟阶段，是进入生油窗大量生油气前的一个过渡期，该时期主要产物为干酪根低演化状态下热成因的未熟、低熟油，以及极少量的过渡带气，主要是湿气。进入生油窗后，大量生成原油，大量生油阶段（0.7%<R_o<1.3%），干酪根初次裂解原油产率快速增加，当R_o约为1.1%时，达到生油高峰。这一阶段除了生成大量液态烃外，还有干酪根热解生成的原油伴生气，湿气比例较大。有一部分原油从页岩内部排出，还有大部分原油滞留在页岩内部，并有少量沥青形成，滞留液态烃及沥青为后期二次裂解

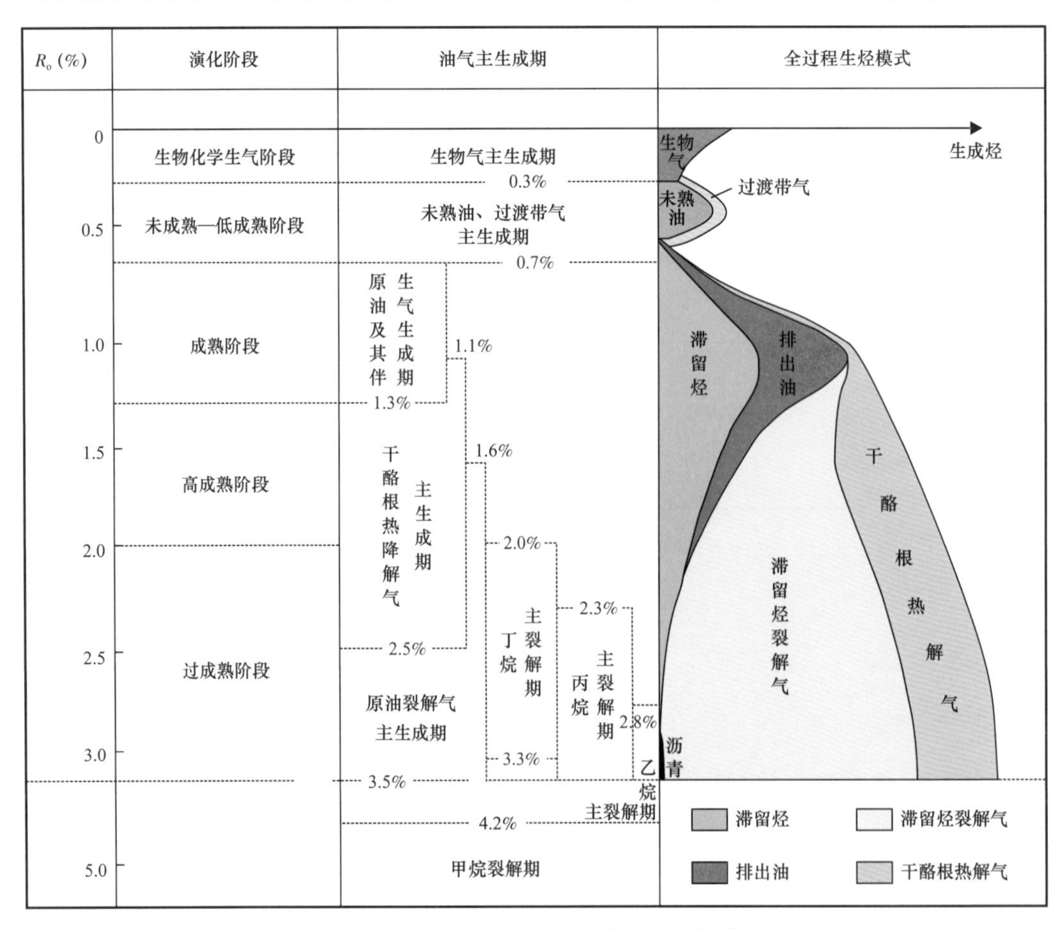

图3-8 干酪根、液态烃及沥青接力生气模式

大量生气提供了物质基础。

进入高成熟阶段后（R_o>1.3%），原油产率开始逐渐下降，干酪根由生油逐渐过渡为裂解生气。成熟末期—高成熟阶段早期（1.1%<R_o<1.6%）是干酪根裂解生气最主要的时期，产物主要为干气和部分湿气，是页岩气一个主要的气源供给。

高成熟阶段晚期（1.6%<R_o<2.0%），这一时期为干酪根热解生气和滞留烃裂解生气过渡时期，R_o>1.6% 后干酪根裂解生气量逐渐减小，滞留烃开始裂解生气。进入过成熟阶段后，滞留烃开始逐渐大量裂解生干气，当 R_o>2.5% 以后，干酪根生气基本枯竭，而滞留烃及沥青裂解生气进入高峰期（2.5%<R_o<3.2%），这一阶段液态烃及前期形成的沥青大量裂解生气，R_o 为 2.7%～2.8% 时滞留烃及沥青具有最大裂解生气量。随着演化程度进一步升高，液态烃生气能力逐渐降低，当 R_o>3.5% 后基本上不再产气，向沥青质或碳质沥青转化。另外早期形成的重烃气，在较高成熟度条件下也能够裂解形成甲烷，一定程度上补充页岩气供给。

综上所述，对于高—过成熟海相页岩而言，页岩气供给主要有两个来源：一是成熟阶段末期—高成熟阶段干酪根裂解生气，这一阶段气体量相对少些；二是滞留烃或沥青裂解大量生气，是页岩气气源供给的主体。此外重烃气的后期裂解一定程度上也能补充气源，但对页岩气贡献较小。干酪根热解生气和滞留烃裂解生气两个构成接力，在时间和空间上接力匹配，形成联合供气模式，保证了高—过成熟海相页岩气气源供给的高效性。

三、页岩储层储集空间演化

（一）页岩储层孔隙结构特征

页岩储层孔隙类型具有不同的划分方案，其中运用最为广泛的有两类。一个是 IUPAC 分类（Sing 等，1985），根据孔径大小，将孔隙分为微孔（孔径<2nm）、中孔（2nm<孔径<50nm）和宏孔（孔径>50nm）。另一个是 Loucks 关于孔隙结构的成因分类（Loucks 等，2012），根据孔隙的赋存位置将页岩孔隙分为四种类型：粒间孔、粒内孔、有机质孔、微裂缝。对页岩微纳米孔隙结构的表征目前普遍的方法是直接图像观察法（定性表征）和间接流体注入测量法（定量表征）（Bai，2013）。

1. 页岩孔隙类型

根据 Loucks 对孔隙类型的划分方案（Loucks 等，2012），通过 FE-SEM 镜下观测，川南地区五峰组—龙马溪组页岩普遍发育粒内孔、粒间孔、有机质孔和微裂缝四种孔隙类型（Chen 等，2017b）。

研究区龙马溪组页岩粒间孔主要为脆性矿物颗粒间孔隙及部分黏土矿物粒间孔（图 3-9a—f、l），包括石英、长石及碳酸盐矿物颗粒之间的孔隙，黏土矿物与脆性矿物相挤压形成的粒间孔隙。脆性矿物间孔隙孔径较有机质孔大，为几十纳米到几百纳米，有沿矿物颗粒边缘分布的粒缘孔（图 3-9a—c、f、l），呈狭缝状或长条状；有的呈不规则多边形状分布于颗粒接触部位（图 3-9d、e）。黏土矿物复合体间孔隙或黏土矿物与脆性矿物挤压形成的粒间孔，常呈长条状或不规则多边形状（图 3-9e、f）。粒间孔具有一定的连通性，有利于页岩气的扩散和渗流（Huang 等，2020a）。由于四川盆地及周缘龙马溪组页岩时代较老、埋藏深，压实作用强，无机矿物孔隙没有中国北方陆相页岩发育，如鄂尔多斯盆地延长组页岩、渤海湾盆地沙河街组页岩等（Shao 等，2018；Tang 等，2020）。另外由于沥青的充填，也使无机矿物粒间孔隙大幅减少。

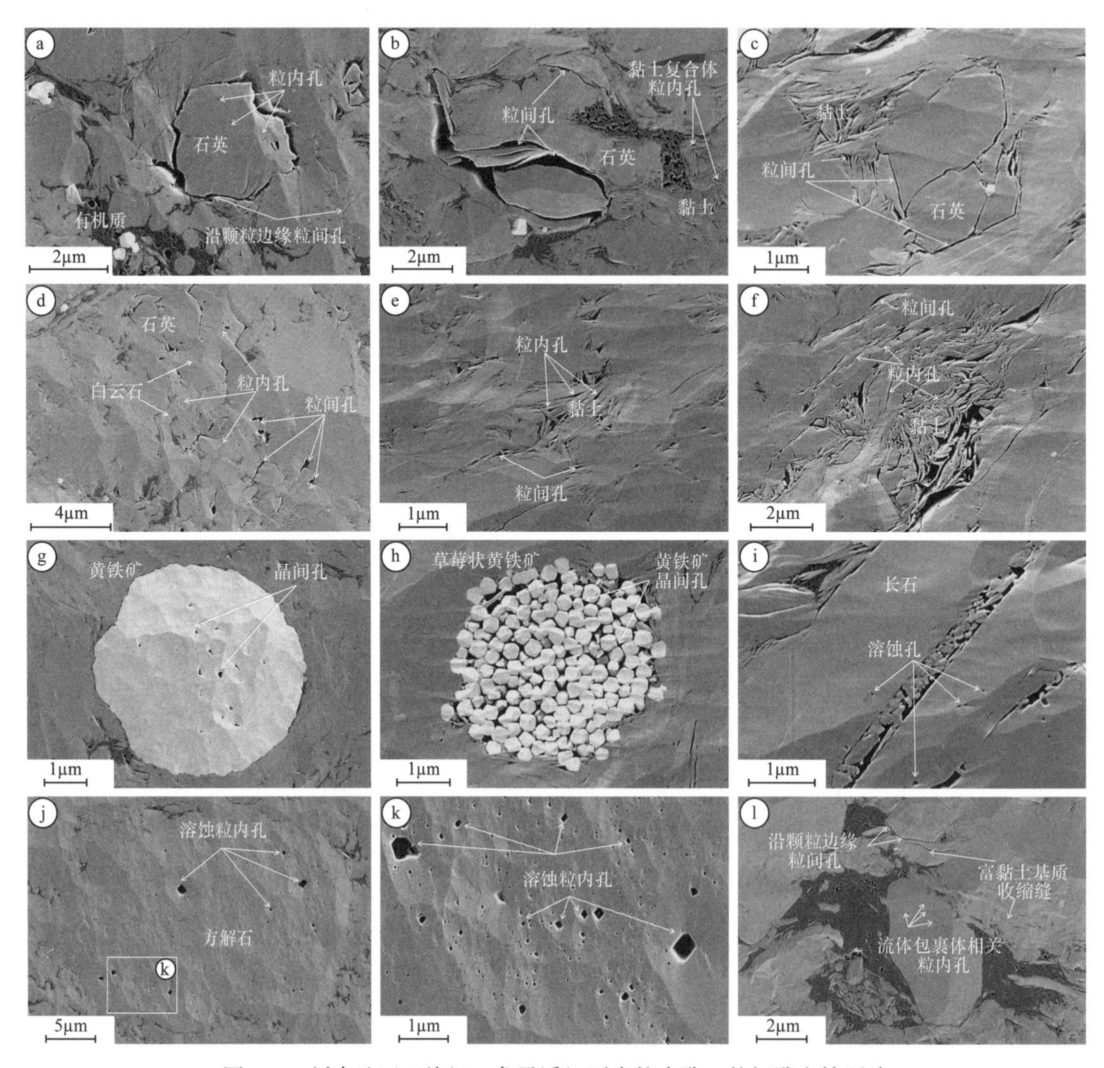

图 3-9　川南地区五峰组—龙马溪组页岩粒内孔、粒间孔电镜照片

a—N213-13，粒内孔、粒间孔；b—W205-3，粒内孔、粒间孔；c—W205-2，粒间孔；d—L202-17，粒内孔、粒间孔；e—W205-2，黏土矿物相关的粒内孔、粒间孔；f—W205-2，粒内孔、粒间孔；g—H201-12，草莓状黄铁矿晶间孔；h—W205-2，草莓状黄铁矿晶间孔；i—W205-2，长石颗粒内部溶蚀孔；j&k—N213-13，方解石颗粒溶蚀孔；l—W205-3，粒内孔、粒间孔

研究区五峰组—龙马溪组页岩样品粒内孔主要有三种类型：脆性矿物溶蚀粒内孔、黏土矿物层间孔，以及黄铁矿晶间孔（图 3-9）。溶蚀孔隙孔径相对较小，以小于 500nm 为主，多呈四边形或圆形。主要为方解石、白云石颗粒内溶蚀孔（图 3-9d、j、k），呈近似菱形状，个别为长石溶蚀孔隙（图 3-9i），偶见石英颗粒内部孔隙（图 3-9a、l）。靠近有机质的不稳定矿物最易产生溶蚀孔隙，干酪根生烃过程中产生有机酸，对酸性可溶矿物产

生溶蚀，形成粒内的溶蚀孔，如方解石、长石，这类孔隙由于孤立存在，连通性相对较差（Li 等，2020）。石英颗粒内部孔隙多呈圆形，可能为流体包裹体释放后产生的孔隙。黏土矿物层间孔相对较为发育，多呈长条状，平行于黏土片。黏土矿物与脆性矿物相接触，由于压实作用弯曲变形，部分孔隙呈三角形或不规则多边形，孔径多小于 1μm（图 3-9b、c、e、f）。黄铁矿晶间孔有两种类型，孔径一般小于 1μm，一类孔隙未被有机质充填（图 3-9g、h），孔隙相对较小；另一类晶间孔被有机质充填（图 3-9h），原始的孔隙半径相对较大，面孔率较高，有机质后期生气形成有机质孔。

图 3-10 显示研究区龙马溪组页岩发育有微裂缝，多平行层面分布，长度几微米到几百微米不等，开度多小于 2μm，主要分为两种类型，一类裂缝没有被有机质充填，另一类被有机质充填（Chen 等，2007）。未被充填的微裂缝成因上为页理缝，页理缝是强弱水动力交互作用的产物，其造成页岩垂向上的非均质性，为在成岩过程中差异压实形成的裂缝，时间上晚于有机质生烃作用（图 3-10a—d）。另一类裂缝被有机质充填，其中有机质完全充填裂缝，也有部分充填的，这一类裂缝由生烃增压造成，与生烃作用同期（图 3-10e—h）。另外还有颗粒受压后沿解理面断裂，形成的颗粒内部微裂缝（图 3-10i）。与有机质充填的裂缝相比，未被充填的微裂缝一般长度较长，不仅可以增加页岩储集空间，而且可以作为良好的渗流通道，有利于页岩气的富集成藏（Clarke 等，2007；Zeng 等，2016）。

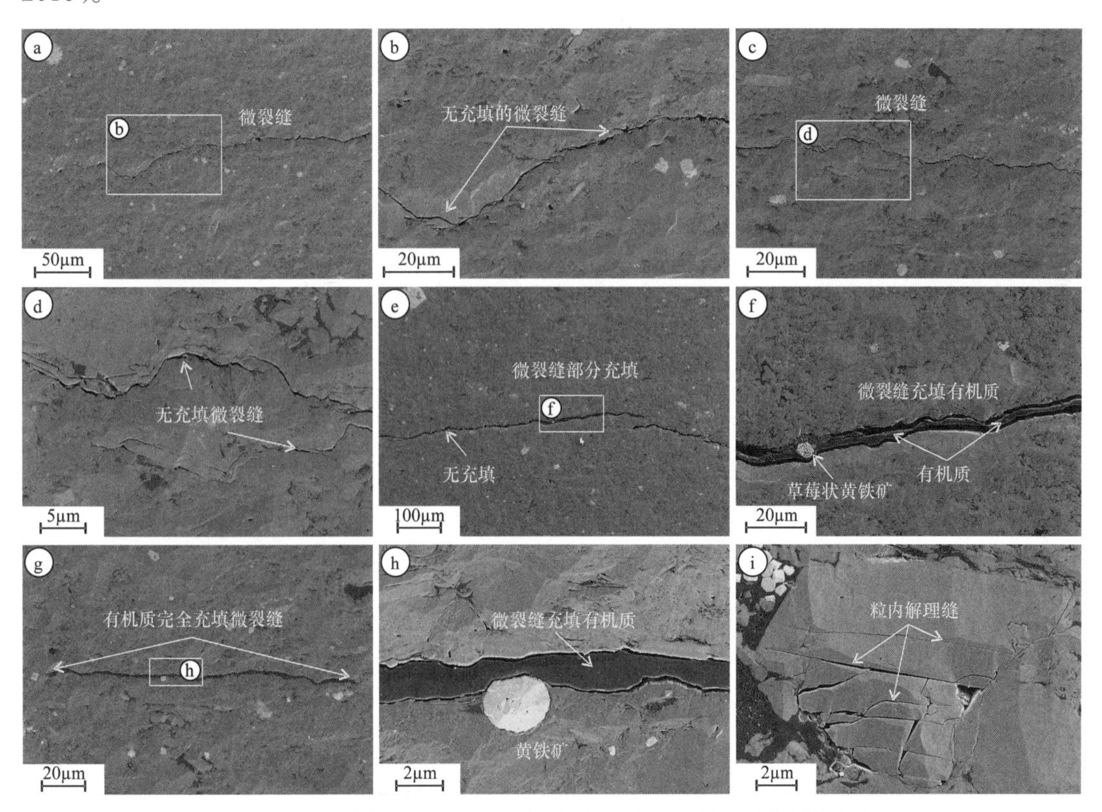

图 3-10 川南地区五峰组—龙马溪组页岩微裂缝扫描电镜照片

a&b—W205-3，微裂缝，无充填；c&d—W205-3，微裂缝，无充填；e—N213-13，微裂缝，部分被充填；f—N213-13，微裂缝，充填有机质；g&h—W205-3，微裂缝，充填有机质；i—N213-13，脆性矿物颗粒沿解理形成的微裂缝有机质孔作为南方海相页岩重要的孔隙类型，是页岩气最为重要的储集空间（Han 等，2016；Li 等，2016；Liang 等，2015；Xu 等，2019；Zheng 等，2019）。研究区龙马溪组页岩发育大量的有机质孔（图 3–11）。有机质赋存位置不同，造成有机质孔发育特征各异。有机质与黏土矿物共生，近平行于黏土层，呈长条状分布，有机质孔呈不规则状或椭圆状（图 3–11a、b），孔径相对较小，多小于 100nm（Peng 等，2019）。有机质与黏土复合在一起，黏土矿物由于受挤压而强烈变形，内部有机质孔形态极不规则，孔径差异大，从几纳米到几百纳米（图 3–11c）。蜂窝状孔隙多分布于孤立块状有机质或条带状有机质中，孔隙呈椭圆状，或近似圆状。这些有机质孔非均质性强，孔径大小差别大，除了较大的椭圆状或似圆状孔隙外，还有较小的密集分布的针尖状孔隙（图 3–11d—g、i）。部分有

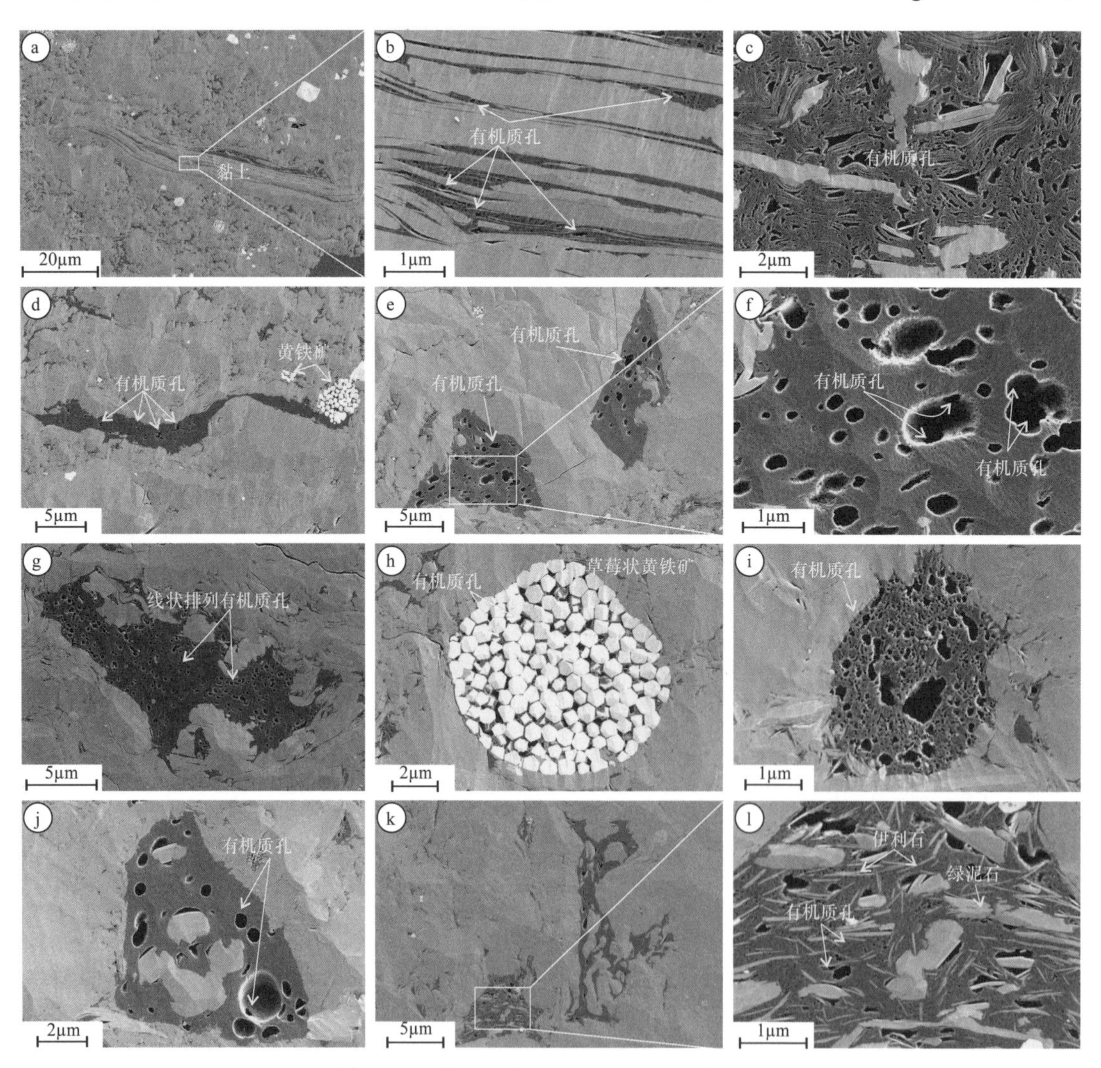

图 3–11　川南地区五峰组—龙马溪组页岩有机质孔扫描电镜照片

a&b—N213–13，黏土矿物相关的有机质孔；c—N213–13，黏土矿物复合体内部有机质孔；d—N213–13，条带状有机质内部发育的有机质孔；e—L202–17，有机质孔，孤立块状有机质；f—L202–17，有机质孔，内部嵌套小孔隙，相互连通；g—L204–3，有机质孔，近平行或线状排列；h—N213–13，黄铁矿晶体内部共生有机质，发育有机质孔；i—H201–12，有机质孔连在一起形成复杂有机质孔；j—L202–17，孤立有机质内发育的有机质孔；k&l—Y202–2，有机质黏土复合体内部发育的有机质孔

机质孔内部嵌套小的海绵状孔隙（图 3-11e—f、j），形成复杂的孔隙网络，极大增加了孔隙连通性，具有较强的储集能力。有些有机质孔连在一起，形成较大的复杂有机质孔网络（图 3-11i）。有的孤立有机质内部发育大量近圆状孔隙，略呈线状整齐排列（图 3-11g），孔径多集中在 100～300nm 之间。部分孤立块状有机质内部充填自生矿物（图 3-11j—l），可以一定程度抑制有机质被压实，利于孔隙的保存。另外，由于四川盆地及周缘五峰组—龙马溪组页岩沉积时期为强还原环境，黄铁矿广泛发育（Fan 等，2019）。草莓状黄铁矿晶体间充填有机质，热演化过程中，伴随有机质生气，进而产生有机质孔（图 3-11h）。

2. 页岩孔隙结构定量表征

扫描电镜能够直观地观察到页岩孔隙的几何形态、大小等特征，但是难以定量表征孔隙结构的发育特征。为此采用气体吸附方法（CO_2 和 N_2）对川南及下马岭组页岩模拟样品的孔隙结构进行定量表征。页岩样品的基本地球化学和矿物组成信息如表 3-5 所示。

表 3-5 下马岭组及川南龙马溪组页岩地球化学、矿物组成特征

样品编号	TOC（%）	R_o^a（%）	矿物组成（%，质量分数）										黏土矿物相对含量（%，质量分数）		
			石英	钾长石	斜长石	方解石	白云石	菱铁矿	黄铁矿	石膏	辉石	黏土	伊/蒙混层	伊利石	绿泥石
XML-1	6.64	0.68	52.8	2.3	2.6	—	—	—	—	1.2	2.1	39	71	29	—
XML-2	4.77	0.86	52.9	1.5	0.9	—	—	—	—	0.9	1.9	41.9	81	16	3
XML-3	4.76	0.97	51.5	1.3	1	—	—	—	—	0.8	1.6	43.8	78	20	2
XML-4	4.28	1.30	53.5	1.5	0.9	—	—	—	—	0.6	0.9	42.6	77	21	2
XML-5	3.69	1.61	53.2	1.4	1.3	—	—	—	—	0.5	0.8	42.8	79	20	1
XML-6	3.67	2.23	52.9	1.4	1.4	—	—	—	—	0.4	1	42.9	73	27	—
XML-7	3.62	2.52	54.8	1.7	1.5	—	—	—	—	0.5	1	40.5	72	28	—
XML-8	3.60	2.86	54.2	1.4	1.3	—	—		—	0.5	1.2	41.4	73	27	—
XML-9	3.25	3.33	55.7	1.4	1.3	—	—	—	—	0.4	1.5	39.7	68	32	—
XML-10	3.04	3.91	56.9	1.6	1.1	—	—	—	—	0.5	2.2	37.7	54	46	—
XML-11	2.92	4.20	56.6	1.6	1.5	—	—	—	—	0.5	2.4	37.4	51	49	—
Z201-5	3.38	2.57	23.7	0.3	4.6	6.4	21.4	0.6	3.9	—	—	39.1	37	49	14
L202-17	2.31	2.63	26.2	0.4	5.5	9.8	16.1	0.7	6.3	0.7	—	34.3	23	61	16
W205-2	1.21	2.73	29.8	0.3	4.4	1.8	1.2	0.8	1.7	—	—	60	25	51	24
L204-3	2.37	2.81	24.3	1.6	3.4	6.6	8.5	0.4	3	—	—	52.2	33	54	13
W205-3	2.9	2.92	26.5	0.3	3	19	10.4	0.5	3.4	—	—	36.9	40	47	13
L202-6	2.13	3.14	23.2	0.7	4.4	16.3	18.5	0.3	2.1	—	—	34.5	31	55	14
N213-13	3.56	3.23	43.9	0.2	2	11.2	15.3	0.2	2.8	—	—	24.4		92	8
H201-12	3.24	3.33	52.2	0.4	3.4	3.3	5.8	0.3	4	—	—	30.6	36	48	16
Y202-2	2.18	3.68	25.8	0.4	5.8	10.3	15.6	0.4	2.3	—	—	39.4	24	63	13

下马岭组和龙马溪组页岩低压 CO_2 吸附等温线如图 3-12 所示。根据国际纯粹与应用化学联合会（IUPAC）分类，吸附等温线属于类型Ⅰ。气体吸附量随着相对分压的升高而增加。总体上吸附量随有机碳含量的增加而增加。下马岭组页岩样品 CO_2 气体最大吸附量为 0.72～1.96cm^3/g；基于 DFT 模型计算的微孔孔体积为 0.28～0.86cm^3/100g，平均为 0.55cm^3/100g；微孔比表面积为 8.11～27.23m^2/g，平均为 17.33m^2/g；微孔平均孔径为 0.83～0.95nm，平均为 0.877nm。川南龙马溪组页岩样品 CO_2 气体最大吸附量为 1.229～2.21cm^3/g；基于 DFT 模型计算的微孔孔体积为 0.46～0.77cm^3/100g，平均为 0.6099cm^3/100g；微孔比表面积为 13.88～24.29m^2/g，平均为 19.08m^2/g；微孔平均孔径为 0.832～0.864nm，平均为 0.847nm。

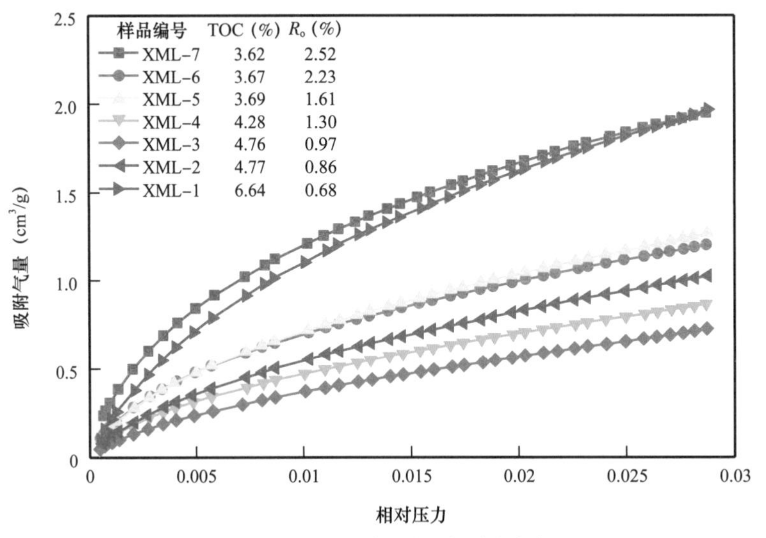

a. 下马岭组页岩吸附量随压力变化关系

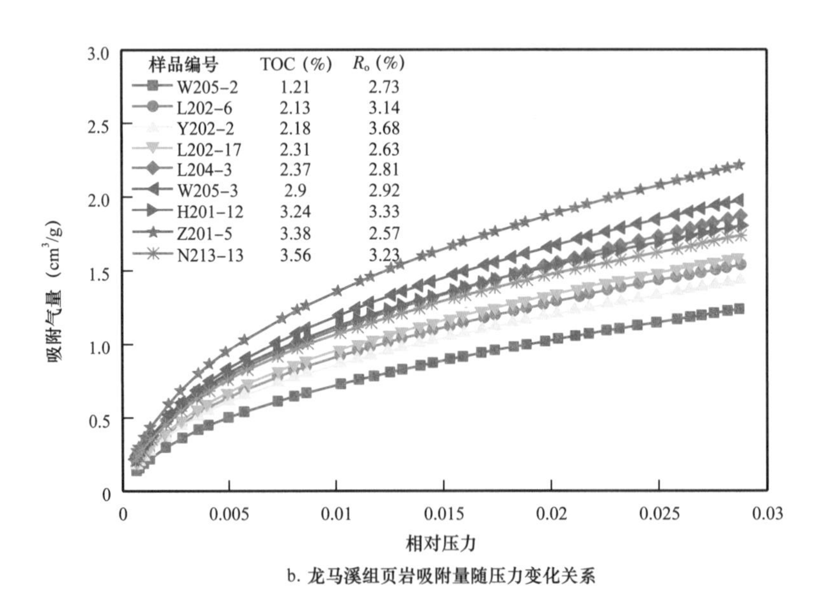

b. 龙马溪组页岩吸附量随压力变化关系

图 3-12 下马岭组及川南龙马溪组页岩 CO_2 吸附等温线

基于 CO_2 吸附数据，利用 DFT 模型计算了页岩样品的孔径分布曲线（图 3–13）。有机碳含量大于 4.0% 的下马岭组页岩孔径分布曲线具有双峰特征，峰值对应孔径分别为 0.44～0.63nm、0.82nm。有机碳含量小于 4.0% 的下马岭组页岩及所有龙马溪组页岩孔径分布曲线孔体积和比表面积均表现出三个稳定的峰，对应孔径分别为 0.35nm、0.44～0.63nm、0.82nm，说明微孔孔体积和比表面积主要集中分布于这三个区间。但是孔体积和比表面积略有区别，孔体积峰值在 0.44～0.63nm 区间最高，比表面积峰值在 0.35nm 最高，说明偏小孔径对比表面积贡献大，而偏大孔径对孔体积贡献较大。

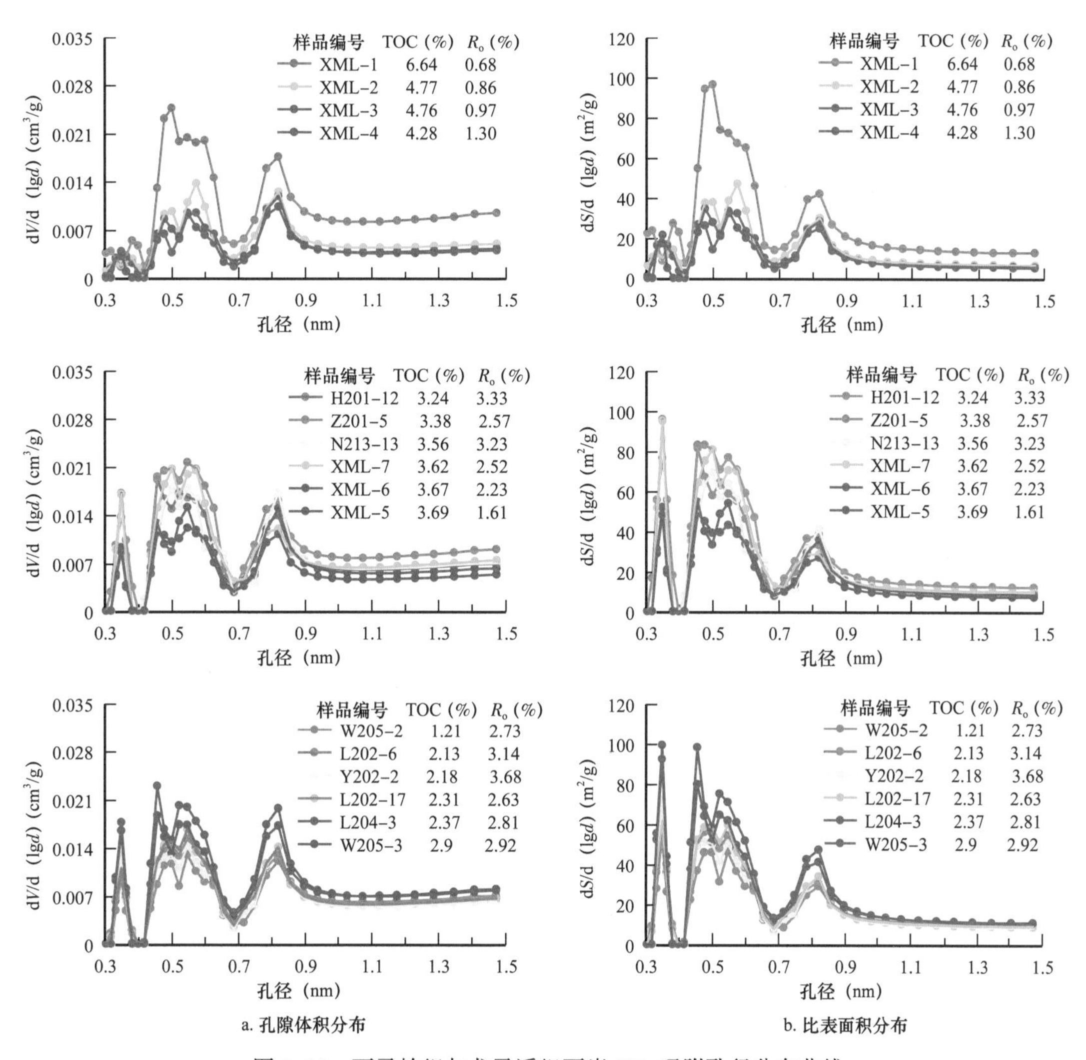

图 3–13 下马岭组与龙马溪组页岩 CO_2 吸附孔径分布曲线

下马岭组和龙马溪组页岩样品低压 N_2 吸附—脱附等温线如图 3–14 所示。根据 IUPAC 分类，吸附等温线属于类型Ⅳ。吸附—脱附回滞环类型兼具 H3 和 H4 特征，说明既有中孔发育，也有宏孔的存在（Peng 等，2019；Yang 等，2016）。回滞环形状特征表明页岩孔隙既有平行板或狭缝状孔隙，也有细颈广体的墨水瓶型孔隙。N_2 吸附量随着相对分压的增大而增加，并且整体上 N_2 最大吸附量随着 TOC 含量的升高而增大。下马岭组页岩样品 BET 比表面积为 3.12～19.69m²/g，平均为 8.40m²/g。龙马溪组页岩 BET 比表面积为 15.94～27.22m²/g，平均为 21.74m²/g，比低演化下马岭组页岩的比表面积相对要高。

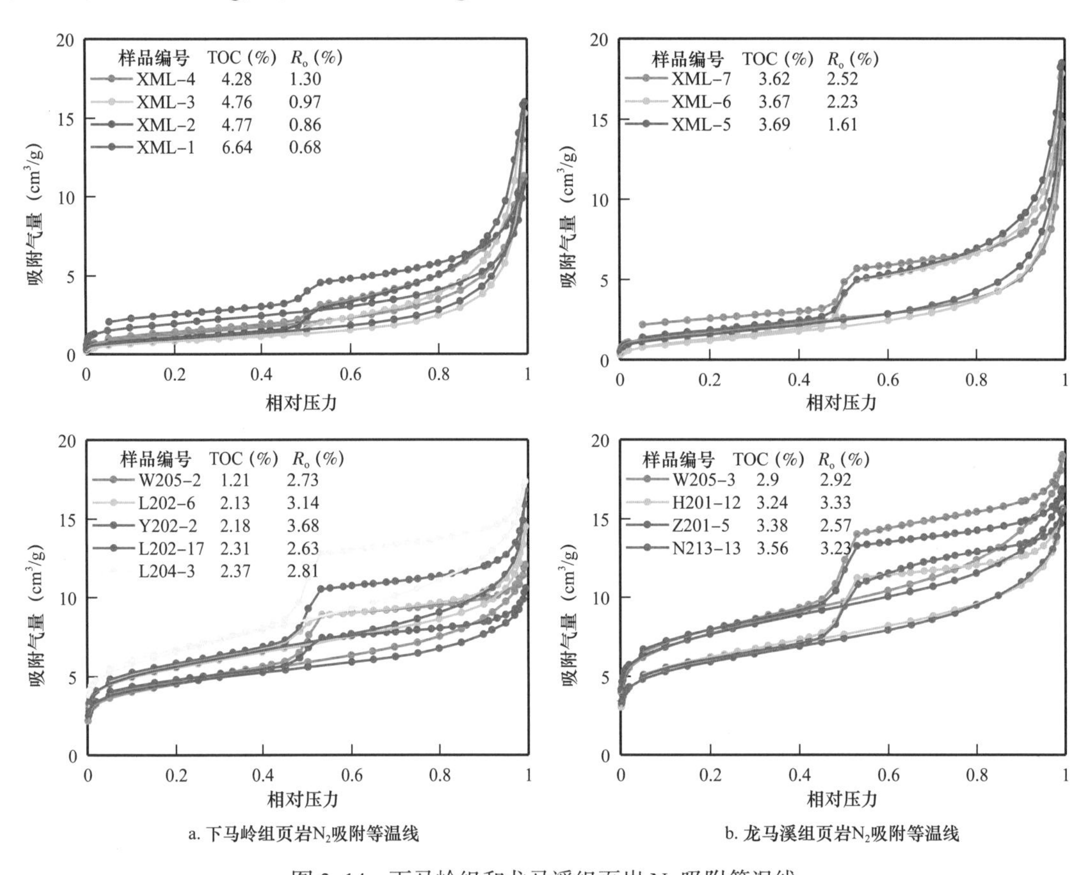

a. 下马岭组页岩N_2吸附等温线　b. 龙马溪组页岩N_2吸附等温线

图 3-14　下马岭组和龙马溪组页岩 N_2 吸附等温线

下马岭组页岩孔体积孔径分布曲线显示（图 3-15a），当孔径小于 4nm 时对数孔体积微分几乎为零，说明低演化页岩孔径小于 4nm 的孔隙很少。当孔径大于 4nm 之后，对数孔体积微分随着孔径增大呈现增加趋势，没有峰值。龙马溪组页岩孔体积孔径分布曲线与下马岭组不同，呈现出单峰特征。孔体积在 3～20nm 范围内变化明显，说明中孔孔隙主要集中分布于 3～20nm 孔径范围内。当孔径大于 6nm 之后，孔体积随孔径增大而减小，说明大孔径孔隙逐渐减少。下马岭组和龙马溪组页岩比表面积孔径分布曲线都呈现出单峰特征（图 3-15b），但龙马溪组页岩峰值对应孔径小于下马岭组。下马岭组页岩在 4～20nm 孔径范围内表面积对数微分变化明显，是比表面积的主要贡献者。龙马溪组 2～20nm 孔径的孔隙表面积对数微分变化明显，是比表面积的主要贡献者。

（二）生烃全过程孔隙演化

1. 热模拟样品孔隙演化特征

下马岭组页岩不同规模孔隙结构发育特征如图 3-16 所示。孔体积主要由中孔提供，其次为微孔，宏孔最少，所占比例分别为 56.54%～71.62%（平均为 63.74%）、

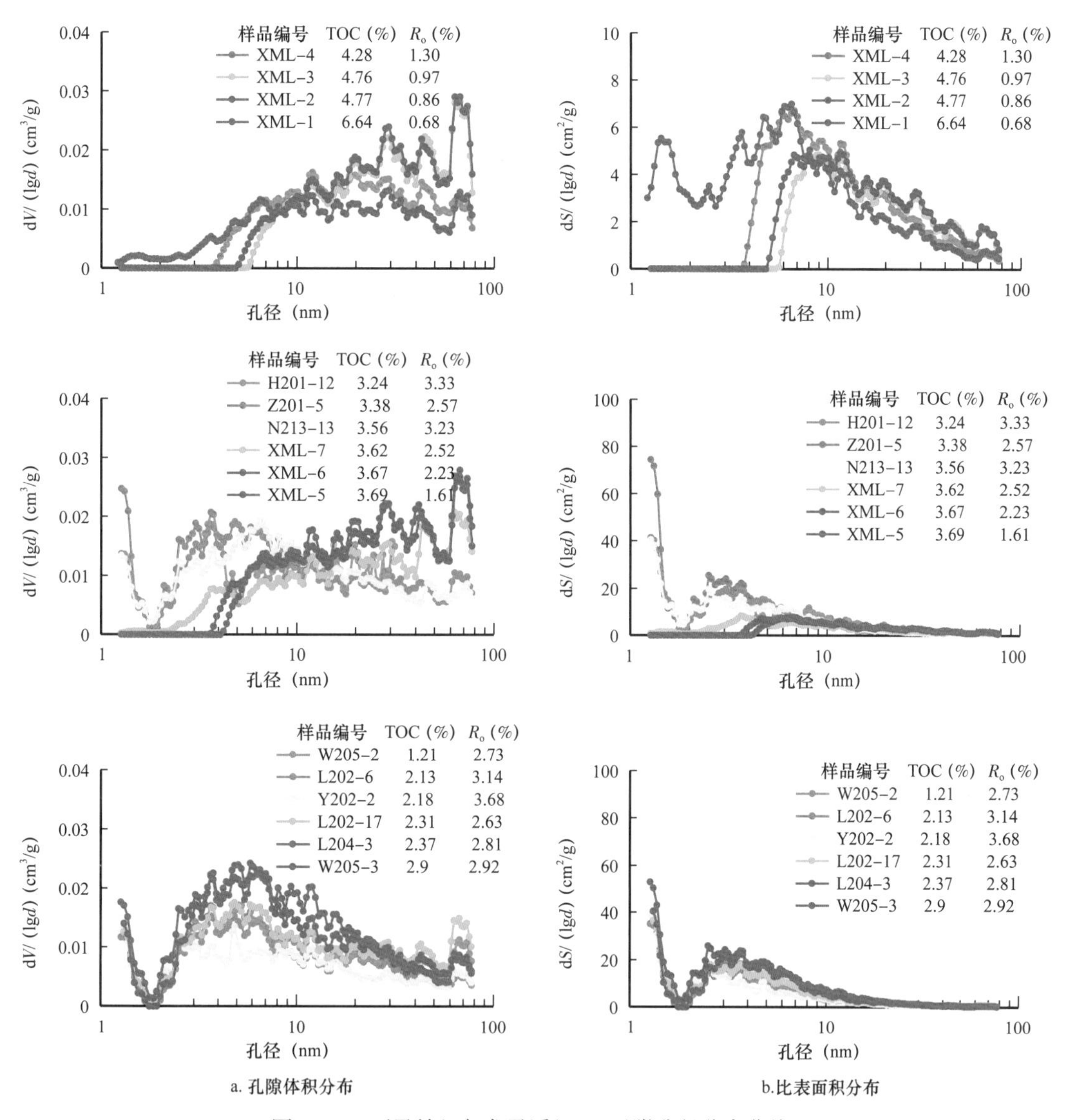

图 3-15 下马岭组与龙马溪组 N_2 吸附孔径分布曲线

14.04%～34.64%（平均为 22.4%）、6.08%～21.39%（平均为 13.86%）（图 3-16a、b）。比表面积主要由微孔提供，中孔次之，宏孔贡献极少，所占比例分别为 68.99%～81.35%（平均为 75.09%）、18.21%～30.00%（平均为 23.8%）、0.30%～2.42%（平均为 1.11%）（图 3-16c、d）。为了表征孔隙随成熟度的演化特征，将孔隙结构参数进行归一化处理，即单位 TOC 条件下孔体积和比表面的变化（图 3-17）。随着热演化程度的增加，微孔孔体积和比表面积整体上呈现出先减小后增加的趋势（图 3-17），中孔孔体积整体上呈现出增加的趋势，但热演化中间具有两个相对低点，R_o 约为 1.3% 和 3.3%（图 3-17a）。中孔比表面积随热演化程度升高呈现增加趋势（图 3-17b）。宏孔比表面积随热演化程度增加变化较小，宏孔孔体积在 R_o 约为 1.3% 和 R_o 约为 2.5% 时具有低值。总孔体积与宏孔孔体积具有相似的变化趋势，总比表面积与微孔比表面积具有相似的变化趋势（图 3-17）。

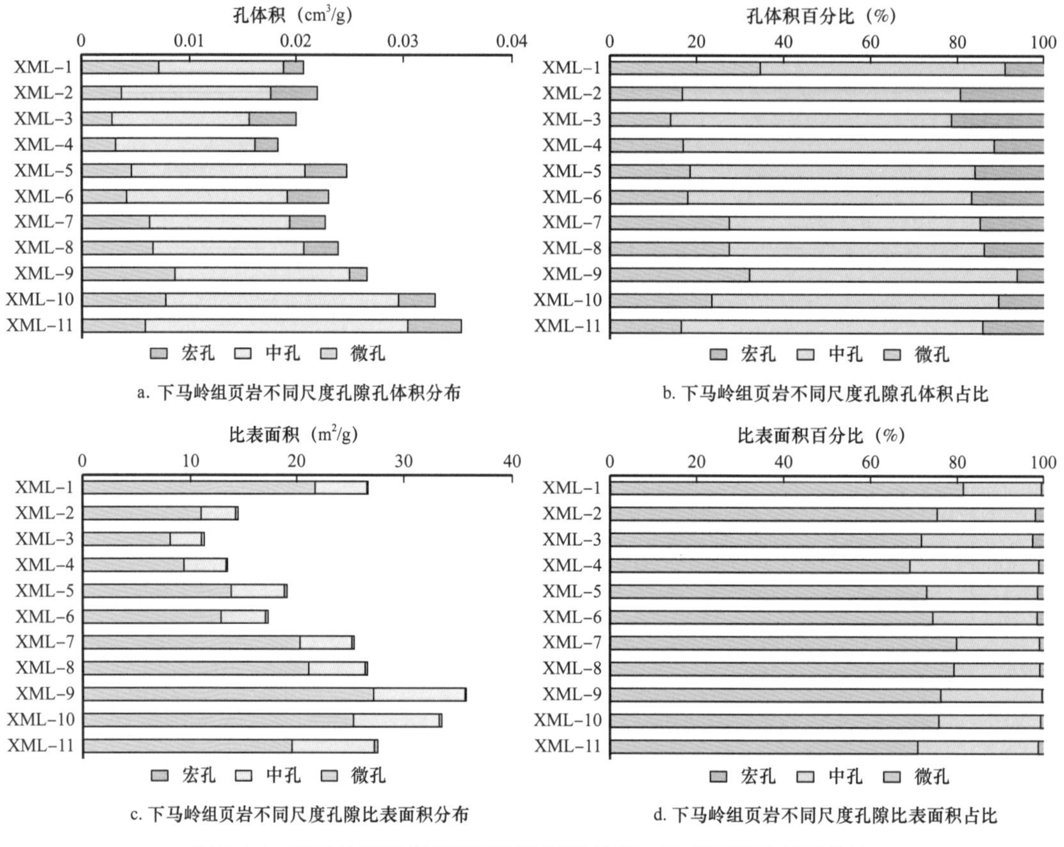

a. 下马岭组页岩不同尺度孔隙孔体积分布

b. 下马岭组页岩不同尺度孔隙孔体积占比

c. 下马岭组页岩不同尺度孔隙比表面积分布

d. 下马岭组页岩不同尺度孔隙比表面积占比

图 3-16　下马岭组页岩不同尺度孔隙孔体积、比表面积及其百分比

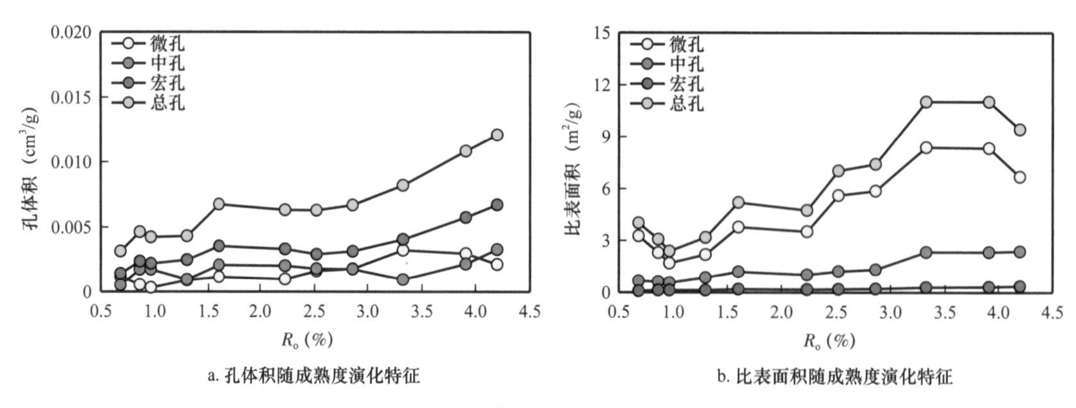

a. 孔体积随成熟度演化特征

b. 比表面积随成熟度演化特征

图 3-17　下马岭组页岩孔体积、比表面积随成熟度演化特征

2. 自然样品孔隙演化

龙马溪组页岩不同规模孔隙发育特征如图 3-18 所示。孔体积主要由中孔提供，其次为微孔和宏孔，分别为 49.79%～63.10%（平均为 56.78%）、22.34%～30.4%（平均为 25%）、13.67%～23.20%（平均为 18.21%）（图 3-18a、b）。宏孔所占比例比下马岭组略高。比表面积主要由微孔和中孔提供，宏孔贡献极少，所占比例分别为 62.70%～69.73%（平均为 65.49%）、29.57%～36.48%（平均为 33.56%）、0.70%～1.17%（平均为 0.95%）

（图 3-18c、d）。同样对孔体积和比表面积进行归一化处理（图 3-19）。随着成熟度增加，微孔、中孔、宏孔以及总孔体积整体上都呈现出先增加后减小的趋势，R_o 约为 2.73% 时具有最大的孔体积（图 3-19a）。宏孔比表面积随 R_o 变化很小。微孔、中孔和总孔比表面积随 R_o 增大先增加后减小，R_o 约为 2.73% 时具有最大值（图 3-19b）。

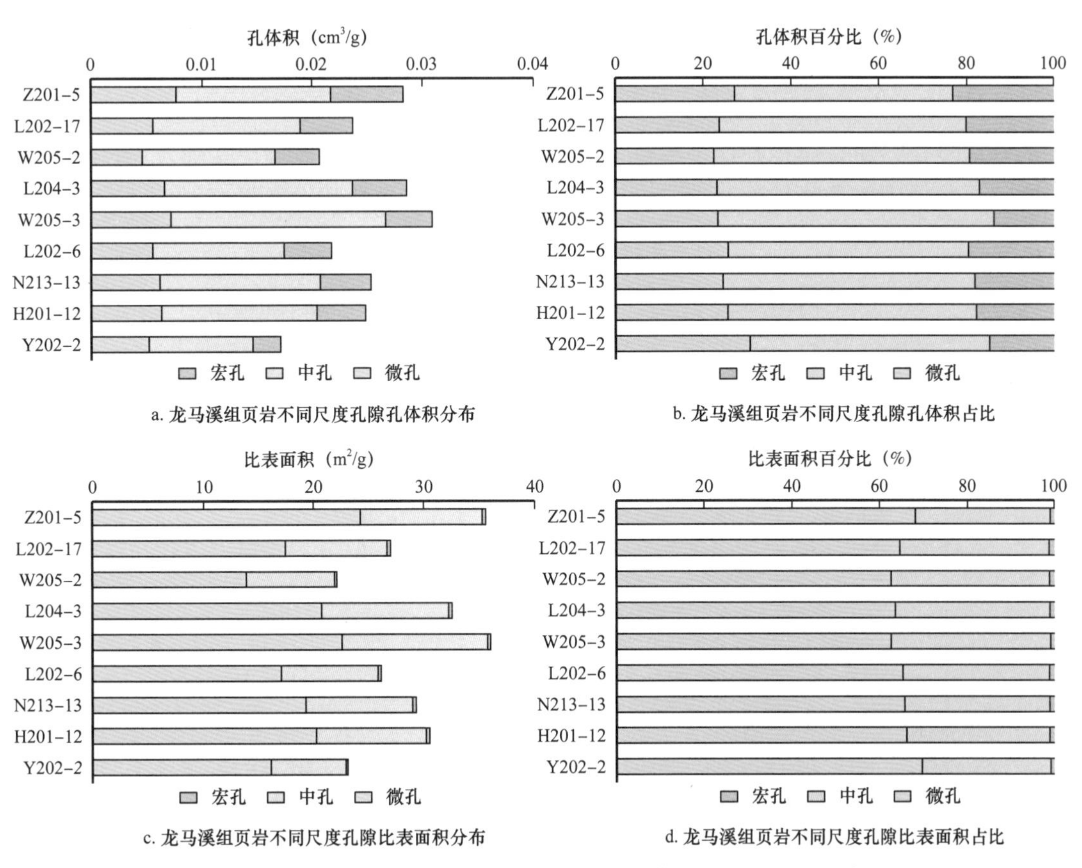

图 3-18　四川盆地龙马溪组页岩不同尺度孔隙孔体积、比表面积及其百分比

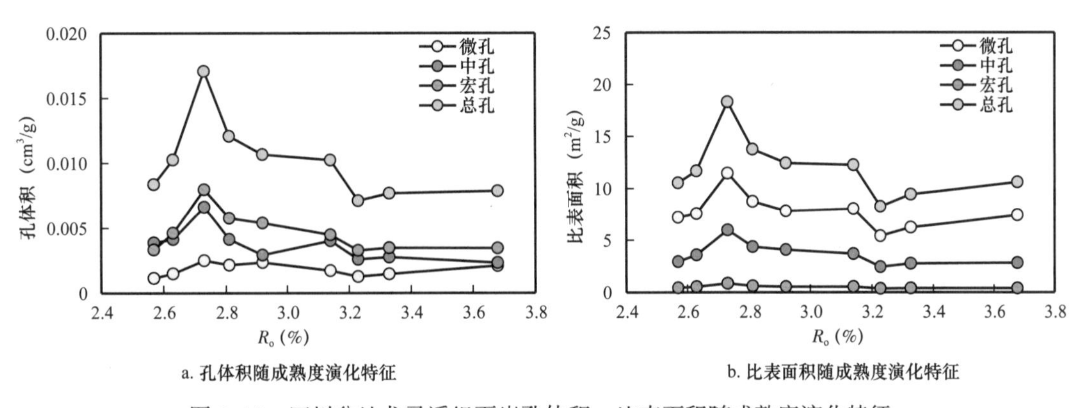

图 3-19　四川盆地龙马溪组页岩孔体积、比表面积随成熟度演化特征

3. 生烃全过程孔隙结构演化

为了更好地表征海相页岩孔隙结构随热成熟度的演化特征，采用低演化阶段热模

拟样品（R_o<2.5%）与高演化阶段自然样品（R_o>2.5%）相结合的方法。为了最大限度地消除有机质丰度对孔隙结构发育的影响，孔体积和比表面积都进行了归一化处理。图 3-20 显示了从低成熟到高成熟孔隙结构演化特征。孔体积与比表面积随热演化程度升高呈现出先增加后减小的趋势。孔隙发育具有两个最佳时期（高峰期），一个为高成熟阶段生油晚期或干酪根生气高峰结束时期，另一个为生气高峰期，对应 R_o 值分别为 1.5%～1.8%、2.5%～3.2%，在这两个区间具有较高的孔体积和比表面积。第二个峰值更高，说明原油裂解生气高峰期是孔隙发育最有利的时期，主要因为这一阶段原油裂解生成大量有机质孔，使孔体积和比表面积大幅增加。生油高峰并不是储层孔隙发育匹配最好时期，干酪根生气高峰结束时期、原油裂解生气高峰期是孔隙发育最好时期（Juncu 等，2017）。

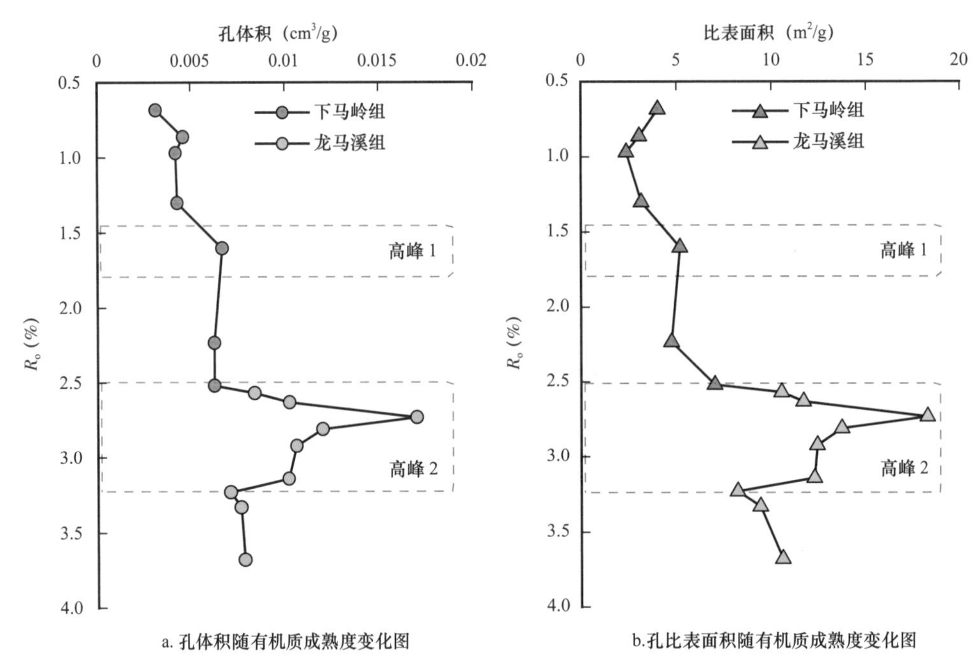

图 3-20　不同成熟度孔隙结构演化

综合生烃过程及孔隙结构随热成熟度演化特征分析，建立了生烃全过程孔隙演化模式（图 3-21）。前人针对不同演化程度页岩孔隙演化做了大量研究。R_o<0.3% 这一阶段主要为生物化学气，以甲烷为主，孔隙度在压实及胶结作用下快速减小。在进入生油窗前有一个低熟—未熟油及早期湿气生成阶段，这一阶段孔隙度在成岩作用下（主要为压实和胶结）进一步减小（Tang 等，2015）。进入大量生油阶段早期（0.7%<R_o<1.0%），孔体积小幅度增加，中孔和宏孔增加趋势相对明显，微孔有较小幅度的减小趋势（Jiang 等，2015）。孔隙增加主要是干酪根初次裂解生烃产生部分有机质孔，这一阶段产物主要为油和原油伴生气。液体和气体产物排出释放后，在干酪根内部形成部分有机质孔，另一方面生油过程产生有机酸，对不稳定矿物溶蚀，产生部分溶蚀孔隙，从而增加了孔体积。在生油高峰晚期（1.0%<R_o<1.2%），孔隙体积具有减小趋势，主要因为这一时期产生的液态烃不能全

部及时排出烃源岩，充填于无机矿物孔隙中，并有部分有机质形成沥青，造成孔隙度降低。高成熟阶段早期（$1.1\%<R_o<1.6\%$）是干酪根热解生气高峰时期，产物主要为干气和部分湿气，这一阶段孔隙度明显增加，主要因为干酪根生气产生较多有机质孔，使得孔隙度具有相对明显的增加。高成熟阶段晚期（$1.6\%<R_o<2.0\%$），孔隙度略有减小，这一时期为干酪根热解生气和滞留烃裂解生气过渡时期，受深成岩作用的影响，孔隙度降低，而有机质生气量小，有机质孔增加不足以弥补成岩作用减孔，造成孔隙度减小。进入过成熟阶段，滞留烃开始逐渐大量裂解生干气，孔隙度开始逐渐增加。生气高峰期（$2.5\%<R_o<3.2\%$），孔隙度也达到最高时期，峰值出现在 R_o 为 2.7%～2.8% 时，这一阶段液态烃及前期形成的沥青大量裂解生气，产生大量气泡状有机质孔，使得孔隙度大幅增加，这一认识和有些学者研究结果不同。随着热演化程度进一步升高，液态烃生气能力降低，孔隙度也随之逐渐减小，尤其是 R_o 大于 3.2% 之后。

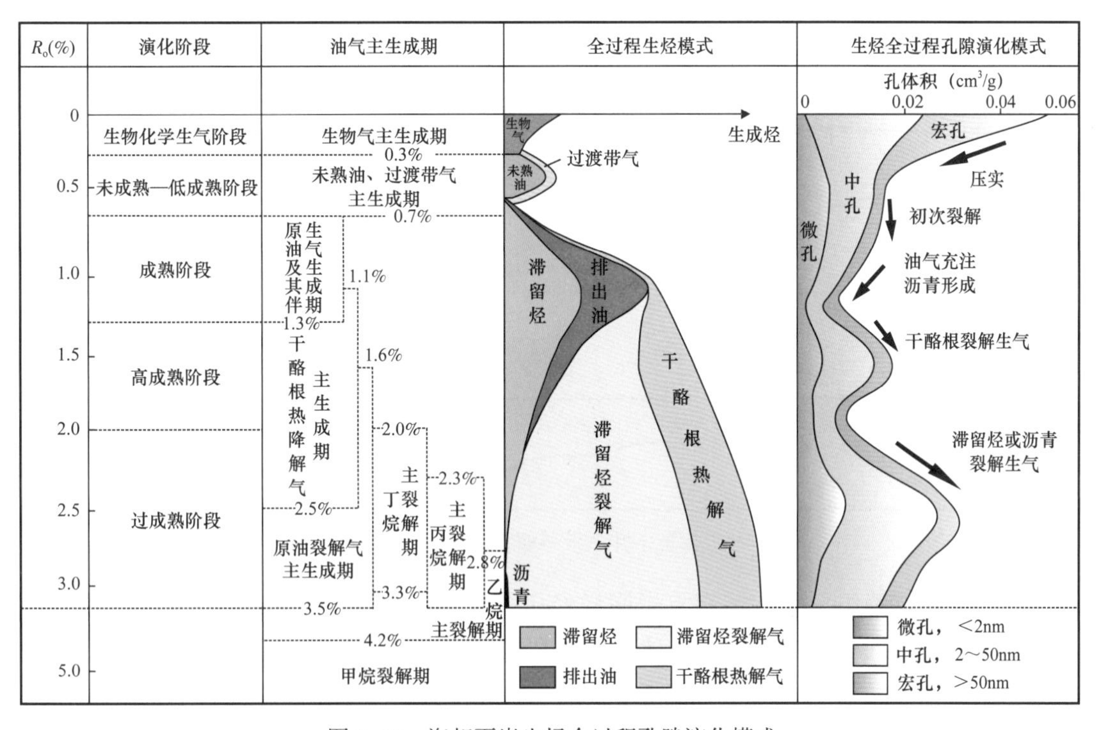

图 3-21　海相页岩生烃全过程孔隙演化模式

四、生气—储气地质要素时空匹配

在上述页岩生烃演化、生烃全过程孔隙演化研究基础上，以川东南地区焦页 1 井、彭页 1 井和渝参 6 井三口典型页岩气井为例，结合页岩气井的埋藏史、生烃史、孔隙演化史，建立生气与储气的时空匹配模式。焦页 1 井五峰组—龙马溪组页岩沉积以后，自晚志留世开始经历了小幅度缓慢抬升，无机孔保存较好，页岩成熟度较低，所以有机质孔不发育。自二叠纪开始地层经历了持续沉降，一方面为有机质热演化生烃提供有力保障，另一方面导致无机孔迅速减少。页岩气大量生成的时期为侏罗纪至白垩纪，在此期间未发生大幅度的构造抬升。孔隙变化总体上是随着埋深增加而逐渐减小的，在达到最大埋深时开始大量生气，干酪根热降解和原油裂解形成大量有机质孔，导致页岩孔隙增大。也就是说在五峰组—龙马溪组页岩大量生气前，页岩孔隙由于机械压实作用不断减小，但在生气高峰期页岩孔隙增加，并且在生气高峰之后地层埋深没有进一步增加，使得生成的有机质孔有效地保存下来，为页岩气提供了有利的储集空间。因此，焦页 1 井生气和储气匹配关系较好（图 3–22）。

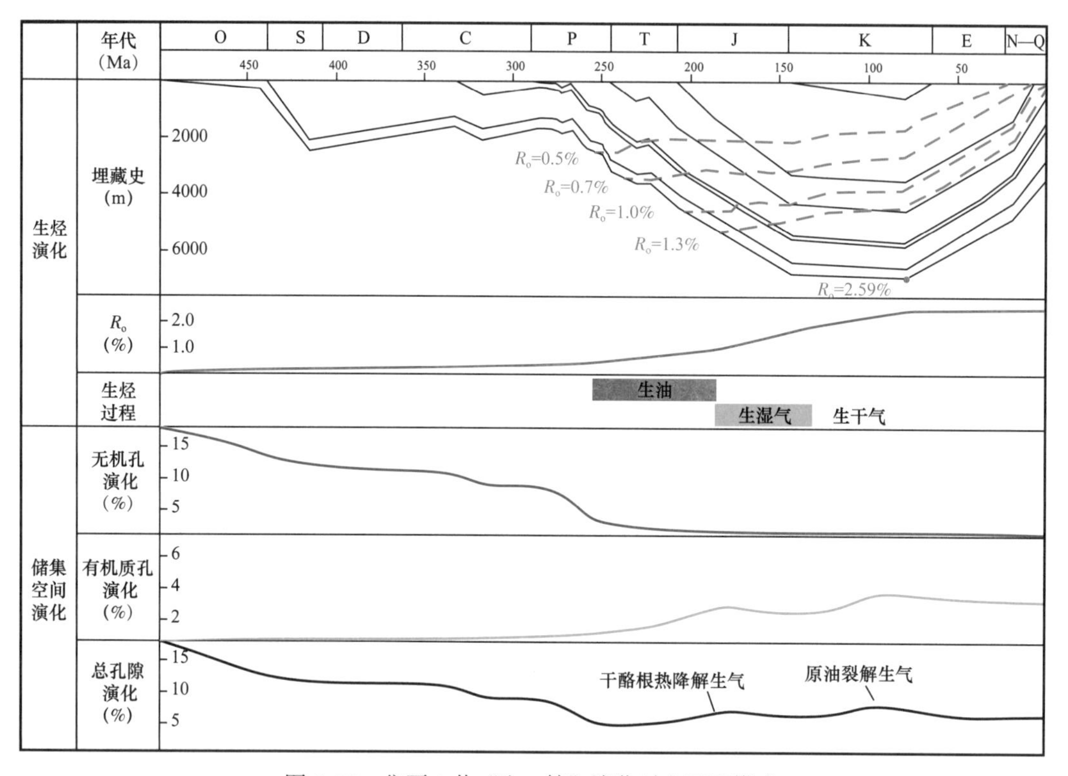

图 3–22　焦页 1 井“生—储”演化时空匹配模式

彭页 1 井五峰组—龙马溪组页岩同样经历了晚志留世至早二叠世小幅度缓慢抬升，无机孔保存较好。但是从早二叠世地层开始持续沉降时，页岩已经开始生气，在页岩开始大量生干气后，地层仍然经历了持续深埋，这使生成的有机质孔因受到机械压实作用而减少。地层在达到 6700m 左右的最大埋深后开始抬升，其最大埋深与焦页 1 井基本一致，因此有机质孔受机械压实作用破坏的程度不是很严重，生气和储气匹配关系中等（图 3–23）。

渝参 6 井在二叠纪和三叠纪经历多次抬升和沉降，不利于页岩孔隙的发育。因为此时为干酪根热降解生气阶段，其成熟度还未达到原油裂解生气的条件。抬升作用导致之前生成的原油排出页岩层系，沉降作用又使页岩孔隙进一步减小。三叠纪原油开始裂解生气，但由于有部分原油已从页岩内排出，所以生气量较少，形成的有机质孔也会减少。另一方面，生气过程中地层仍然持续沉降，生成的有机质孔无法很好地保存下来。因此，渝参 6 井生气和储气匹配关系较差（图 3–24）。

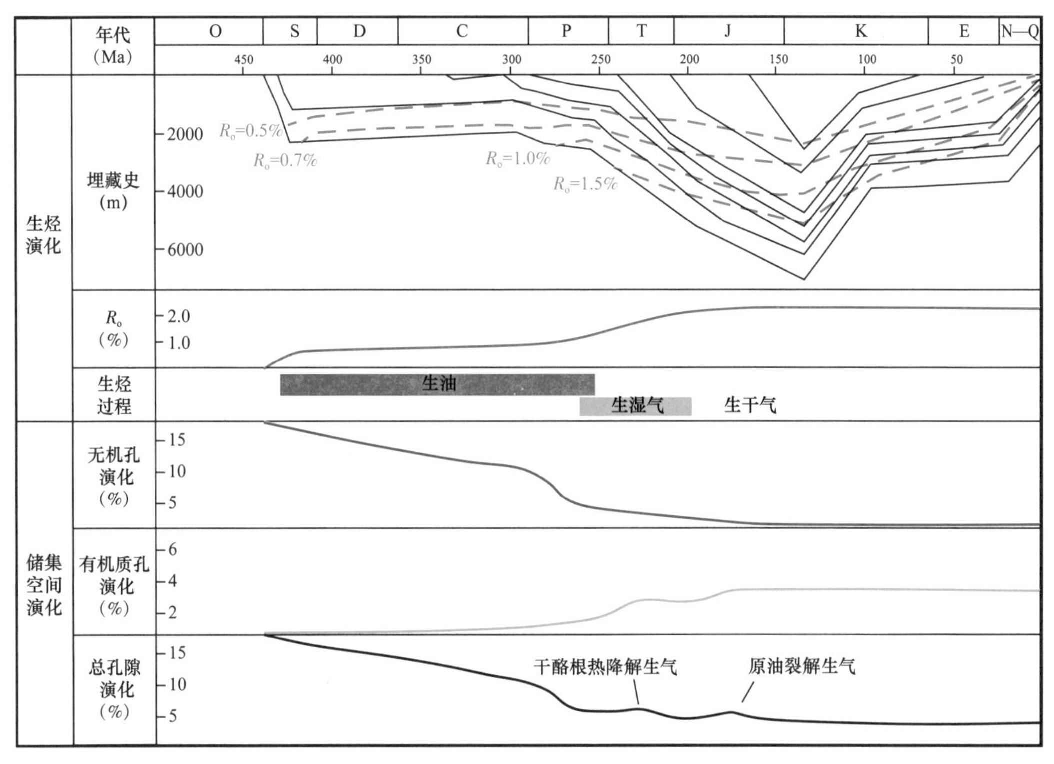

图 3-23　彭页 1 井“生—储”演化时空匹配模式

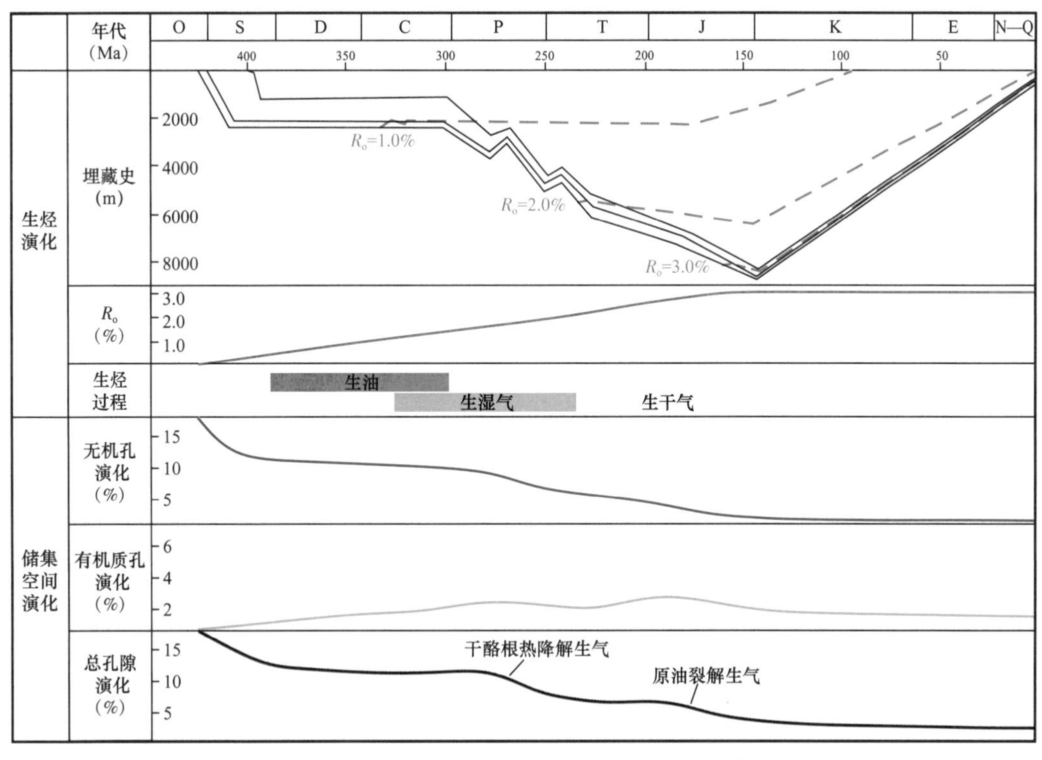

图 3-24　渝参 6 井“生—储”演化时空匹配模式

第二节　页岩生气与保存要素时空演化及匹配

一、顶底板及盖层

页岩气自生自储的特征，要求需要良好的保存条件才能形成页岩气藏。封存性好的顶板、底板与含气页岩层段可以构成流体封存箱（Powley，1990），降低页岩气向外扩散、渗流，能够使页岩气得到有效的保存。以页岩气富集高产区川东南焦石坝页岩气田为例，龙马溪组一段页岩获得高产工业气流，得益于良好的顶底板条件。底板为上奥陶统涧草沟组以及中奥陶统宝塔组连续沉积的灰色瘤状灰岩，厚度为30～40m；顶板为龙马溪组二段厚层深灰色—灰黑色泥岩、粉砂质泥岩、泥质粉砂岩，平均厚度约170m。无论泥岩、粉砂质泥岩，还是石灰岩都比较致密，封闭性好。如焦页2井顶板龙马溪组二段泥质粉砂岩孔隙度平均值为2.4%，渗透率平均值为0.0016mD，在80℃条件下，地层突破压力为69.8～72.1MPa；底板涧草沟组和宝塔组瘤状灰岩孔隙度平均值为1.6%，渗透率平均值为0.0017mD，在80℃条件下，地层突破压力为64.5～70.4MPa，反映出顶底板具有良好的封隔性能（胡东风等，2014）。而顶板、底板条件差的页岩段封闭性差，天然气容易向外散失，对页岩气富集成藏极为不利。如川东南地区下古生界下寒武统牛蹄塘组页岩层段含气性低，没有工业产能，虽然顶板为牛蹄塘组上部页岩，具有一定封闭性，但是底板为震旦系灯影组古风化壳，古岩溶、裂缝比较发育，造成页岩气沿不整合面逸散，含气性较差。

顶底板特性对页岩含气量及页岩气富集成藏有直接的影响（汤济广等，2015；王濡岳等，2016a）。通过对中国南方龙马溪组页岩顶板、底板岩性及厚度进行统计，结果显示石灰岩较为发育的地区，页岩含气性好、产气量高，因此致密灰岩作为顶底板条件的保存性能较好（图3-25a、b）。含气量与顶板、底板的厚度具有明显的正相关关系（图3-25c、d），顶板、底板厚度越大，页岩气向外逸散的突破压力就会增加，物性封闭能力就越好。焦石坝地区顶板厚度大于100m，底板厚度大于35m，含气量均大于4.5m^3/t；而彭水地区顶板厚度小于50m，巫溪地区底板厚度小于15m，二者含气量低于2m^3/t。顶板厚度小于50m、底板厚度小于15m对页岩气成藏具有不利的影响。因此，顶底板条件的好坏是影响页岩气差异富集的一个重要因素。

页岩顶板与含气层段直接接触可以视为直接盖层，含气页岩直接盖层之上的各种泥页岩、膏盐等致密岩层即为间接盖层或区域盖层，能够维持下伏地层构造形态稳定性以及压力体系，对页岩气的保存具有重要的影响（李海等，2014；潘仁芳等，2014；汤济广等，2015；聂海宽等，2016）。长宁地区保存有部分三叠系膏盐层，如宁201井，保存有部分嘉陵江组三段和嘉陵江组四段膏盐，压力系数为2.0；三叠系膏盐层保存较完整的富顺—永川地区阳201井，压力系数为2.2，均有高产气流。而丁山地区丁山1井上覆嘉陵江组膏盐盖层缺失，封闭性差，基本不含气；丁页1井上覆嘉陵江组膏盐盖层部分缺失，封闭性较差，压力系数为1.06，产量较低，测试最高日产量为$3.45\times10^4m^3$；而丁页2井上覆嘉陵江组膏盐盖层保存完整，封闭性好，压力系数为1.55，产量较高，测试最高日产量为

$10.5\times10^4m^3$。四川盆地外的彭水地区、昭通地区，不发育三叠系膏盐层，气藏压力系数多小于1，产气量低，如彭页1井日产量仅为$2.5\times10^4m^3$。四川盆地内有盖层发育的，往往含气性好，压裂后获得高产，如阳201-H2井，初始产气量高达$43\times10^4m^3/d$。统计结果也显示，产气量以及压力系数与盖层厚度具有正相关性，盖层厚度大于100m时，压力系数普遍大于1.5，产气量大于$10\times10^4m^3/d$（图3-26）。因此，区域盖层发育情况也是影响页岩气差异富集的一个重要方面。

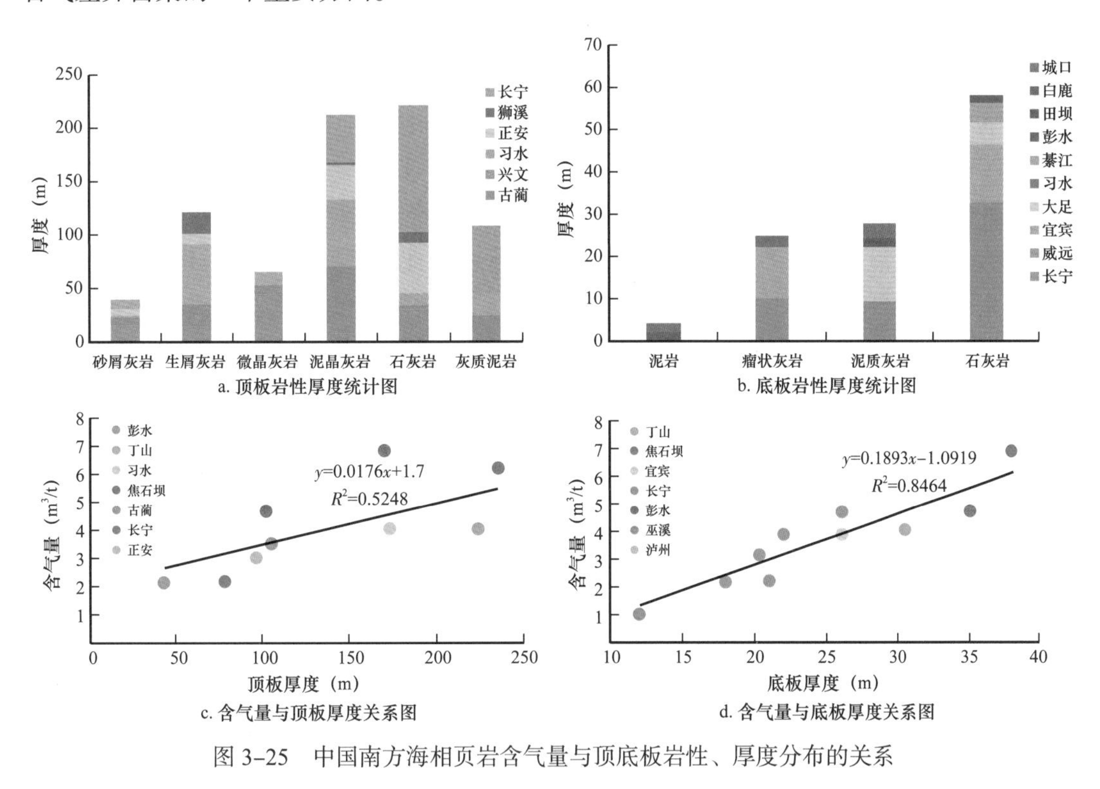

图3-25　中国南方海相页岩含气量与顶底板岩性、厚度分布的关系

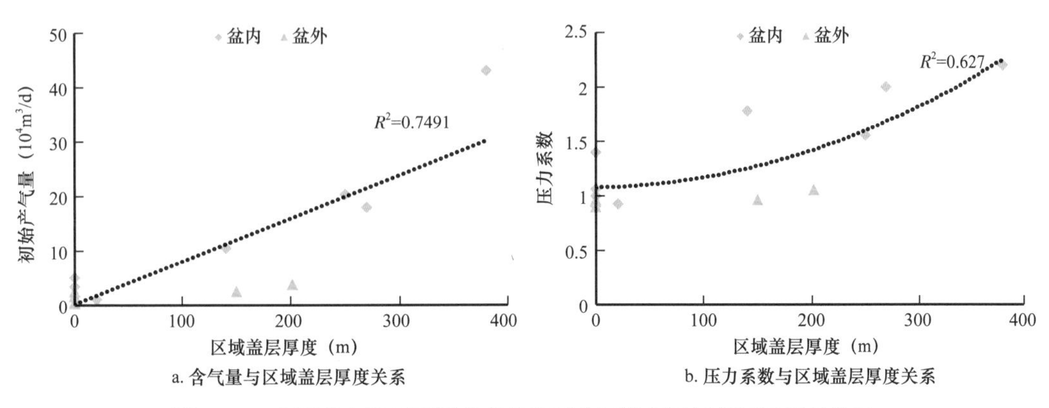

图3-26　中国南方地区不同井产量和压力系数与区域盖层厚度的关系

二、断裂系统

断层作为页岩气保存条件的重要因素，对页岩气富集成藏的影响主要取决于断层的封

闭性（Gale 等，2010；付景龙等，2016）。中国南方古生界海相页岩由于断裂系统发育的差异性，使含气性及产量有很大差别。如川南地区龙马溪组钻遇井镇 101 井、镇 103 井，靠近通天断层和大型断裂附近，压力系数低、产气量低；而远离断裂发育的弱构造变形区永顺 1 井，压力系数为 1.2，产气量为 $2.67\times10^4m^3/d$；距离断层更远的宁 201-H1 井具有更高的压力系数和产气量，压力系数为 2.03，产气量为 $15\times10^4m^3/d$。焦页 1 井虽有断层发育，但逆断层封闭性相对较好，也获得高产。贵州岑巩地区内岑页 1 井、天星 1 井和天麻 1 井，断裂发育的不同对页岩气保存差异明显：天星 1 井位于构造稳定部位，距断裂较远，下寒武统牛蹄塘组现场解吸含气量为 1.1～$2.9m^3/t$，含气性较高；岑页 1 井位于断裂附近，含气量为 0.3～$1.8m^3/t$，但由于断裂沟通下部含水层，产气量低；天麻 1 井位于走滑断裂带，高角度断层、裂缝极为发育，保存条件差，现场解吸含气量仅为 0.1～$0.4m^3/t$。因此，断层对页岩气的破坏作用主要为大型断裂或通天断裂可断穿上覆盖层，成为页岩气散失和大气水下渗的优势渗流通道，破坏页岩气藏；并且断穿页岩气层的开启断层连通高渗透层也可造成页岩气向外渗流，使含气性大幅降低，不利于页岩气富集成藏。

裂缝对页岩气成藏的影响表现在多个方面，与裂缝的类型、性质及规模等有很大关系。裂缝对页岩气富集成藏的不利影响主要为高角度裂缝对气藏的破坏作用。如果高角度裂缝发育规模过大，会破坏页岩内部的封闭性，将页岩与不利于保存的断裂或高渗透地层沟通，造成页岩气散失（王濡岳等，2016b）。低角度裂缝的发育对页岩横向渗透率改善效果明显，但如果与通天断裂或与高渗透层相连的开启断裂沟通，也将不利于页岩气的保存。不同地区裂缝发育性质及程度的不同，造成含气量差异明显，裂缝开度越大，含气量越低；高角度裂缝越发育，含气性越差（图 3-27）。因此，高角度裂缝的发育使得保存性能受到破坏，造成页岩气散失，不利于页岩气保存，尤其大型天然开启裂缝，是造成不同地区、同一地区不同层段页岩含气性及产量差异的重要原因。

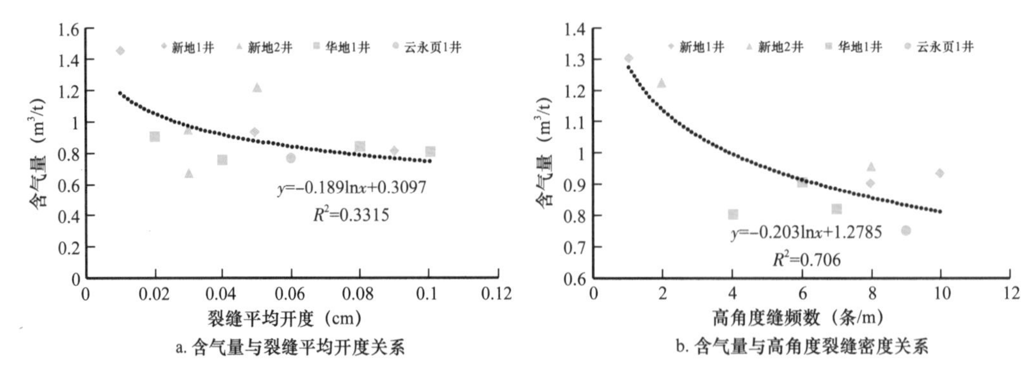

图 3-27　四川盆地及周缘龙马溪组页岩含气量与裂缝发育关系

三、构造特征

（一）构造抬升时间和幅度

构造运动对页岩气的成藏与破坏具有重要的控制作用，尤其是末次构造运动时间、幅度与规模，对页岩气差异富集影响较大（图 3-28）。南方海相页岩普遍处于高—过成熟阶段，液态烃及沥青裂解气是页岩气藏主要的气源（赵文智等，2016），构造抬升早的地区对页岩气富集成藏的不利影响主要体现在两个方面：一方面，过早停止生烃，尤其后期裂解生气终止时间早，使页岩生气有效性降低，气源补充不足；另一方面，地层抬升导致保存条件一定程度受到破坏，会造成页岩气散失，抬升越早，散失时间越长，相对散失量就越大。如焦页 1 井末次抬升时间距今 85Ma，而渝东南地区渝参 4 井抬升时间距今 105Ma，前者含气量为 $2.89m^3/t$，产量高，后者仅为 $1.83m^3/t$ 且无工业产能。

构造抬升幅度也在很大程度上影响页岩气富集。抬升幅度大，地层剥蚀厚度大，保存条件就破坏越严重，地层压降大，利于页岩气散失。有的地区造成了上覆盖层剥蚀严重，目的层出露地表，含气性极差，如盆外渝参 4 井，抬升约 5600m。而抬升剥蚀量小的盆缘焦页 1 井抬升约 3700m，抬升幅度相对小，保留有上覆盖层，含气量及产量高。

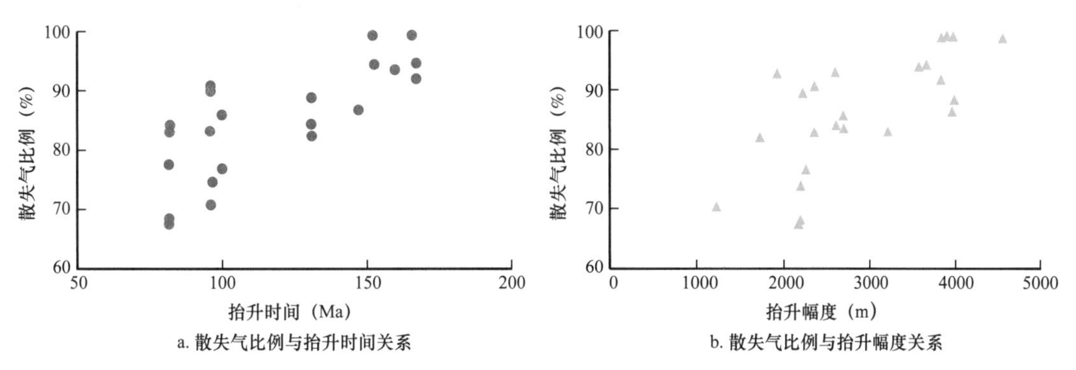

图 3-28　四川盆地及周缘龙马溪组页岩散失气比例与地层抬升时间和幅度的关系

（二）构造样式

天然气在页岩中扩散运移也遵循普遍的能量守恒原则，即天然气总是从其流体势能高的部位自发向其流体势能低的部位扩散运移，并且在流体势能低的部位聚集（England W 等，1987）。通常情况下，构造低部位的流体势较高，构造高部位的流体势较低，因此天然气总是从构造低部位向构造高部位扩散运移补充。页岩水平渗透率是垂直渗透率的 2～8 倍（胡东风等，2014），平行于层面方向孔隙连通性远大于垂直层面方向，天然气在页岩层系内部主要沿着层理面渗流运移（方志雄，2016）。整体上，正向构造有利于页岩气保存和富集成藏。通过统计四川盆地及周缘不同构造样式条件下页岩气藏特征，结果显示，正向构造压力系数普遍要高于负向构造，负向构造压力系数 0.9～1.0 居多，而正向构造压力系数主体在 1～1.6 之间。正向构造条件下页岩气产量也普遍要高于负向构造，正向构造产量 15×10^4～$35\times10^4m^3/d$ 占有较大比例，而负向构造日产气量多小于 $10\times10^4m^3/d$（图 3-29）。

四、生气—保存要素时空匹配

页岩气藏含气性与现今静态保存条件之间的关系只是目前含气性的表观体现，生气过程与保存条件动态演化之间的时空匹配关系是页岩气富集成藏的关键。各单一保存条件，

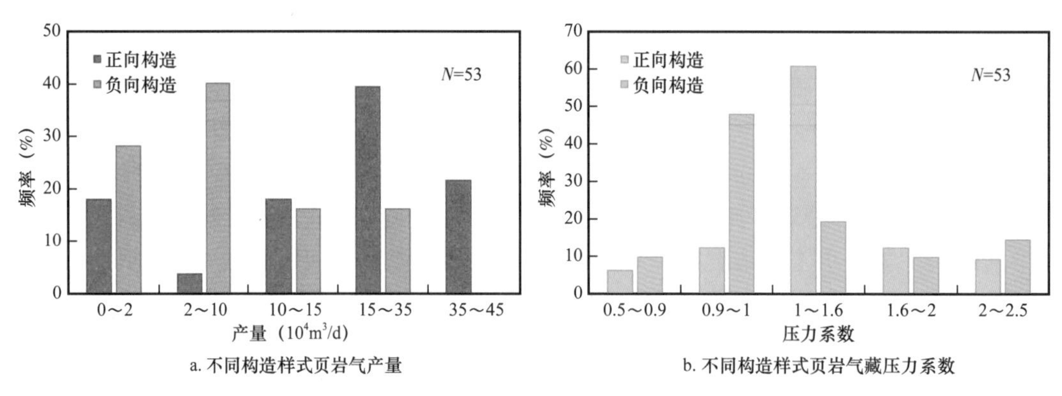

a. 不同构造样式页岩气产量　　b. 不同构造样式页岩气藏压力系数

图 3-29　页岩气产量及压力系数与不同构造样式之间关系

如盖层形成时期、断裂期次与性质、构造抬升时间与幅度等与生气时机的先后对气藏形成有重要的影响，同时对后期页岩气藏改造也有着决定性的作用。就现今保存条件静态匹配关系而言，盖层发育、顶底板厚度大且岩性致密、中高角度天然裂缝不发育、构造活动弱且抬升晚的正向构造有利于页岩气成藏及后期保存，是有利的保存要素匹配类型。但是从动态角度来看，生气时间晚、抬升时间晚、幅度小、断裂不发育或断裂形成晚于大量生气期、封闭性好，这样的匹配过程有利于页岩气的富集成藏及后期的保存。通过四川盆地及周缘页岩气区块典型井埋藏史、生烃史剖析，结合构造演化过程，详细剖析生气、保存要素动态演化及匹配过程，阐明生气—保存匹配对成藏的影响。

川东南页岩气富集高产区内焦页 1 井的“生气—保存”要素时空演化及匹配关系如图 3-30 所示，该井五峰组—龙马溪组页岩沉积前其底板涧草沟组和宝塔组致密瘤状灰岩已经发育，且后期未经过强烈的构造破坏。其顶板致密粉砂质泥页岩也未被构造破坏。三叠纪时，区域性膏盐岩盖层开始沉积，此时为大量生油期，到主生气期时区域性盖层已经形成，并有足够的封盖能力。此外，焦页 1 井附近发育封闭性逆断层。封闭性逆断层和顶底板共同组成箱状封闭体系。从构造活动与生气过程的匹配来看，该区五峰组—龙马溪组自沉积以来经历了多期构造活动，在晚志留世—晚二叠世，海西期构造运动使该区普遍抬升，使上覆的泥盆系和石炭系遭受剥蚀，但此时五峰组—龙马溪页岩的热演化程度较低，基本不生成油气，所以海西期构造运动对五峰组—龙马溪组页岩气影响不大。印支期该区抬升幅度较小且持续时间不长，此时五峰组—龙马溪组页岩为大量生油期，还未开始大量生气，此次构造运动也未对页岩气藏产生影响。末次抬升时期为晚白垩世，此时五峰组—龙马溪组页岩埋深接近 7000m，热演化程度 R_o 可达 2.59%，早已进入生干气阶段，页岩气藏已经形成，并且末次抬升幅度适中，未对页岩气藏形成破坏作用（图 3-30）。因此，焦页 1 井生气与保存条件的匹配关系也较好。

川东南彭水地区彭页 1 井五峰组—龙马溪组页岩的顶板、底板发育较好，后期也未被构造活动破坏。区域性盖层同样为三叠系膏盐岩，但在盖层沉积时，五峰组—龙马溪组页岩已经进入生湿气阶段，不像焦页 1 井在盖层形成之后才开始生气。此外，彭页 1 井在早白垩世开始末次抬升，时间上早于焦页 1 井，末次抬升幅度也适中。该区构造简单，断裂不发育，因此，彭页 1 井生气和保存条件的匹配关系适中（图 3-31）。

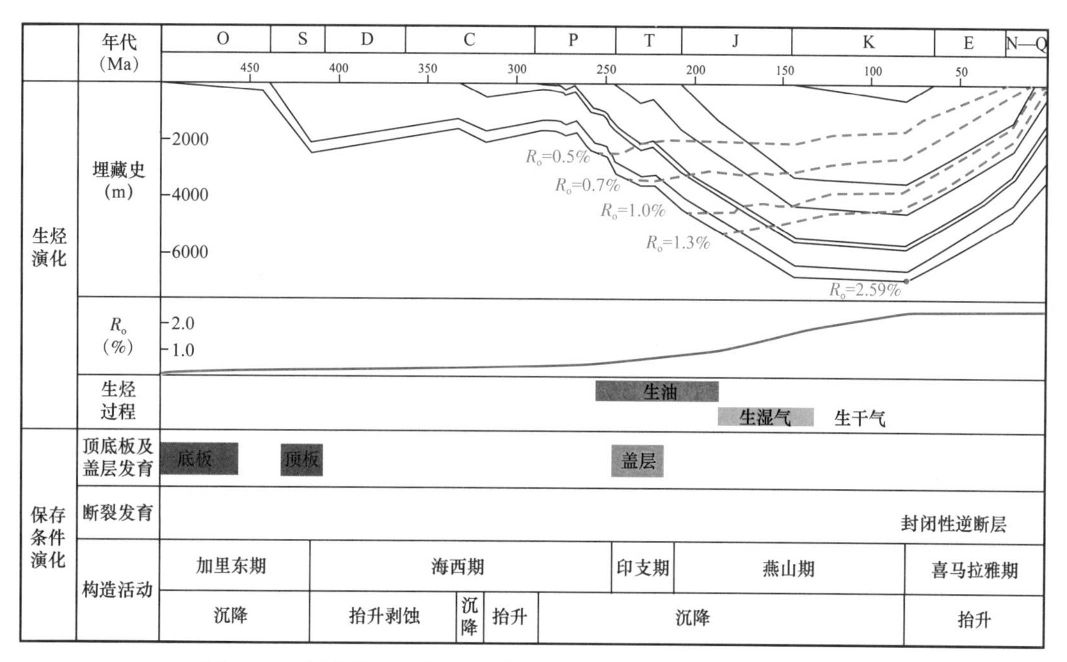

图 3-30　川东南地区焦页 1 井“生气—保存”要素时空匹配关系

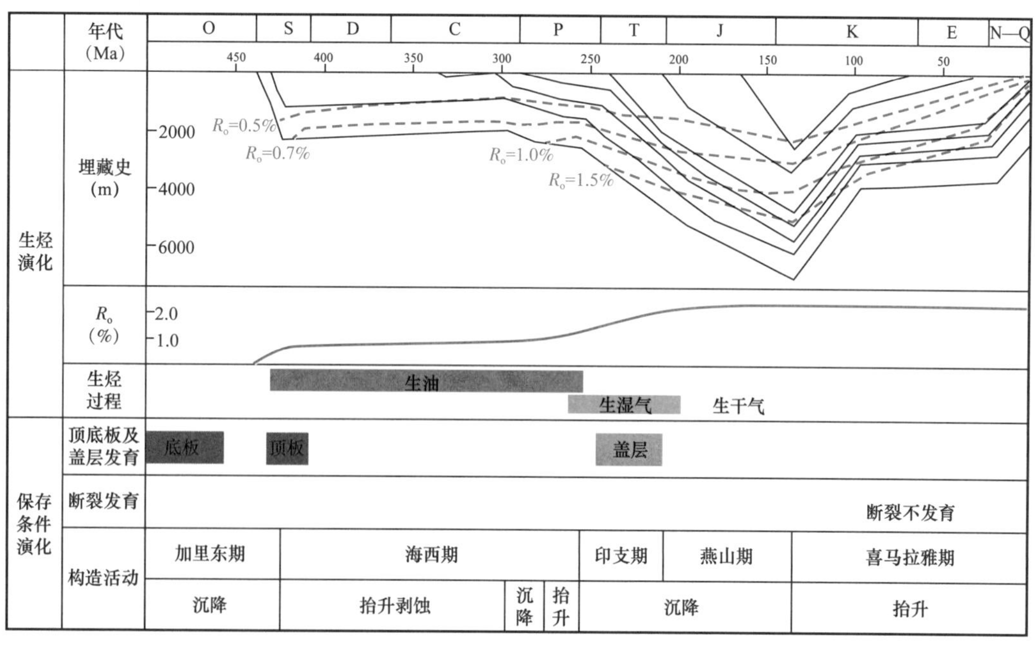

图 3-31　川东南地区彭页 1 井“生气—保存”要素时空匹配关系

渝东南地区渝参 6 井生气与保存条件匹配关系较差。虽然渝参 6 井顶、底板及区域性盖层均发育较好，且后期未被构造活动破坏，但其区域性盖层形成时期也正是五峰组—龙马溪组页岩大量生气时期，导致早期生成的天然气缺乏盖层的封闭作用而散失。此外，该区从晚侏罗世开始抬升，抬升时间过早，且抬升幅度很大，五峰组—龙马溪组页岩甚至被抬至地表。由于构造活动强烈，渝参 6 井五峰组—龙马溪组裂缝非常发育，因此页岩气会从露头区或是沿着裂缝散失，导致页岩气藏被破坏（图 3-32）。

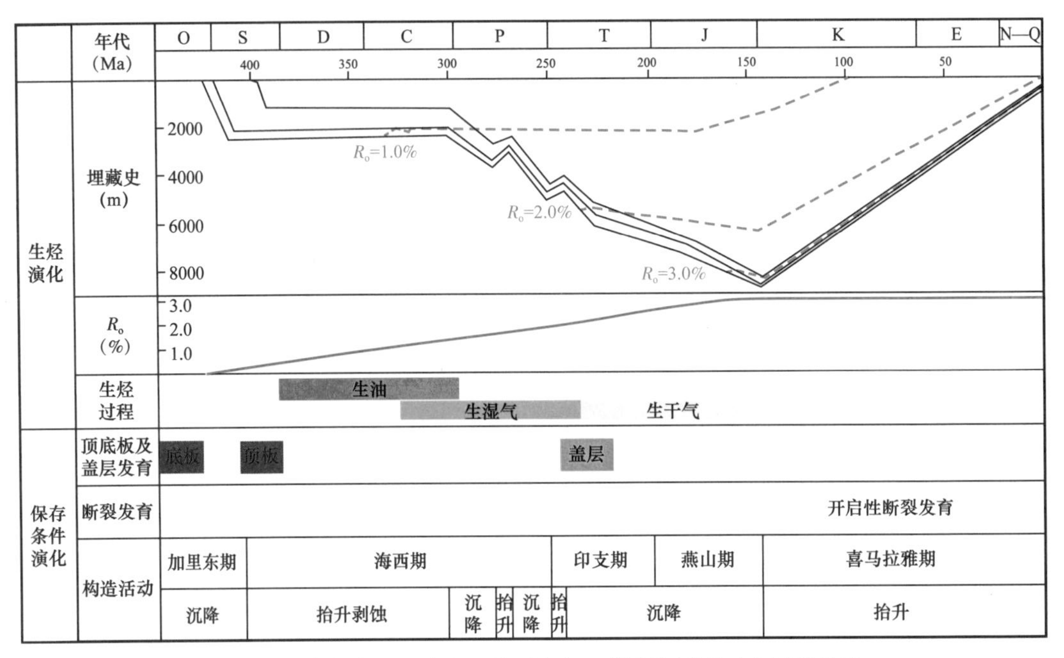

图 3-32　渝东南地区渝参 6 井“生气—保存”要素时空匹配关系

第三节　页岩“生—储—保”要素时空演化及匹配

一、“生—储—保”要素时空演化

基于生气、储气、保存各单一控藏要素演化过程分析，建立四川盆地及周缘页岩气区块不同构造背景及构造样式条件下典型井“生—储—保”时空演化综合匹配模式。

川东南焦石坝地区典型高产井焦页 1 井，奥陶纪至中—晚志留世，该区构造活动较稳定，整体为沉降背景。发育了底板涧草沟组和宝塔组致密瘤状灰岩、五峰组—龙马溪组富有机质页岩及其顶板下志留统小河坝组（石牛栏组）的泥页岩。随着五峰组—龙马溪组页岩埋深不断增加，一方面有机质成熟度不断增加，另一方面页岩无机孔快速减少（Han 等，2016）。此时页岩的有机质处于未成熟阶段，还没有油气生成。该阶段发育的顶底板以及盆地沉降导致页岩持续深埋，为页岩气的生成和保存提供了有利条件。

晚志留世—晚二叠世，盆地总体上普遍抬升，泥盆系和石炭系地层遭受剥蚀，地层抬升能够使页岩的无机孔保存较好，五峰组—龙马溪组页岩仍处于未成熟阶段，所以有机质孔还不发育。该期构造活动对五峰组—龙马溪组页岩影响较小。

晚二叠世以后，除印支期短暂抬升外，盆地总体是持续沉降的，五峰组—龙马溪组页岩的成熟度随埋深增加而不断增大。晚二叠世五峰组—龙马溪组 R_o 达到 0.5%，开始进入大量生油期，印支期短暂抬升对应生油期，因此对页岩气藏影响不大。

晚三叠世，页岩 R_o 达到 1%，进入干酪根热降解生气期。干酪根热降解生气形成的有机质孔使页岩孔隙小幅度增大。中侏罗世，页岩 R_o 达到 1.3%，页岩生油期基本结束，进入大量生气期。至晚白垩世末期，五峰组—龙马溪组页岩达到最大埋深，R_o 为 2.59%，在页岩达到最大埋深之前为原油裂解生干气阶段，大量页岩气的生成导致页岩有机质孔发育，孔隙度增加。

晚白垩世，页岩气大量生成之后，盆地末次抬升开始，抬升之后五峰组—龙马溪组页岩停止生气，页岩孔隙基本不发生变化。末次抬升幅度不是很大，五峰组—龙马溪组页岩没有被抬升至地表，页岩气藏未受到破坏。

中生代侏罗纪至白垩纪是焦页 1 井五峰组—龙马溪组页岩气生成的关键时期，而新生代以来的构造运动使页岩气藏调整，是页岩气藏形成的关键时期。在这两个关键时期生气、储气和保存条件均匹配较好，共同控制了焦页 1 井五峰组—龙马溪组页岩气富集成藏。

总体上焦石坝地区典型高产井有机质含量高，经历早期干酪根生气、晚期原油裂解大量生气补充气源；有机质孔发育，孔隙度较高；底部临湘组瘤状灰岩、顶部粉砂质泥岩为良好顶底板条件，晚侏罗世—早中白垩世形成烃源岩内部物性封闭，地层抬升时间晚、幅度适中，保存三叠系盖层，保存结构破坏时间短、程度低；生储保匹配有效性高，页岩气富集成藏持续时间长，富集程度高（图 3-33）。

川东南彭水地区彭页 1 井为宽缓向斜构造背景，彭页 1 井自五峰组—龙马溪组页岩沉积后一直到加里东末期均处于持续沉降阶段，埋深大约为 2000m。海西早期地层开始缓慢抬升遭受剥蚀，缺失泥盆系、石炭系，到二叠纪早期地层重新沉降开始接受沉积，埋深持续增加；进入印支期之后，继续接受三叠系沉积，并且沉积速率增加，到早白垩世开始抬升遭受剥蚀，剥蚀厚度大约 400m；到早白垩世晚期，地层处于快速埋深阶段。至此，目的层五峰组—龙马溪组页岩达到最大埋深，约 6300m（付常青，2017）；白垩纪中—晚期（距今约 125Ma）地层开始抬升遭受剥蚀，随后经历燕山中—晚期的快速隆升、喜马拉雅早期的缓慢抬升以及古近纪末期之后的快速抬升等阶段，至今，五峰组—龙马溪组页岩抬升至大约 2200m。

彭页 1 井五峰组—龙马溪组页岩在志留纪末期之前 R_o 小于 0.5%，处于未成熟阶段，这段时期主要产物为未熟—低熟油以及生物化学成因气。由于快速埋藏，在压实作用下孔隙度急剧减小，生物化学成因气主要以吸附态赋存于孔隙中，地层为常压状态。进入泥盆纪初期 R_o 约为 0.5%，但之后由于地层抬升，演化程度并未增加，直到进入二叠纪重新接受沉积，地层埋深增加，热演化程度随之逐渐增加，达到生油门限，开始进入生油期；到二叠纪末期 R_o 达到 0.7%，三叠纪中期抬升之前达到 0.8% 左右，这段持续埋藏时期，油气开始逐渐生成，以原油为主，少量伴生气，同时也是盖层沉积形成期，但随后地层抬升，油气生成终止，并造成原油部分运移损失；无机孔在深埋过程中进一步减少，由于生烃作用，产生极少量有机质孔，但整体上孔隙度仍处于减小趋势。进入侏罗纪之后地层快速沉积，热演化程度快速增加，侏罗纪中期 R_o 值达到约 1.3%，早—中侏罗世是石油大量生成期，早侏罗世末期到中侏罗世早期为生油高峰期，这段时间持续快速深埋，有利于油气保存，为后期原油裂解生气提供了良好的保障；在压实、胶结等成岩作用下，无机孔减少，物性封闭逐渐增强，油气的大量生成产生小部分有机质孔，有机质孔略有增加。侏罗

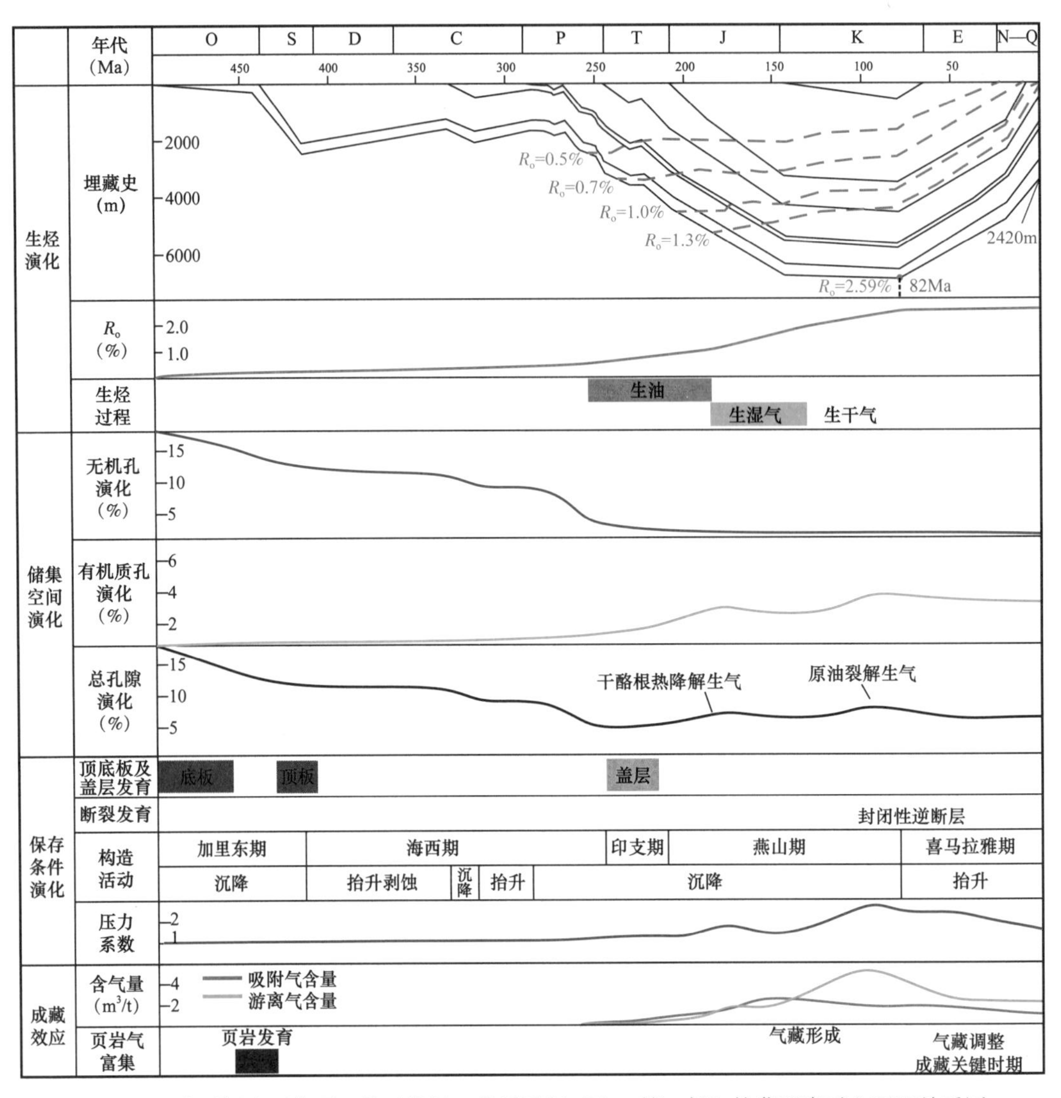

图 3-33　焦石坝地区焦页 1 井五峰组—龙马溪组“生—储—保”控藏要素时空匹配关系图

纪中期之后进入高—过成熟阶段，至早白垩世地层抬升之前热演化程度达到最大值 2.5% 左右，是页岩气生成的高峰时期，前期 R_o 在 1.3%～1.6% 之间主要为干酪根热降解生气，R_o 大于 1.6% 之后干酪根生气逐渐枯竭，开始转由滞留烃热裂解生气，二者在生气时机上构成接力，极大地拓宽了页岩生气时限，增加了气源供给的有效性。高—过成熟阶段页岩气大量生成容易形成超压，另外由于干酪根和滞留烃裂解生气会产生大量有机质孔，有机质孔隙度增加，尤其是生气高峰时段出现孔隙发育高峰，极大增加了页岩的储集能力，这一时期是页岩气富集成藏的关键时刻，决定着原始气藏的富集程度和规模。早白垩世晚期地层开始快速抬升，生气停止，也是断裂、褶皱等构造变形发育期，原始气藏遭受调整、破坏。

对于彭页 1 井而言，进入生油门限开始生油气之后，有一次小幅度的抬升造成生烃中断，但发生在生油高峰之前，对原油损失影响小。大量生油之前盖层已形成，对液态烃保存有利，后期大量生气过程与物性封闭同时进行，这一时期是原始气藏形成的关键时刻，但滞留烃裂解时间及热演化程度跨度较短，有机质孔发育程度较焦页1井偏低，原始气藏富集程度不如焦页1井。另外地层抬升早、幅度大，生气终止早，散失时间长，并且隆升过程形成向斜，强烈抬升，目的层露头出露地表，致使后期气藏破坏程度较大，因此“生—储—保”综合匹配成藏效应中等（图3-34）。

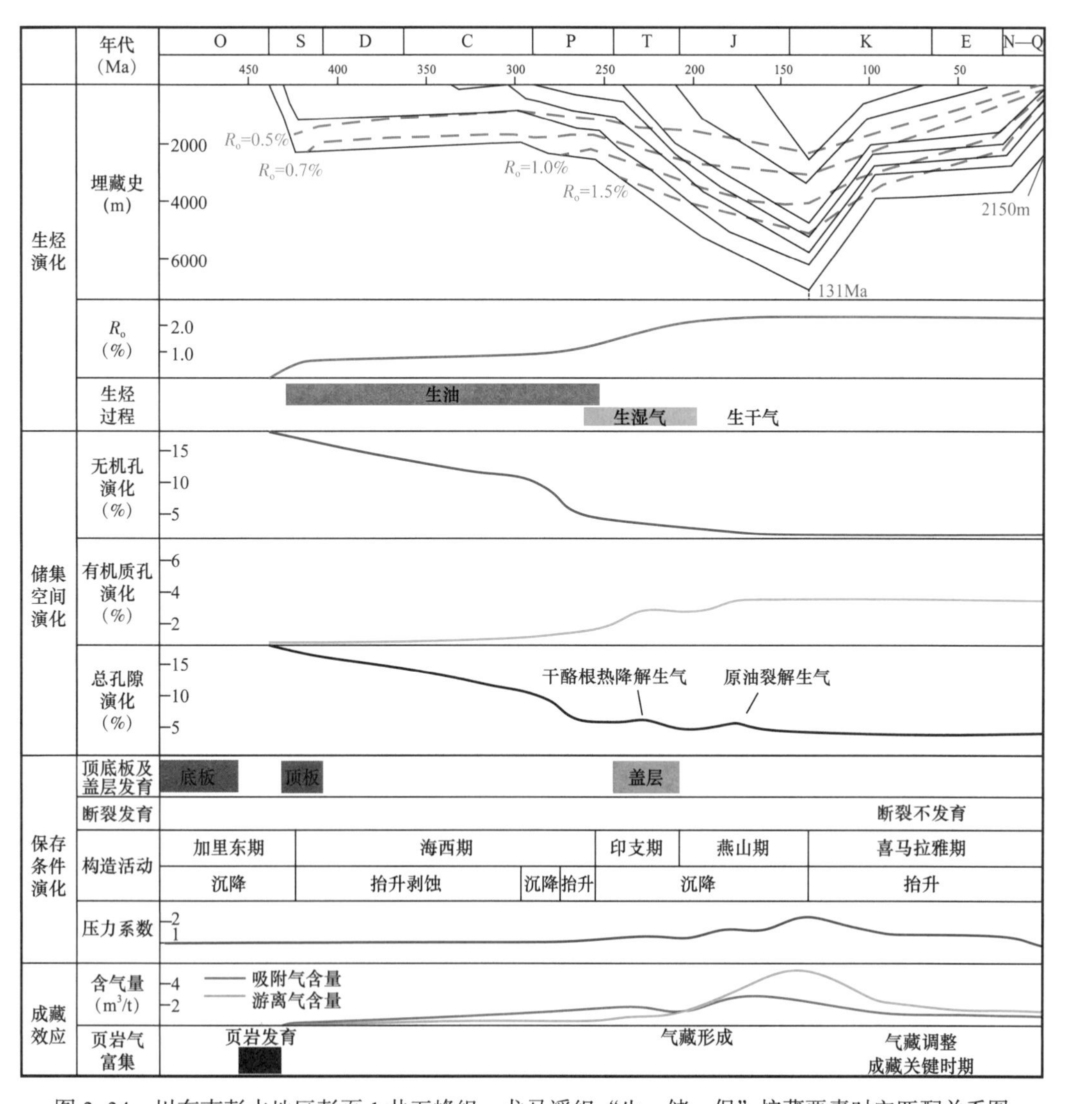

图3-34　川东南彭水地区彭页1井五峰组—龙马溪组“生—储—保”控藏要素时空匹配关系图

渝东南地区渝参6井奥陶纪至志留纪发育五峰组—龙马溪组页岩及其顶底板，整体为沉降背景。随着埋深的增加有机质成熟度不断增加，晚志留世页岩开始生油。页岩无机孔随着埋深增加快速减少。该阶段发育的顶底板以及盆地沉降导致页岩持续深埋，为页岩气的生成和保存提供了有利条件。

晚志留世—早二叠世，地层普遍抬升，泥盆系和石炭系遭受剥蚀，地层抬升能够使页岩的无机孔保存较好。此时五峰组—龙马溪组页岩已经开始大量生油，地层抬升可能会使已生成的石油运移出烃源岩，导致页岩有机质含量减少，不利于后期天然气的生成。

二叠纪至三叠纪，盆地经历多次抬升和沉降。此时为干酪根热降解生气阶段，抬升作用导致之前生成的原油和天然气排出页岩层系，沉降作用又使页岩孔隙进一步减少。三叠纪原油开始裂解生气，但由于有部分原油已从页岩内排出，所以生气量较少。三叠纪，发育了区域性膏盐岩盖层，但是在盖层形成之前五峰组—龙马溪组页岩进入大量生气期，生气和保存匹配并不是很好。干酪根热降解生气形成的有机质孔使页岩孔隙度小幅度增大。

早白垩世，盆地开始末次抬升，抬升之后五峰组—龙马溪组页岩停止生气，页岩孔隙基本不发生变化。渝参6井末次抬升幅度很大，五峰组—龙马溪组页岩甚至被抬升至地表，构造运动使裂缝大量发育，导致页岩气藏被破坏。

中石炭世至早白垩世是渝参6井五峰组—龙马溪组页岩气生成的时期，在页岩气生成过程中生气、储气和保存条件匹配情况较差。早白垩世以来的构造运动使页岩气藏被破坏。因此渝参6井五峰组—龙马溪组页岩气不富集。

总体上渝东南地区低产井有机质含量相对较低，生烃时间早、原油裂解生气时间短；孔隙度较低；发育底部临湘组瘤状灰岩，顶板条件较差，中侏罗世—早白垩世形成烃源岩内部物性封闭，地层抬升时间早、幅度大，盖层遭破坏，保存结构破坏时间长；“生—储—保”匹配有效性低，页岩气富集期结束早，含气性低（图3–35）。

二、“生—储—保”要素匹配成藏效应

“生—储—保”各成藏要素有效综合匹配决定着五峰组—龙马溪组页岩含气性及成藏品质。烃源岩品质、储集能力、保存条件各控藏要素动态演化及时空匹配的有效性，控制着页岩气成藏过程及富集程度。只有生气、储集、保存条件三者达到最优的演化和匹配组合，才能发挥出最大的成藏效应，即形成富集高产的页岩气藏。页岩大量生气时段是页岩气初始富集成藏的关键时刻，该时刻内生气量大小、孔隙赋存能力及储层封闭能力是页岩气初始富集成藏的关键；关键时刻的结束时期距今时间越短越有利于页岩气富集。后期的抬升改造决定着页岩气最终的成藏规模和品质，破坏程度越小、保存条件越好，成藏效应就越好（Su等，2017）。

以四川盆地及周缘3口页岩气井为例，对“生—储—保”动态演化及综合匹配成藏效应进行剖析。焦页1井、彭页1井和渝参6井均位于川东南地区，五峰组—龙马溪组页岩为深水陆棚沉积。焦页1井五峰组—龙马溪组页岩有机质含量高于彭页1井，渝参6井有机质含量在3口井中最低。3口井的热成熟度均大于2.5%，为高—过成熟阶段，达到页岩气成藏的要求。3口井五峰组—龙马溪组页岩微—纳米级孔隙发育，有机质生烃作用导致有机质孔发育，有机质孔与TOC存在正相关关系，随R_o的增大有机质孔呈现先增加后减少的趋势。保存条件方面，焦页1井保存条件最好，其构造样式为一箱状背斜，附近断层的封闭性较好，末次抬升时间较晚且抬升幅度适中。彭页1井保存条件适中，构造样式为简单向斜，构造简单，断裂不发育，末次抬升时间早于焦页1井，抬升幅度适中。渝参6井保存条件较差，构造样式为向斜构造，末次抬升时间较早且抬升幅度很大，五峰组—龙马溪组甚至被抬升至地表，断裂也非常发育，造成成藏效应差，含气量低（表3–6）。

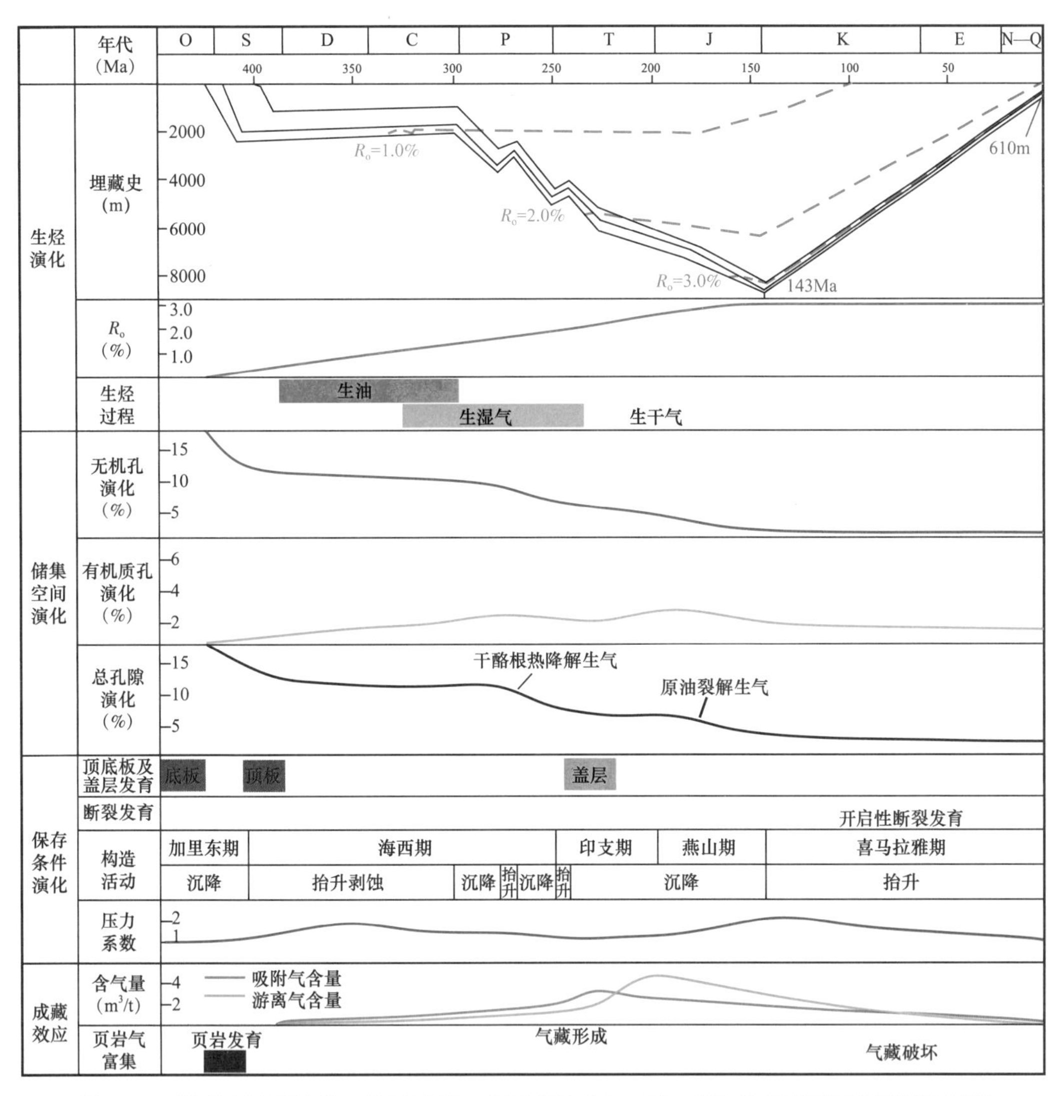

图 3-35　渝东南地区渝参 6 井五峰组—龙马溪组"生—储—保"控藏要素时空匹配关系图

表 3-6　四川盆地及周缘地区典型井成藏效应

井名	生气条件		储集条件		保存条件				成藏静态要素条件	"生—储—保"综合匹配	成藏效应	含气量(m^3/t)
	TOC(%)	R_o(%)	孔隙度(%)	有机质孔发育程度	构造样式	断裂	抬升时间幅度	压力系数				
焦页 1	3.58	2.65	4.87	高	背斜	封闭性逆断层	85Ma 3980m	1.55	好	好	好	2.98
彭页 1	2.5	2.5	2.6	中	向斜	正断层	125Ma 4100m	0.96	中	中	中	1.99
渝参 6	1.1	2.75	<1	低	向斜	正断层	140Ma 5720m	1.0	差	差	差	0.07

第四章　典型地区页岩气差异富集模式

随着中国南方海相页岩气的勘探开发相继突破，实现了页岩气的规模生产，成为继美国、加拿大之后全球第三大页岩气生产国。但在取得突破的同时也面临着问题与挑战，如针对南方海相龙马溪组页岩，存在着单斜地层不同埋深条件下含气性差异巨大、不同构造样式下页岩气藏含气量差异巨大等现象。页岩气藏在抬升到一定埋深后，页岩的页理缝开启，将满足页岩气达西渗流的运移条件，显著改善气藏含气性。因此，明确页岩气运移类型与机制、不同运移方式临界条件、页岩气运移对差异富集的控制，对于解释页岩气差异富集现象具有重要意义。

本章在页岩气评价单元划分的基础上，明确了不同评价单元页岩气运移形式及临界条件，建立了不同运移量定量计算模型，进而计算了不同评价单元末次抬升后页岩气运移损失或补给量，最终建立了页岩气藏不同演化阶段的差异富集模式，指导了页岩气的勘探开发。

第一节　页岩气评价单元划分方法

油气评价单元是具有共同的油气运移和聚集特征的、具有相互联系的一组油气藏集合体，而页岩含气性的计算与评价则是在正确划分油气评价单元基础之上开展的。因此，明确页岩气评价单元划分方法，是研究页岩气差异富集机理的重要前提（姜振学等，2020）。

一、页岩储层流体势计算方法

流体势是流体动力学中的概念，表示相对于地标基准面单位体积流体所具有的总势能，引入这一概念有助于更深入地了解天然气的运移与聚集机理（Hubbert 等，1953；England 等，1987）。在地下流体环境中，油气水在地层中的运移满足流体力学的相关条件与形式。因此从流体势角度看，流体自发流动方向必然是从单位能量较高的高势区流向单位能量较低的低势区，明确了势能下降方向及幅度就明确了流体流向及运移速率（华保钦，1994）。

（一）页岩气受力分析

受力分析是流体势能分析的基础。一般对于常规储层来说，作用在地下流体上的力主要有重力、弹性压力、毛细管界面张力、浮力、黏滞力等；其中黏滞力与流体运动速率有关，针对流速非常小的地下油气水自然流动可以忽略。但与常规储层相比，页岩储层孔隙与喉道较小，以纳米孔喉系统为主。孔隙提供了巨大的比表面积，可以吸附大量的甲烷分子，页岩储层孔壁与甲烷分子间的范德华力远大于常规储层。

因此，页岩中流体主要受到重力、弹性压力、毛细管界面张力、范德华力四种力的作用。重力使气体有向下倾方向运移的趋势，气体向正向部位运移时，作为运移阻力；毛细管界面张力使气体有向更大尺寸孔隙空间运移的趋势，性质不定；流体压力使气体有向低压区方向运移的趋势，是运移主要动力；范德华力使气体具有吸附固定在原位的趋势，一般作为运移阻力；页岩气藏处于高—过成熟阶段，地层水以束缚态赋存，浮力作用可以忽略（图 4–1）。

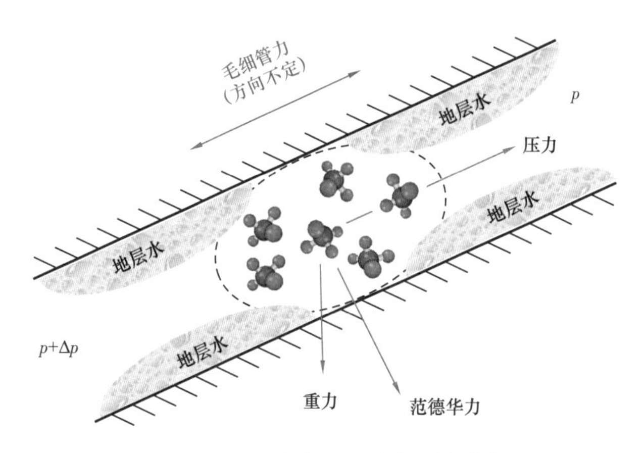

图 4–1　地层条件下页岩气受力分析

（二）页岩气流体势计算公式

本书针对页岩储层吸附能力巨大的特点，建立了新的流体势计算模型：

$$\varphi = -\rho g H + \rho \int \frac{\mathrm{d}p}{\mathrm{d}\rho_p} + \frac{2\sigma}{r} - \frac{p}{Z}\ln\frac{p_0}{p} \tag{4-1}$$

式中，φ 为地层埋深 H 处的气势，J/m^3；ρ 为气体密度，kg/m^3；H 为地层埋深，m；p 为地层压力，Pa；ρ_p 为地层埋深 H 处气体实际密度，kg/m^3；σ 为气水界面张力，N/m；r 为盖层平均孔隙半径，m；Z 为气体压缩系数，小数；p_0 为地层温度下气体饱和蒸气压强，Pa。

在式（4–1）中，等号右端第一项为重力势能，表示将单位体积气体从地表移至高度 H 处克服重力所做的功；第二项为弹性势能，表示将单位体积气体从地表压力为零处移至压力为 p 处克服压力所做的功，考虑到气体实际可压缩性，需要做积分处理；第三项为毛细管界面势能，表示将单位体积气体从气水自由接触状态推入半径为 r 的孔隙内克服排斥力所做的功；第四项为吸附势能，表示在吸附温度 T 时，将单位体积理想气体从压力 p 压缩到饱和蒸气压 p_0 时克服压力所做的功。

前人对于流体势的计算集中于前三项，本节则着重介绍吸附势能的计算过程。1814 年，De Saussure 提出吸附剂对吸附质有吸引力，距表面越近，引力越大，吸附质密度也越大。1914 年，Euken 将这种引力引申为吸附势；随后，Polanyi 以定量表达式描述吸附势（郝石生等，1995）：

$$\varphi=-\int_{p}^{p_0}V\mathrm{d}p=-\int_{p}^{p_0}\frac{RT}{p}\mathrm{d}p=-RT\ln\frac{p_0}{p} \quad (4\text{–}2)$$

式中，p_0 为气体饱和蒸气压，Dubin 在 1976 年建立了饱和蒸气压经验计算公式（杨胜来，2011）：

$$p_0=p_{\mathrm{C}}\left(\frac{T}{T_{\mathrm{C}}}\right)^3 \quad (4\text{–}3)$$

需要注意的是，式（4–2）中吸附势 φ 单位为 J/mol，所以本书进一步结合理想气体方程将吸附相单位转化为 J/m³，即

$$\varphi=-RT\ln\frac{p_0}{p}\cdot\frac{p}{ZRT}=-\frac{p}{Z}\ln\frac{p_0}{p} \quad (4\text{–}4)$$

式（4–2）至式（4–4）中，R 为阿伏伽德罗常数，J/（mol · K）；T 为地层温度，K；p_{C} 为甲烷临界压力，Pa；T_{C} 为甲烷临界温度，K。

以焦页 1 井为例计算了不同类型势能的纵向变化（图 4–2）。由于甲烷气体标准状况下密度约为 0.717kg/m³，产生的重力势能数值与其他几种类型势能相比可以忽略不计。随埋深增加，在压力系数相近情况下孔隙压力明显增加，势能贡献也由约 50% 提高至约 80%。在保持盖层孔隙结构特征不变的情况下，毛细管力界面势能数值随深度增加具有先增加后减小的趋势，势能贡献由约 25% 降低至约 15%。吸附势能受孔隙压力影响明显，势能数值随深度增加而增加，贡献由约 25% 大幅降低至约 5%。因此，气体弹性势能是气体势能最主要的部分，实际决定了气体运移的方向，孔隙压力负梯度最大的方向即是气体运移方向。

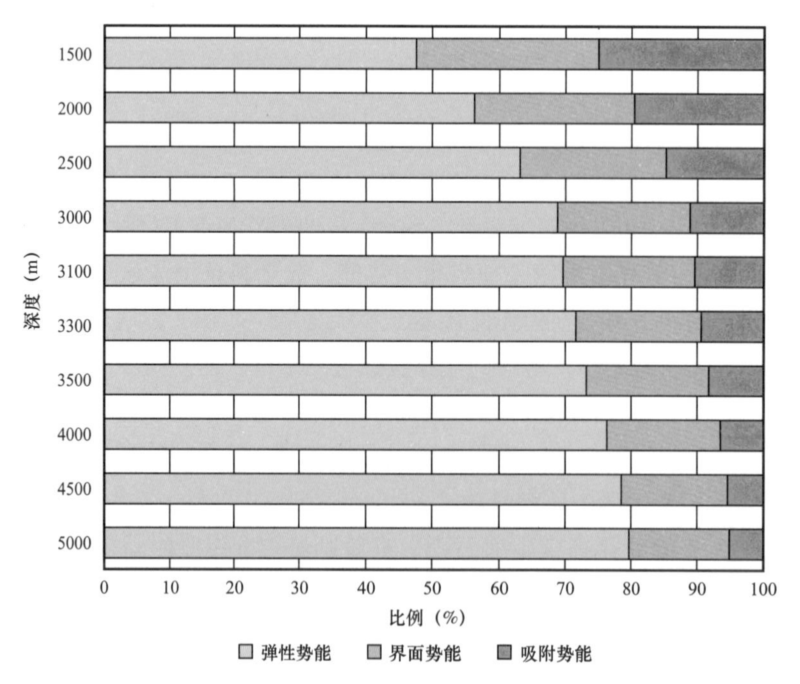

图 4–2　焦石坝地区不同类型势能纵向贡献变化

（三）流体势对流体运移的控制

流体势的分布控制了流体的运移方向与运移速率。由式（4–1）可以计算地层中每一点的页岩气势值。因为公式中各项参数在地层中是连续变化的，因此气势在地下分布也是连续的；查明了气势分布，就可以判断页岩气在储层中是否流动及流动的方向。当储层中各处气势不同，气体就会自发地由高气势位置向低气势位置流动，减少的能量就是二者位置气势的差值 $\Delta\varphi$ 。将流体势单位进行简单推导可知，焦耳 / 米 ^{3}（J/m^3）与压强单位帕（Pa）是等价的，因此气势差 $\Delta\varphi$ 直接等价于两点间合力差 Δp。

储层空间内气体运移速率受到气体压力梯度（即气势梯度）、地层渗透能力与流体性质影响，则经典达西公式可以改写为

$$Q=\frac{K}{\mu}\cdot\frac{\Delta\varphi}{\Delta L}\cdot S \tag{4-5}$$

式中，Q 为气体流速，m^3/s；K 为渗透率，D；μ 为气体黏度，Pa・s； $\Delta\varphi$ 为气势差，J/m^3 或 Pa；ΔL 为运移距离，m；S 为运移截面积，m^2。

式（4–5）表明，在储层物性及气体组分一定的条件下，流体势通过控制气体压力梯度，直接控制了气体的流速。

需要指出，流体势的大小和相对分布反映的是流体在各种力的综合作用下的潜在流动能力。流体若要发生流动，必须与运移通道如孔隙、断裂等相结合。如果某地区虽然存在负气势梯度，但运移通道不发育，就会使流体运移被限制。因此，油气能否发生运移及其运移速率，还应当考虑流体动力与运移通道等因素的综合匹配（在同一流体系统，且满足达西流运移条件）。

此外，油气运移的优势方向除与优势输导体系的分布有关外，还与油气运移流线型式有关。在流体势分布图上，一般可以确定出三种油气运移的流线型式，即汇聚流、平行流和发散流。如果一个流体势运聚单元的油气运移以汇聚流为主，则对油气的聚集最为有利。

总之，流体势理论综合考虑了页岩气受到的各种力的作用，从本质上揭示了地下流体的运移特征和规律，明确了页岩气在地层中的流动方向与流动速率。

（四）典型地区流体势场分布

涪陵焦石坝页岩气田构造位置处于四川盆地东部边界断裂—齐岳山断裂以西，位于川东隔挡式褶皱带南段石柱复向斜、方斗山负背斜和万县复向斜等多个构造单元的结合部位。涪陵地区整体可划分为 5 个局部构造：焦石坝箱状背斜、江东斜坡、乌江断鼻、凤来向斜、西部向斜。该地区受多期构造应力作用影响，发育了北东向和北西向共 5 组 7 条控制局部构造的主要深大断层：吊水岩断层、石门断层、大耳山断层、乌江断层及马武断层，且均为逆断层；这些断层向上大多消失于二叠系，向下消失于寒武系内部，延伸长度在 10～50km 之间（图 4–3）。

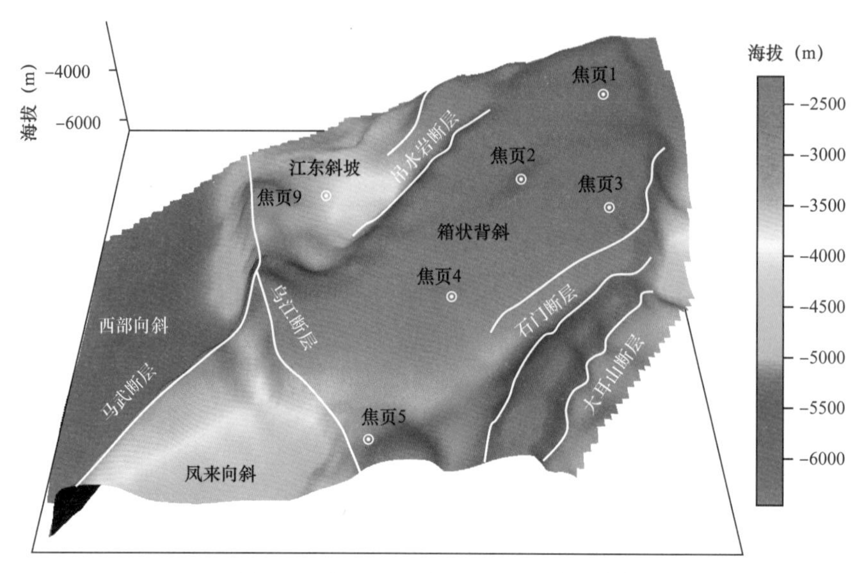

图 4-3　焦石坝地区五峰组顶界构造图

焦石坝地区页岩流体势总体介于 20～80MJ/m³ 之间（图 4-4）。图 4-4 中箭头为气体在不同位置的具体运移方向，表明焦石坝地区页岩气总体由西向东运移，流体势高值区主要为西部向斜地区，其次为江东斜坡及凤来向斜地区，是气体主要流出区；流体势低值区则主要为焦石坝箱状背斜地区，是气体主要流入区。

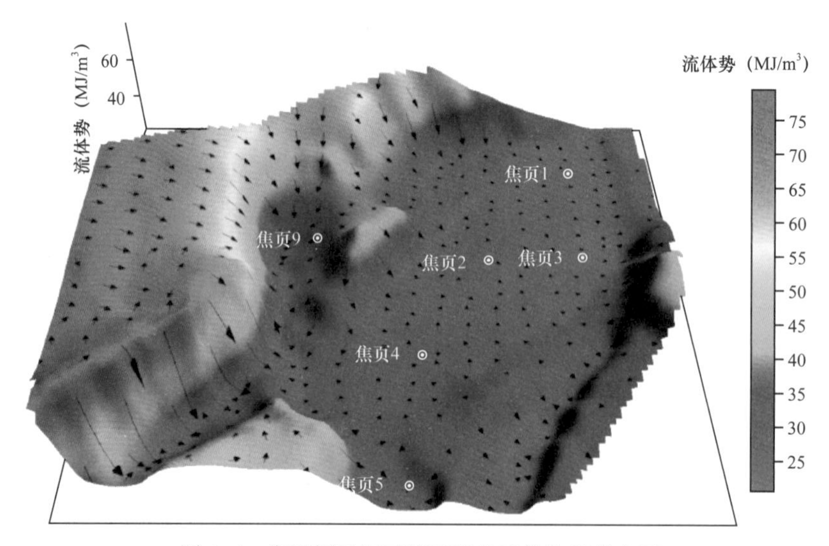

图 4-4　焦石坝地区五峰组顶界流体势场分布图

威远页岩气田位于四川盆地西南部，构造上隶属于川西南古中斜坡低缓断褶带，以古隆起为背景，发育威远背斜构造；整体表现为由北西向南东方向倾斜的大型宽缓单斜构造，埋深为 2000～4000m。威远地区页岩流体势主要介于 20～50MJ/m³ 之间（图 4-5）。与焦石坝地区相比，威远地区平均埋深较浅，导致地层超压值相对较小，气体的弹性势能也较低。威远地区页岩气总体向西北方向运移，流体势高值区主要为西南部向斜地区，是气体主要流出区；流体势低值区则主要为北部背斜地区，是气体主要流入区。

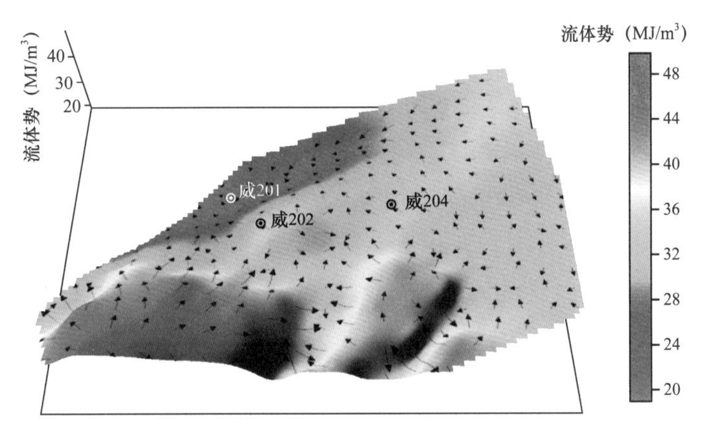

图 4-5　威远地区龙马溪组底界流体势场分布图

二、流体势评价单元划分方法

（一）流体势运聚单元

流体势运聚单元是盆地内部具有相似油气生成、运移、聚集和成藏特征的单元，是划分油气评价单元的基础。根据盆地内油气运移、聚集和成藏特征的不同，可以划分为若干流体势运聚单元。因此，流体势运聚单元的划分应以盆地油气主要成藏期的油气运移格局的研究为基础，按油气运移的路径和方向进行。

以流体势分析为基础的油气运聚格局分析是划分流体势运聚单元的基础。在流体势等值线图上，油气运移的方向是沿着势梯度的负方向从高势区向低势区运移，流体势图上的高势面即成为油气运移的分割槽，是流体势运聚单元的重要边界。盆地油气输导体系的分布对油气运移格局有重要影响，盆地优势输导体系的分布控制油气运移的优势方向，油气输导体系的研究对流体势运聚单元的划分有重要意义。

根据上述划分原则，流体势运聚单元主要有两种不同类型的边界，即流动边界和自然边界。

流动边界：流动边界是油气运移的分割槽，由油气主要成藏期（油气系统的关键时刻）主要含油气层系顶面流体势图上的高势面、低势面所确定，是运载层内由流体势场等值线形态所决定的控制油气运聚方向的分界线。高势面与低势面是确定盆地中心凹陷区运聚单元边界的主要依据，相邻高势面与低势面共同构成一个流体势运聚单元。在正常的油气供给条件下，油气在由相邻等势面分割的不同区域内运移、聚集和成藏，很难跨越分割槽运移。

自然边界：自然边界指以某些自然的地质界线作为流体势运聚单元的边界。这些自然的地质界线可以是在油气运移过程中起分割作用的大断裂和岩性岩相变化带，也可以是盆地的边界、地层的剥蚀尖灭带和古隆起带。

总之，通过查明流体势场分布和自然边界的发育特征，就可以明确特定高势面与低势面的分布规律，从而划分油气的流体势运聚单元。

（二）油气评价单元

天然气在页岩中扩散运移遵循能量守恒原则，即天然气总是从其气体势能较高的部位自发地向其气体势能较低的部位进行运移，并且在流体势能低的部位聚集。通常情况下，两个相邻构造单元中，构造低部位埋深相对较大、孔隙超压较高，导致流体势也相对较高，而构造高部位的流体势则相对较低，因此天然气总是从构造的低部位向构造高部位扩散运移补充。

对焦石坝龙一段页岩开展多向岩心物性测试发现，垂直层面渗透率平均为 0.15mD，对应同深度平行层面渗透率平均为 0.69 mD，岩心水平渗透率总体是垂直渗透率的 2～8 倍，平行于层面方向孔隙连通性远大于垂直层面方向；在钻井现场对页岩岩心进行的浸水实验同样表明天然气气泡主要来自平行层面方向，而垂直于层面的天然气气泡较少。这些都进一步说明天然气在页岩层系内部主要在侧向上沿着层理面运移。

对于背斜正向构造单元来说，其核部为构造高部位，虽然有垂直层面方向上页岩气扩散渗流的损失，但是还有来自向斜负向构造单元顺层扩散渗流的页岩气进行补给。而对于负向构造来说，其核部为构造的低部位，不但有垂直层面方向上页岩气的损失，还有页岩气顺层扩散渗流的损失（图 4–6）。当相邻构造单元储集能力相近时，正向部位的含气性普遍好于负向部位，正向部位处于气体聚集状态，负向部位则处于气体损失状态。

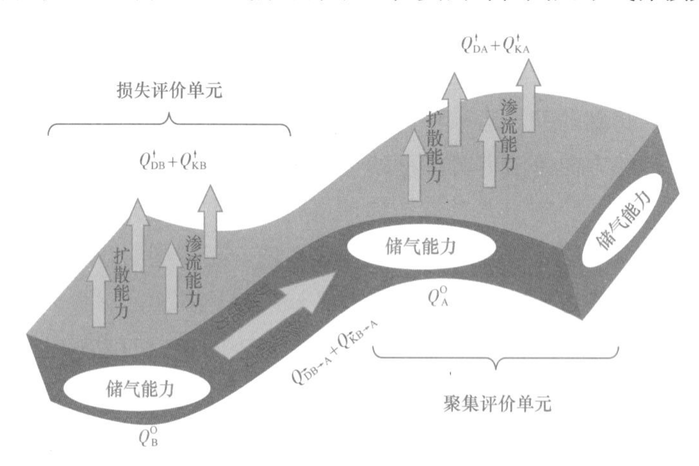

图 4–6　负向构造和正向构造页岩气运移模式

为了便于开展油气评价选区，将构造单元与含气性评价相结合，正向构造定义为油气的聚集单元，负向构造定义为油气的损失单元，二者合称为一个完整的油气评价单元。

需要注意的是，构造单元的边界（褶皱枢纽线）与油气评价单元的边界在定义上并不相同。枢纽线是同一褶皱面上最大弯曲点的连线，即褶皱轴面与同一褶皱面的交线，与油气运移并没有直接关系；而油气评价单元的边界是油气差异富集的转换面，该面之下气体相对贫化，该面之上气体相对富集。

由于气体主要顺层流动，沿层理面方向上流体势突变面即是评价单元的边界面，该面以下流体势较高，气体流出；越过该面流体势迅速降低，气体大量流入。通常情况下，构造抬升作用导致的层理缝开启，使得顺层方向上孔隙尺度突然增大，界面张力势能下降，导致总流体势迅速降低。因此，层理缝首先开启的位置就是评价单元的边界面位置，与构造单元的边界并不相同（图 4–7）。

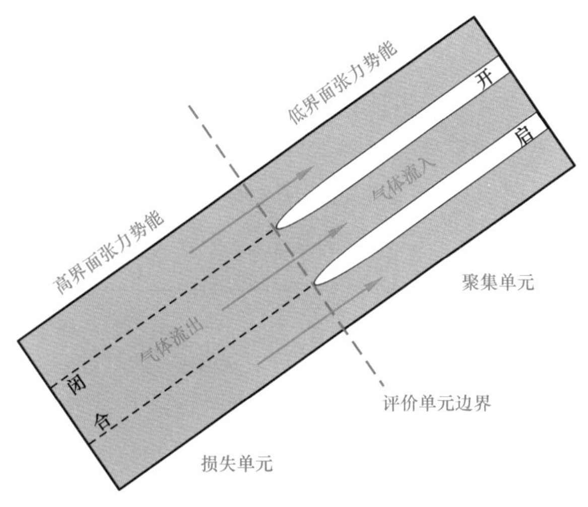

图 4–7　页岩气侧向渗流运移边界示意图

流体势运聚单元、油气评价单元在含义上既有联系又有区别。流体势运聚单元的概念主要强调气体运移的方向及范围，不优先考虑油气供给部位、储集部位的发育规模。这是因为在发育面积较大的储层内，通常只存在一个流体势极大值面。例如，油气流向最终指向该位置，而不代表油气只在该位置富集。而油气评价单元则强调一组相似的油气供给部位、储集部位间的油气储量差异。油气评价单元更强调差异富集特征，更有利于对勘探目标的综合分析与评价。

在单元分布范围上，一个流体势运聚单元是一个完整油气评价单元的一部分，而同一个油气评价单元可能包括几个特征都不相同的流体势运聚单元（图 4–8）。在单元边界划分上，由前文已知，高势面与低势面是流体势运聚单元边界，沿层理面方向上流体势突变面即是评价单元的边界面。

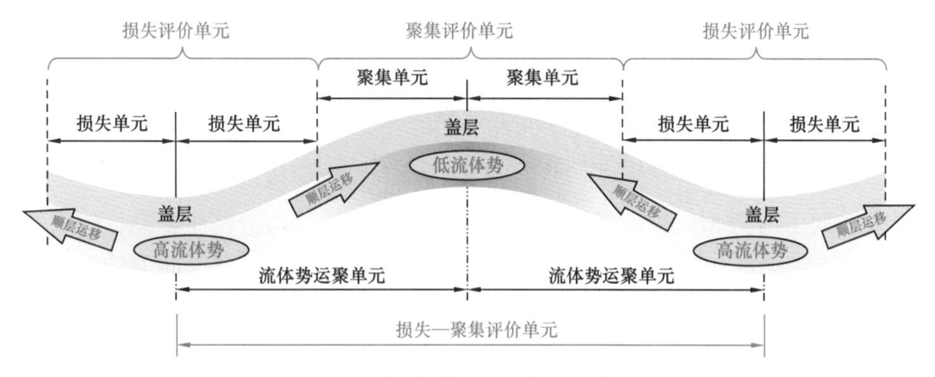

图 4–8　评价单元边界划分示意图

（三）焦石坝地区油气评价单元划分

天然气的流体势场分布是影响天然气运移、聚集、成藏的关键因素。分析研究不同地质历史时期的古流体势场的分布情况，特别是基本构造格局形成的关键地质历史时期古流体势场分布，是评价单元划分的主要研究内容。以盆地模拟为主要研究手段，配合其他方法，定量恢复了焦石坝地区不同地质历史时期的气势，进而分析它们的分布特征与演化规律。

图 4–9 显示了焦石坝地区五峰组顶界气势的平面分布及其演化历史。燕山末期至喜马拉雅早期（约 85Ma），焦石坝龙马溪组平均埋深达到最大，开始进入末次抬升阶段，此时地层平均埋深约 6500m。研究区内东北部及南部地层埋深相对较浅，形成相对低气势区，研究区内平均气势约为 65MJ/m^3，总体较为接近，表明气体运移较弱。

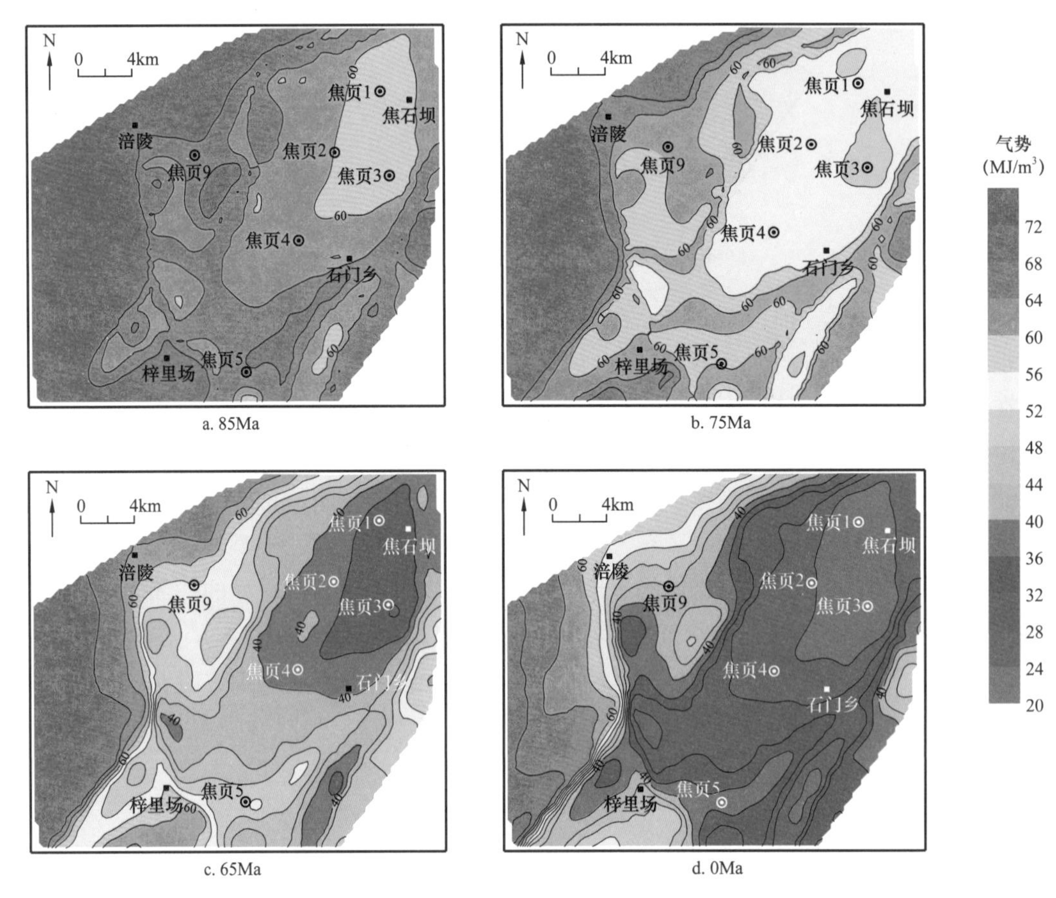

a. 85Ma　b. 75Ma　c. 65Ma　d. 0Ma

图 4–9　焦石坝地区五峰组顶界不同地质历史时期气势分布

至燕山中期（约 75Ma），地层平均抬升至约 5000m。受构造挤压影响，焦石坝地区已发育北东向和北西向两组重要的逆冲断裂，向下消失于寒武系内部，向上消失于志留系底部，但均未切穿志留系。受逆冲断裂影响，研究区东北部地层被显著抬高，气势相对降低更加明显，部分地区气势降低至 50MJ/m^3 左右，气体运移动力增强。

燕山末期至喜马拉雅早期（约 65Ma），构造活动进一步加强，地层抬升至 3500m 左右。已经发育的多组逆冲断裂继续向上发育，切穿志留系且向上消失于二叠系内部。规模巨大的逆冲断裂显著改变了研究区志留系产状，箱状背斜构造基本形成；相应地，流体势运聚单元基本格局也形成。整个焦石坝地区基本均存在 4 个主要气体高势区：西部向斜、江东斜坡、凤来向斜、大耳山断层东侧向斜构造。西部向斜是主要流体高势区，为气体主要流出区，平均气势为 65MJ/m^3；焦石坝箱状背斜是重要流体低势区，为气体主要流入区，平均气势为 40MJ/m^3，气体总体自西南向东北运移。

现今，焦石坝龙马溪组平均埋深约为 2700m，上覆侏罗系及三叠系遭受了广泛剥蚀。研究区内构造格局与喜马拉雅末期基本保持一致，除总体气势值有所下降外，流体势运聚单元总体不变。焦石坝箱状背斜仍是重要流体低势区，为气体主要流入区，平均气势降低至 25MJ/m^3，气体运移动力大大增强。

以古流体势的分布为主要依据，可将一个盆地或地区划分为若干油气运聚单元。在不同的运聚单元之间，一般由高势区的中心线即分割槽所分割，使得每一个油气运聚单元分别构成了一个相对独立的体系，油气在其中运移、聚集以及成藏。不同地质历史时期，油气运聚单元的发育分布可能有所不同。因此，应当以研究区构造基本格局形成关键时期的油气运聚单元为基础，进行油气评价单元划分。

以燕山末期油气运聚单元为依据划分评价单元（图 4–10）。焦石坝地区存在以西部向斜、江东斜坡、凤来向斜、大耳山断层东侧向斜构造为主的四个主要流体高势区和以箱状背斜部位为主的流体低势区。其中，西部向斜是最主要的流体高势区，为气体主要流出区，平均气势为 65MJ/m^3；焦石坝箱状背斜是重要流体低势区，为气体主要流入区，平均气势为 40MJ/m^3；气体总体自西南向东北运移。

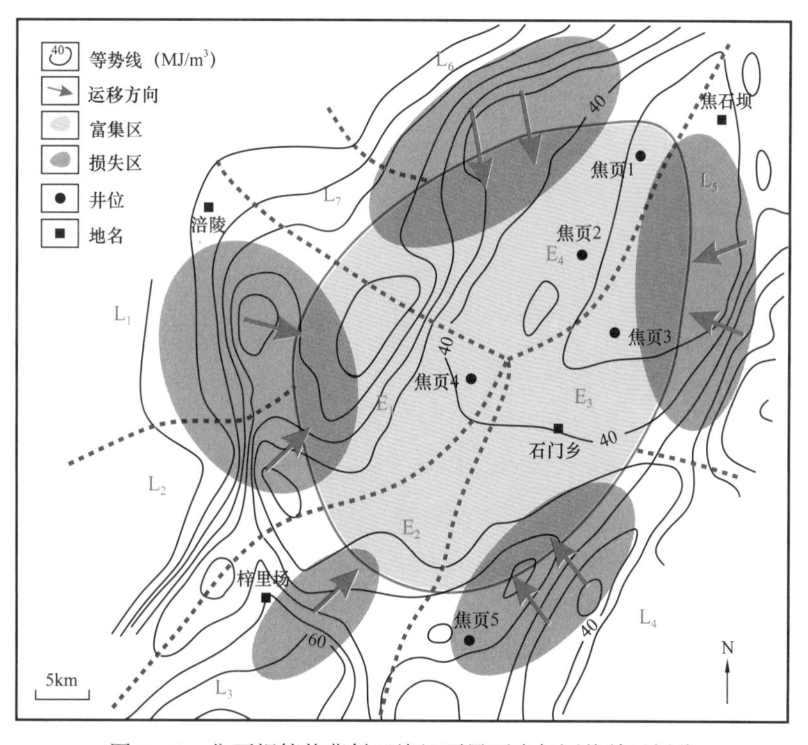

图 4–10　焦石坝箱状背斜五峰组顶界页岩气评价单元划分

根据流体势场演化分布特征，可细划出 4 个聚集评价单元和 8 个损失评价单元。具体来说，西部向斜地区作为一个基本损失单元，外部以乌江断层及马武断层为相邻单元边界，内部以高势面为界，可以划分出 L_1、L_2 两个损失单元；箱状背斜西部地区作为聚集单元 E_1 接受 L_1、L_2 供气。凤来向斜地区外部同样以乌江断层及马武断层为相邻单元边界，内部只划分出 L_3 一个损失单元；箱状背斜南部地区作为聚集单元 E_2 接受 L_3 供气。大耳山断层东侧向斜地区外部以大耳山断层为相邻单元边界，内部以高势面为界，可以划分出 L_4、L_5 两个损失单元；箱状背斜东部地区作为聚集单元 E_3 接受 L_4、L_5 供气。最后，江东斜坡地区外部以吊水岩断层、乌江断层为相邻单元边界，内部以高势面为界，可以划分出 L_6、L_7 两个损失单元；箱状背斜西北部地区作为聚集单元 E_4 接受 L_6、L_7 供气。

在正确划分页岩气评价单元后，经过测定，聚集单元 E_1—E_4 总面积约 328.8km^2，损失单元 L_1—L_7 总面积约 289.6km^2，聚集单元与损失单元分界线周长约 198.4km，单元分界线截面积（分界线长度乘以地层厚度）约 17.9km^2。

第二节　页岩气扩散和渗流类型及临界条件

页岩气以渗流、扩散形式在微—纳米孔隙网络中进行运移，他们有其各自的机理，也有其各自的地质因素制约。所以，其中任意一种天然气的运移机理都有其特定的地质背景，也就是说其是在特定的临界条件下发生的，诸如气体浓度、储层孔隙结构、温压条件等因素。因此，明确页岩气在地下运移类型及临界条件，对于研究页岩气差异富集机理具有重要作用。

一、页岩气扩散和渗流的主要类型

天然气的运移有渗流、扩散两种基本类型，其中渗流运移可细分为达西渗流与滑脱渗流，扩散运移可分为菲克扩散、克努森扩散与吸附表面扩散（Daniel Niblett 等，2020）。这几种运移类型概括了页岩气运移的机制与动力，并且有各自的机制与控制因素。

（一）分子平均自由程与克努森数

自由程是指一个分子与其他分子相继两次碰撞之间，经过的直线路程（吕奇峰等，2014）。对个别分子而言，自由程时长时短，但大量分子的自由程具有确定的统计规律。大量分子自由程的平均值称为平均自由程。

致使理想气体分子做杂乱无章的运动的原因是气体分子间在做十分频繁的碰撞，碰撞使分子不断改变运动方向与速率，而且这种改变完全是随机的。按照理想气体基本假定，分子在两次碰撞之间可看作匀速直线运动，也就是说，分子在运动中没有受到分子力作用，因而是自由的。根据理想气体碰撞理论，气体分子平均自由程为

$$\lambda = \frac{KT}{\sqrt{2}\pi d_{\mathrm{m}}^2 p} \tag{4-6}$$

式中，λ 为气体分子平均自由程，m；K 为玻尔兹曼常数，J/K；T 为气体温度，K；d_{m} 为气体分子直径，m；p 为气体压力，Pa。

克努森数是气体分子的平均自由程与流场中物体的特征长度的比值。一般认为，当克努森数小时，气体流动属于连续介质范畴。通常模拟流体流动时采用连续假设或者分子假设。连续假设对于很多的流动状态都适合，但随着系统长度尺度的减小，连续流动假设逐渐不适用于真实的流体流动。一般用克努森数来判断流体是否适合连续假设。针对页岩气运移的克努森数公式为

$$K_n = \frac{\lambda}{2r} \tag{4-7}$$

式中，K_n 为克努森数；r 为孔隙半径，m。

根据纳米孔气体分子与孔隙壁面作用的强烈程度，即 K_n 数值范围，可将传输机理划分为达西渗流、滑脱渗流、菲克扩散、克努森扩散、吸附表面扩散。页岩不同尺度孔隙中气体运移机理是不同的，对应的运移能力也不同。具体分类见表 4-1。

表 4-1　页岩气运移类型

<table>
<tr><th>运移性质</th><th colspan="2">运移类型</th><th>克努森数范围</th><th>孔隙半径范围（nm）</th></tr>
<tr><td rowspan="4">游离气运移</td><td rowspan="2">渗流运移</td><td>达西渗流</td><td><0.001</td><td>≥500λ</td></tr>
<tr><td>滑脱渗流</td><td>0.001～0.01</td><td>50λ～500λ</td></tr>
<tr><td rowspan="3">扩散运移</td><td>菲克扩散</td><td>0.01～1</td><td>0.5λ～50λ</td></tr>
<tr><td>克努森扩散</td><td>≥1</td><td>吸附层厚度～0.5λ</td></tr>
<tr><td>吸附气运移</td><td>吸附表面扩散</td><td></td><td>0～吸附层厚度</td></tr>
</table>

当页岩孔隙直径远远大于气体分子自由程，K_n 数小于 0.001，气体分子之间碰撞频率远大于气体分子与孔隙壁面的碰撞频率，气体以达西渗流为主。

当页岩孔隙尺度继续减小，或者气体压力降低，气体分子平均自由程增加，K_n 数介于 0.001～0.01 之间，此时气体测得的渗透率比用液体测得的要高，气体以滑脱渗流为主。

孔隙直径与气体分子自由程的尺度具有可比性时，K_n 数介于 0.01～1 之间，气体分子与孔隙壁面的碰撞不可忽略，气体运移的特征值为分子平均自由程，气体发生菲克扩散。

当页岩孔隙尺度进一步减小，孔隙直径大于气体分子自由程的尺度时，K_n 数大于 1，气体运移的特征值为孔隙直径，气体发生克努森扩散。

当孔隙壁面吸附气体分子时，孔隙壁面气体发生表面扩散，在任意孔径尺度内均可发生。

（二）渗流运移类型

1. 达西渗流

达西公式是法国科学家亨利·达西在 1856 年利用未胶结砂岩充填模型做水流渗滤实验得出的一个经验公式。在达西公式引入石油行业后，人们精确重复了达西实验，发现了流体黏度对渗流的影响，得到了现今达西公式的通用形式。

利用达西公式测定岩石渗透率，当满足岩石孔隙空间被单一流体饱和、流体不与岩石

发生物理化学反应、流体在孔隙中的渗流为稳定层流这三个条件时，公式得到的渗透率仅与岩石自身的性质有关，而与所通过的流体性质无关，此时的渗透率称为岩石的绝对渗透率。流体达西公式的微分形式为

$$Q=\frac{K}{\mu}\cdot\frac{\mathrm{d}p}{\mathrm{d}L} \tag{4-8}$$

式中，Q 为气体流速，m/s；K 为渗透率，D；μ 为流体黏度，Pa·s；p 为流体压力，Pa；L 为运移距离，m。

用液体测定渗透率时，由于施加在岩石两端的压力差较小，液体的压缩性可以忽略，液体的体积流量在岩心两端和中心任意截面上是按常数处理的。但气体却不同，气体在渗流时，岩石不同长度的每一个断面压力均不同，因而气体体积流量在岩石内各个点上是变化的，沿着压力下降方向不断膨胀增大，即上游断面压力大，气体体积流量小，而下游断面压力小，气体体积流量大。当气体流过各个断面上的质量流量不变时，在等温条件下岩心的气测渗透率基本公式为

$$K_{\mathrm{g}}=\frac{2Q_0p_0\mu L}{S\left(p_1^2-p_2^2\right)} \tag{4-9}$$

式中，K_{g} 为气测渗透率，D；Q_0 为 p_0 压力下气体体积流量，$\mathrm{m^3/s}$；p_0 为大气压力，MPa；L 为岩石样品长度，m；S 为岩石样品截面积，$\mathrm{m^2}$；p_1 为气体进口压力，MPa；p_2 为气体出口压力，MPa。

2. 滑脱渗流

对比液测渗透率和气测渗透率时发现，用气体测得的渗透率总比用液体测得的要高。这一结果使人们对绝对渗透率是岩石自身性质而与流体性质无关的结论产生了疑问。Klinkenberg 在 1941 年较好地解释了气测与液测渗透率差异的原因（张烈辉等，2017）。

气体滑脱效应如图 4-11 所示。在岩石孔道中，气体的流动不同于液体。对液体来讲，在孔道中心的液体分子比靠近孔道壁表面的分子流速要高，而且越靠近孔道壁表面，分子流速越低（图 4-11a）；气体则不同，靠近孔道壁表面的气体分子与孔道中心的分子流速几乎没有什么差别（图 4-11b）。Klinkenberg 把气体在岩石中的这种渗流特性称为气体滑脱效应，亦称 Klinkenberg 效应。由于滑脱效应的影响，用气体测得的岩石渗透率总比用液体测得的要高。

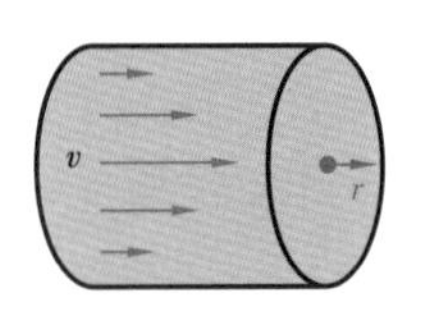

a. 孔隙中液体流动

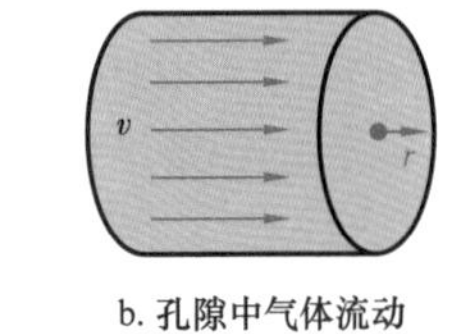

b. 孔隙中气体流动

图 4-11　滑脱效应示意图

Klinkenberg 效应即滑脱效应渗透率表示为

$$K_{滑}=\frac{r^2}{8}\left[1+\frac{128}{15\pi^2}\tan^{-1}\left(4K_{\mathrm{n}}{}^{0.4}\right)K_{\mathrm{n}}\right]\left(1+\frac{4K_{\mathrm{n}}}{1+K_{\mathrm{n}}}\right) \tag{4-10}$$

式中，$K_{滑}$ 为气测滑脱渗透率，D；r 为孔隙半径，nm；K_{n} 为克努森数。

气体滑脱效应与气体的性质、平均压力及岩石的性质等有关。气体滑脱效应主要是由气体与岩石壁面作用力小引起的。气体分子越重，与岩石壁面的作用力越大，气体滑脱效应越小；平均压力越高，气体分子间作用力越大，滑脱效应越小。滑脱效应越小，测得的渗透率越低。这三种因素对气体渗透率的具体影响机理如下。

气体性质的影响：气体种类不同，如 H_2、空气、CO_2，其相对分子质量、分子直径依次增加，在相同的平均压力下，分子平均自由程（λ）依次减小，即气体分子越重，滑脱效应越小，气测渗透率越小（黄婷等，2019）。

岩石性质的影响：岩石越致密，孔隙半径越小，滑脱效应越严重，任意压力下的气体渗透率与等价液体渗透率相差越大。这是因为只有在气体分子的平均自由程与其流动的孔隙尺寸相当时，气体滑脱效应才能表现出来。然而在高渗透性岩心中渗流时，气体在较大的孔隙中渗流，滑脱现象就不明显，因为此时岩石孔隙尺寸比气体分子自由程大很多，气体本身就很容易流动，气体滑动对整个渗流的影响就微不足道（王永佩等，2019）。

平均压力的影响：平均压力越高，气体的密度越大，气体分子的平均自由程越小，滑脱效应的影响就越小。因此，当油气藏压力较高时，气体渗透率与液体渗透率差别较小（马东旭，2019）。

由前面的讨论可以看出，气体滑脱效应对气体渗透率有较大影响，特别是对于低渗岩心，在低压下测定时影响更大。此时所测的渗透率不仅与岩心渗透性优劣有关，也与测试压力有关，使之无法用于油藏产能的评价。

（三）扩散运移类型

1. 菲克扩散

页岩气在地壳中由高浓度区向低浓度区的扩散是十分普遍的地质现象，在油气藏（尤其是气藏）的破坏过程中起着重要作用。而液态烃（石油）由于其分子量大、分子直径大，其扩散速度比气态烃要慢得多，它们的重要性往往可以忽略。由于气源岩或气藏中页岩气的浓度高于上覆地层中页岩气的浓度，因此页岩气由气源岩或气藏穿过上覆地层向地表扩散损失，扩散损失量的大小直接影响着页岩气的聚集与保存量的大小。

在静止系统中，由于浓度梯度而产生的质量传递称为分子扩散，分子扩散是物质传递的一种方法。在浓度扩散条件下，物质扩散通量数学表达式由菲克在 1855 年根据热流类比求得，确定了稳态下双组分混合物中物质的分子扩散通量与扩散方向上的浓度梯度成正比，并建立了菲克第一定律：

$$Q = D \cdot \frac{\mathrm{d}C}{\mathrm{d}L} \tag{4-11}$$

式中，Q 为气分子扩散引起的摩尔流量，mol/（$m^2 \cdot s$）；D 为物质扩散系数，m^2/s；C 为物质摩尔浓度，mol/m^3；L 为扩散距离，m。

烃源岩开始生烃后，轻烃可以通过分子扩散作用从烃源岩运移到相邻的渗透层。天然气在运移过程中或进入圈闭形成气藏后，其中的轻烃也可以通过分子扩散作用经盖层向外扩散。该类问题可以看作是扩散组分由一个平面向另一个平面的一维不稳态扩散。浓度场随时间变化的质量传递过程称为不稳态分子扩散，当扩散只沿着一个方向进行，则扩散是一维的。如果在固体或静止液体中的扩散无扩散组分物质生成（$R=0$），扩散只沿 L 方向进行，可用菲克第二定律表示为

$$\frac{\partial C}{\partial t}=D\frac{\partial^2 C}{\partial x^2} \tag{4-12}$$

组分物质在固体或静止液体中扩散，扩散组分物质在单位体积内的摩尔生成率为 R，即扩散系统中具有烃源岩且不断生成天然气，则菲克第二定律变为

$$\frac{\partial C}{\partial t}=D\frac{\partial^2 C}{\partial x^2}+R \tag{4-13}$$

式中，t 为扩散时间，s；R 为气体摩尔生成率，mol/s。

气体或液体进入固态物质孔隙的扩散，取决于固态物质的物理结构和孔隙特性。气体通过多孔介质的扩散机制主要有两种，即菲克扩散与克努森扩散。当孔隙直径相对来说大于气体平均自由程，则属菲克扩散，反之属于克努森扩散（图 4–12a）。

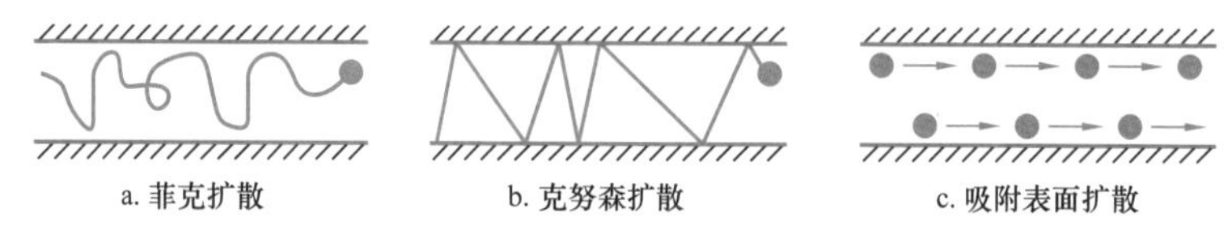

图 4–12　扩散运移类型示意图

菲克扩散的扩散系数为

$$D_{菲}=\frac{KT}{\sqrt{2}\pi d_{\mathrm{m}}^2 p}\sqrt{\frac{8RT}{\pi M}} \tag{4-14}$$

式中，K 为玻尔兹曼常数，J/K；T 为气体温度，K；d_{m} 为气体分子直径，m；p 为气体压力，Pa；R 为理想气体常数，J/（mol · K）；M 为气体分子量，g/mol。

2. 克努森扩散

克努森根据实验指出，气体分子和孔壁碰撞后的运动方向是不规则的，且与碰撞方向无关（图 4–12b）。当孔隙直径相对来说小于气体平均自由程，则属克努森扩散。根据气体分子运动学说，克努森扩散的扩散系数为

$$D_{克}=\frac{2r}{3}\sqrt{\frac{8RT}{\pi M}} \tag{4-15}$$

式中，r 为气体运移所在孔隙的半径。

3. 吸附表面扩散

表面扩散的物理机制是气体分子在固体壁面的跳跃过程，吸附在固体壁面低能量位置的气体分子，激活后能够以一定速度从固定位置跳跃至另一低能量位置，这就发生了表面扩散（图 4–12c）。当吸附气分子在获得足够能量后，将脱离固体壁面，进入体相气体中，这就发生了解吸附。在巨大比表面积有机质微孔中，气体表面扩散是非常重要的传输机理（左罗等，2017）。

表面扩散是吸附气分子的活化过程，热动力学方法可用来描述这一活化过程（Stepanova 等，2019）。表面扩散是扩散粒子在吸附位之间随机跳跃的连续过程，其中，每一个跳跃都需要最小的活化能并经历活化过渡态。活化能与吸附气分子和纳米孔壁面的吸附能有关，常呈正比关系，可以用 Hwang 模型表示吸附表面扩散的扩散系数：

$$D_{表} = mT^{n}\mathrm{e}^{-\frac{\Delta H^{0.8}}{RT}} \tag{4-16}$$

式中，m、n 为热力学参数；ΔH 为气体等量吸附热，J/mol；T 为气体温度，K；R 为理想气体常数，J/（mol·K）。

二、页岩气不同扩散和渗流类型的临界条件

根据纳米孔气体分子与孔隙壁面作用的强烈程度，利用 K_n 数可以划分出游离气运移的临界条件；吸附气扩散临界条件则不与 K_n 数相关，而由特定温压条件下页岩吸附层厚度决定。

（一）发生游离气运移的临界孔径

页岩气赋存形式分为吸附气与游离气，只有当页岩储层满足其吸附能力后，才会出现游离气赋存形式。即只有当孔隙半径大于吸附层厚度时，才会存在游离气；2 倍吸附层厚度是发生游离气运移的临界孔径（图 4-13）。

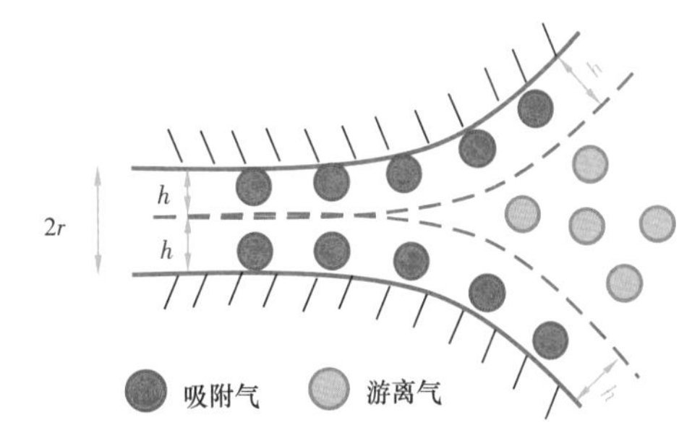

图 4-13　发生游离气运移的临界孔径示意图

页岩纳米孔气体吸附主要为物理吸附，吸附气分子与纳米孔壁面作用力为范德华力，吸附过程是可逆的，吸附在纳米孔壁面的气体分子能够完全解吸。一般而言，纳米孔尺度越小，来自壁面作用势越强，气体吸附更显著；纳米孔壁面越粗糙，气体更易形成多层吸附；压力和温度是基本条件，当温度一定时，只有压力达到一定值时，纳米孔气体才可能形成多层吸附。综合考虑以上影响页岩吸附能力的控制因素，结合吸附势相关定义，可以预测不同条件下页岩吸附层厚度：

$$h = \frac{\omega}{S} = \frac{QM}{\rho S} \tag{4-17}$$

式中，ρ 为吸附相密度，可利用经验公式计算（Ozawa，1976）：

$$\rho = \rho_{\mathrm{b}}\mathrm{e}^{-0.0025(T-T_{\mathrm{b}})} \tag{4-18}$$

式（4-17）中 Q 为气体在恒定温度 T、气体压力 p 时的绝对吸附量，可利用吸附气预测公式计算，压力梯度为静水压力，地温梯度为 3℃ /100m（纪文明，2017）：

$$Q = \frac{(0.49\mathrm{TOC} - 0.01T - 0.67)p}{p + \mathrm{e}^{-\frac{1325}{T}+4.80}} \tag{4-19}$$

式中，h 为吸附层厚度，nm；ω 为吸附气体积，cm^3/g；Q 为气体在恒定温度 T、气体压力 p 时的绝对吸附量，mol/g 或 m^3/g；M 为气体分子量，g/mol；S 为页岩比表面积，m^2/g；ρ 为吸附相密度，g/cm^3；ρ_b 为沸点温度时的甲烷密度，g/cm^3；T_b 为甲烷沸点温度，K；TOC 为有机质丰度，%。

在计算时，式（4–17）含气量单位为 mol/g，式（4–19）含气量单位为 m^3/g，代入公式时需要根据理想气体状态方程进行单位换算。

需要注意，式（4–17）中比表面积的数值为全岩比表面积，即假设吸附层铺满全岩孔隙孔壁，气体覆盖度始终为 1。此时孔壁吸附的都是“半个”甲烷分子，公式得到的吸附层厚度为全岩平均厚度而非局部厚度，所以部分临界孔径会小于甲烷分子直径（0.38nm）（图 4–14a）。而当气体实际覆盖度真正大于 1 时，孔壁吸附的都是“一个半”甲烷分子，即临界孔径大于 0.72nm 的孔隙内，发生的都是双层吸附（图 4–14c）。

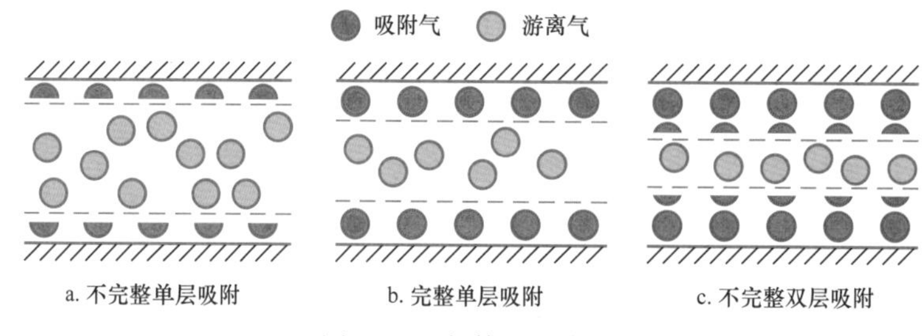

图 4–14　气体吸附模型

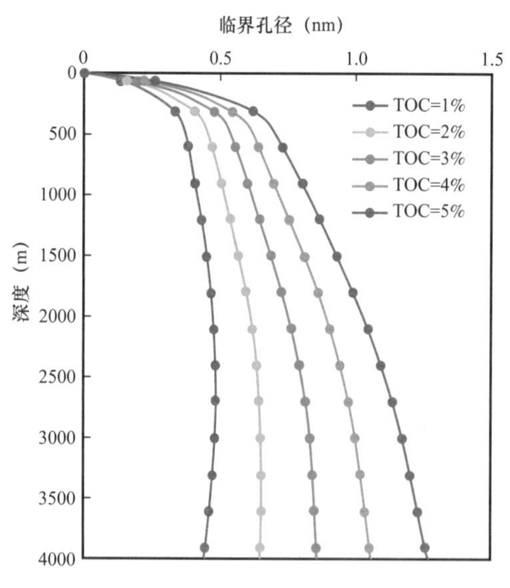

图 4–15　发生游离气运移的临界孔径随深度变化关系

利用以上公式得到游离气运移的临界孔径随深度的变化关系（图 4–15）。吸附气运移临界孔径随深度增加先增大后减小，随 TOC 增加而增加；TOC≤4% 范围内的页岩游离气临界孔径始终小于 0.72nm，基本不会发生双层吸附。对应现今焦石坝地区压力约 40MPa，TOC=3%，平均吸附层厚度为 0.3nm，游离气存在临界孔径为 0.6nm。

（二）页岩气运移临界条件

由于页岩具有较大的比表面积，在任何孔径尺度下均有吸附气层的存在，因此吸附表面扩散也是广泛发生的，可以与其他游离气运移类型共存。所以，在计算游离气运移临界孔径时，需要考虑吸附气层的影响，在 K_n 数对应的临界孔径加上吸附层厚度。

在压力梯度为静水压力梯度、地温梯度为 3℃ /100m 以及 TOC=3% 条件下，基于克努森数（K_n）与吸附层厚度，建立了页岩气不同运移类型的临界孔径范围随深度变化关系

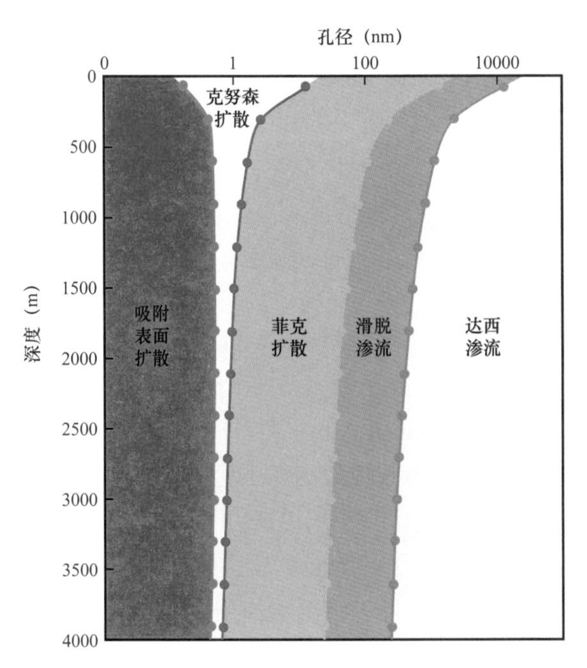

图 4–16 焦石坝地区页岩气运移临界孔径区间随深度变化关系

（图 4–16）。图 4–16 中 5 个不同颜色区域依次为吸附表面扩散、克努森扩散、菲克扩散、滑脱渗流以及达西渗流区域。

由图 4–16 可知，除了吸附气运移临界孔径随深度增加先增大后减小外，其余运移类型均随深度增加而减小。各种运移类型临界孔径的变化速率均有随深度增加先增大后减小的特征，其中达西渗流孔径变化最为剧烈，埋深 8000m 处，临界孔径约下降 1000 倍；而吸附表面扩散孔径范围与其他类型相比基本无变化。现今焦石坝地区各运移类型孔径范围：吸附表面扩散（0～0.6nm）、克努森扩散（0.6～1.0nm）、菲克扩散（1.0～25.0nm）、滑脱渗流（25.0～225.0nm）、达西渗流（＞225.0nm）。

三、页岩气不同扩散和渗流能力

（一）渗透率与扩散系数

渗透率（K）表示物质的渗透性。根据达西定律，渗透率表征沿渗流方向，在一定压力梯度下，垂直通过单位面积所流经物质的体积数。渗透率的大小主要取决于渗流介质的孔隙度、渗透方向上孔隙的几何形状、颗粒大小以及排列方向等因素，而与介质中运动的流体性质无关（Daniel 等，2020）。

分子扩散系数（D）表示物质的扩散能力。根据菲克定律，扩散系数表征沿扩散方向，在一定浓度梯度下，垂直通过单位面积所扩散物质的摩尔数。扩散系数的大小主要取决于扩散物质和扩散介质的种类及其温度和压力。

由渗透率与扩散系数定义可知，渗透率表征由压力（p）驱动的体积流量（m^3/s），其单位为 m^2；扩散系数表征由浓度（C）驱动的摩尔数流量（mol/s），其单位为 m^2/s。二者可以通过理想气体状态方程联系起来，其中压力与气体浓度转换关系为

$$C=\frac{n}{V}=\frac{p}{RT} \tag{4-20}$$

通过式（4–20）可以知道，特定温压条件对应特定的流体浓度，渗流运移与扩散运移的驱动机制本质相同。同样地，体积流量与摩尔流量转换关系为

$$\frac{V}{t}=\frac{nRT}{tp}=\frac{n}{t}\cdot\frac{RT}{p} \tag{4-21}$$

根据达西定律及菲克第一定律，式（4–21）改为

$$\frac{K}{\mu} \cdot \frac{\mathrm{d}p}{\mathrm{d}L} \cdot S = D \cdot \frac{\mathrm{d}C}{\mathrm{d}L} \cdot S \cdot \frac{RT}{p} \tag{4–22}$$

式（4–22）整理后得到

$$K = D \cdot \frac{\mu}{p} \tag{4–23}$$

式中，C 为扩散浓度，mol/m^3；n 为物质的量，mol；V 为孔隙体积，m^3；t 为运移时间，g/mol；μ 为气体黏度，Pa・s；K 为渗透率，m^2；D 为扩散系数，m^2/s；p 为压力，Pa；R 为理想气体常数，J/（mol・K）；T 为温度，K；S 为扩散面积，m^2；L 为扩散距离，m。

通过式（4–20）与式（4–23）可以认识到，渗流运移与扩散运移不论在驱动机制还是在运移系数定义方面，均具有相同的本质。达西定律及菲克第一定律在描述流体运移时，不过是宏观与微观上描述尺度的不同，即特定黏度流体在一定温度压力条件下的物质流量，宏观上为流体体积，微观上为流体摩尔数量。所以，可以将渗流作用与扩散作用统一起来，将扩散系数转换为渗透率，直接对比二者的运移能力，查明对气体运移的贡献。

（二）不同运移类型表观渗透率

由于多种运移类型的存在，截面宏观表现出的渗透率（即表观渗透率）不等于截面实际渗透率。表观渗透率是渗流运移量、扩散运移量计算的渗透率，它与截面物性、地层压力、温度及流体物性有关。而本质渗透率反映截面固有渗透性，其数值可由脉冲压力延迟实验测得。本节计算的渗透率均为表观渗透率。

1. 吸附气运移表观渗透率

与游离气运移不同的是，表面扩散的驱动力是吸附势能梯度，而非气体浓度或压力梯度，不能直接利用式（4–23）进行计算。根据 Maxwell—Stefan 方法，吸附表面扩散量表观渗透率可表示为

$$K_{表} = D_{表} \cdot \frac{\mu}{p} \cdot \frac{C_s RT}{pM} \tag{4–24}$$

式中，C_S 为气体吸附浓度，可由 Langmuir 方程计算得到

$$C_s = \frac{4M}{\pi d_m^3 N_A} \cdot \frac{p}{p + p_L} \tag{4–25}$$

将式（4–16）代入式（4–24）中，整理简化后可得到

$$K_{表} = m\sqrt{T} \mathrm{e}^{-\frac{\Delta H^{0.8}}{RT}} \cdot \frac{4\mu RT}{\pi d_m^3 N_A} \cdot \frac{1}{p(p + p_L)} \tag{4–26}$$

需要注意的是，由于页岩具有较大的比表面积，在任何孔径尺度下均有吸附气层的存在，因此吸附表面扩散也是广泛发生的，可以与其他游离气运移类型共存。所以在计算气体运移能力时，必须考虑到吸附气层对于孔道的堵塞作用，即吸附层的存在减小了游离气

运移的空间。考虑吸附层影响后，将式（4-26）修正为

$$K_{表}=m\sqrt{T}\mathrm{e}^{-\frac{\Delta H^{0.8}}{RT}}\cdot\frac{4\mu RT}{\pi d_{\mathrm{m}}^{3}N_{\mathrm{A}}}\cdot\frac{1}{p\left(p+p_{\mathrm{L}}\right)}\cdot\left[1-\left(\frac{r-h}{r}\right)^{2}\right] \tag{4-27}$$

式（4-27）中 h 为吸附层厚度，利用式（4-17）可以求出。

式中，m 为热力学参数；ΔH 为气体等量吸附热，J/mol；M 为气体相对分子质量；T 为气体温度，K；R 为理想气体常数，J/（mol·K）；μ 为气体黏度，Pa·s；d_{m} 为气体分子直径，m；N_{A} 为阿伏伽德罗常数，mol^{-1}；p 为气体压力，Pa；p_{L} 为兰氏压力，Pa；r 为孔隙半径，m。

2. *游离气运移表观渗透率*

为了方便计算，模拟一个半径为 r，长度为 L 的管状孔隙，其内部运移流体黏度为 μ，上下游流体压差为 Δp（图 4-17）。通过该管状模型，建立多种运移类型计算公式，计算任意温压、孔径条件下气体渗流运移的表观渗透率。

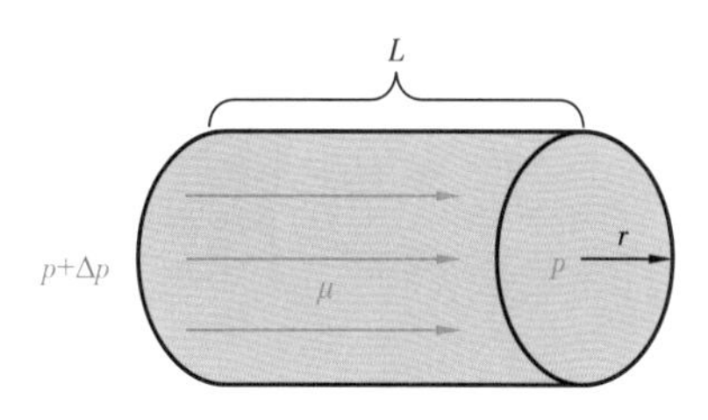

图 4-17　气体在管状孔隙中的流动模型

考虑吸附层影响，由简单数学运算可知，达西渗流表观渗透率为

$$K_{达}=\frac{r^{2}}{8}\left(\frac{r-h}{r}\right)^{2} \tag{4-28}$$

考虑吸附层影响，滑脱渗流表观渗透率为

$$K_{滑}=\frac{r^{2}}{8}\left[1+\frac{128}{15\pi^{2}}\tan^{-1}\left(4K_{\mathrm{n}}{}^{0.4}\right)K_{\mathrm{n}}\right]\left(1+\frac{4K_{\mathrm{n}}}{1+K_{\mathrm{n}}}\right)\left(\frac{r-h}{r}\right)^{2} \tag{4-29}$$

由式（4-23）可知，菲克扩散表观渗透率为

$$K_{菲}=\frac{KT\mu}{3\sqrt{2}\pi d_{\mathrm{m}}^{2}p^{2}}\cdot\sqrt{\frac{8}{\pi RTM}}\left(\frac{r-h}{r}\right)^{2} \tag{4-30}$$

克努森扩散表观渗透率为

$$K_{克}=\frac{2r\mu}{3p}\cdot\sqrt{\frac{8}{\pi RTM}}\left(\frac{r-h}{r}\right)^{2} \tag{4-31}$$

式中，r 为孔隙半径，m；h 为吸附层厚度，m；K_{n} 为克努森数；K 为渗透率，m^2；T 为气体温度，K；R 为理想气体常数，J/（mol·K）；μ 为气体黏度，Pa·s；d_{m} 为气体分子直径，m；p 为气体压力，Pa；M 为气体分子量，g/mol。

（三）不同运移类型运移能力对比

通过以上一系列公式，可以明确孔径、温压条件对各种运移类型的差异控制作用。在压力梯度为静水压力梯度、地温梯度为 3℃/100m 以及 TOC=3% 条件下，建立渗透率随孔径、埋深变化图版。随地层埋深增加，压力升高，渗流及扩散运移能力降低；随孔径减小，不同类型渗流能力全部减小，克努森扩散能力降低，其他类型扩散能力升高。

由渗流运移渗透率随孔径、埋深变化图版可知（图 4–18、图 4–19）：相同孔径，随地层埋深增加，压力升高，渗流运移能力总体降低，但变化幅度较小；相同温压条件下，随孔径减小，渗流运移能力迅速降低；由宏孔到微孔，渗透率下降约 10^7 倍；孔径及压力条件对达西流、滑脱流的控制作用相似；在微、中孔范围内，与达西流动相比，滑脱作用使渗透率增加约 100 倍。

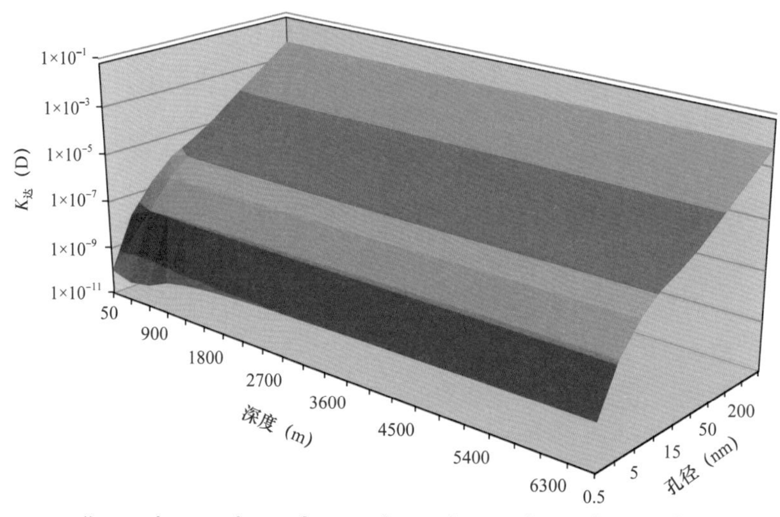

图 4–18　达西流动能力随孔径及温压条件变化

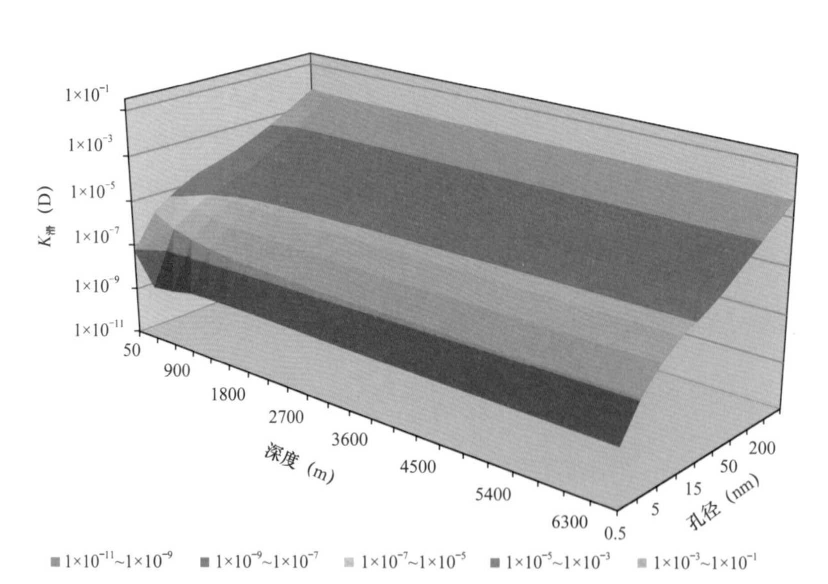

图 4–19　滑脱流动能力随孔径及温压条件变化

由渗流运移渗透率随孔径、埋深变化图版可知（图 4–20、图 4–21、图 4–22）：相同孔径，随地层埋深增加，上覆压力升高，扩散减弱；相同温压条件下，随孔径增大，吸附表面扩散、菲克扩散减弱；由微孔到宏孔，表面扩散减弱 10^6 倍；相同温压条件，随孔径增大，克努森扩散增强；从微孔到中孔渗透率升高约 100 倍，在宏孔内升高较小。

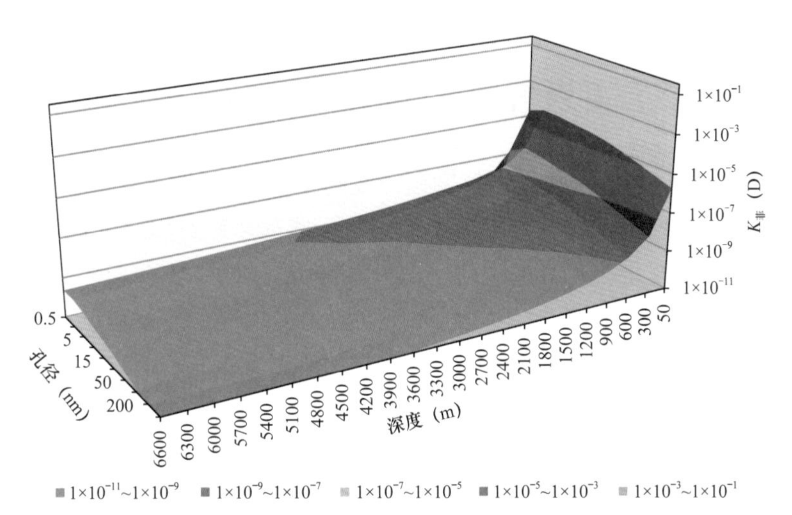

图 4-20　菲克扩散能力随孔径及温压条件变化

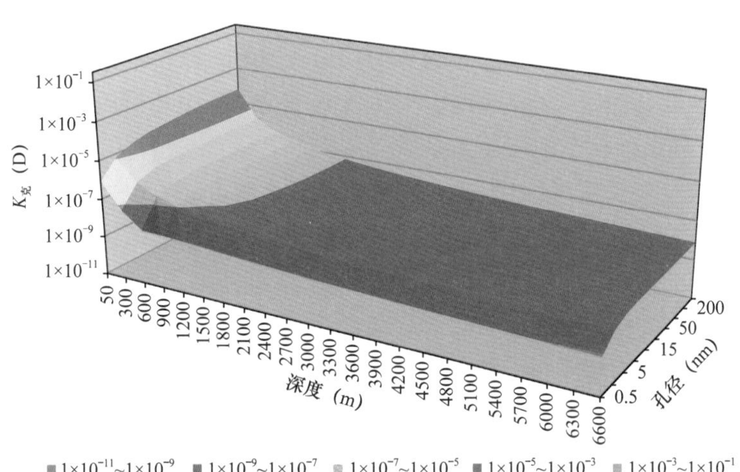

图 4-21　克努森扩散能力随孔径及温压条件变化

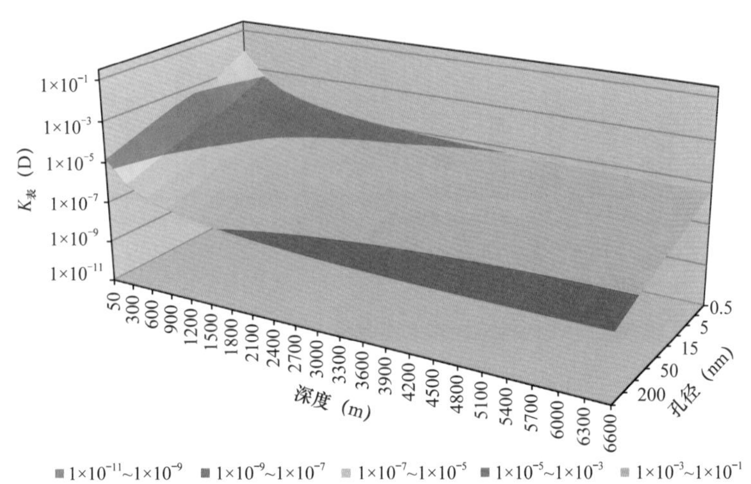

图 4-22　吸附表面扩散随孔径及温压条件变化

第三节　页岩气藏演化过程中的差异富集模式

四川盆地及周缘是中国海相页岩气勘探开发的主战场，但不同构造背景下页岩含气量和产量差异巨大，如海相页岩气富集区（如长宁、威远、焦石坝地区）、页岩气中等富集区（如彭水、宜宾—泸州、大足地区）、页岩气散失贫化区（如渝东南綦江地区、酉阳地区）。因此，明确地层末次抬升过程中，不同类型运移气量主控因素、不同构造部位页岩含气性变化，最终建立动态的差异富集演化模式，对于页岩气“甜点”优选和资源、储量评价具有重要意义。

一、构造样式对差异富集的控制

构造样式对页岩气差异富集具有重要的控制作用。构造样式是指由于不同期次与强度的构造活动导致地层发生断裂、褶皱变形或抬升剥蚀，从而形成的地层样式；其中由褶皱作用形成的背斜称为正向构造，向斜称为负向构造（Zhang 等，2017）。

通过对四川盆地及周缘 29 口页岩气井五峰组—龙马溪组地层压力系数和含气量的统计（图 4–23），发现正向构造地层压力系数普遍较高，大部分介于 1.2～2.2 之间，只有少部分地层压力系数小于 1.2。负向构造地层压力系数大多介于 0.6～1.2 之间，只有少部分压力系数大于 1.2。目前的勘探开发经验是，页岩气产量与地层压力系数之间有明显的正相关性。正向构造的地层压力系数较高，页岩气产量也较高，负向构造通常不发育超压，页岩气产量较低，不同构造样式下页岩含气量的分布也有类似的规律。也就是说，正向构造通常有利于页岩气的富集，负向构造通常不利于页岩气的富集，焦石坝地区、威远地区均具有这样的特点。

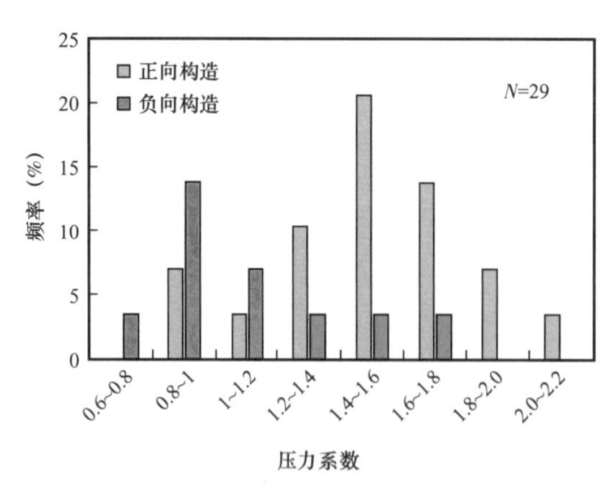

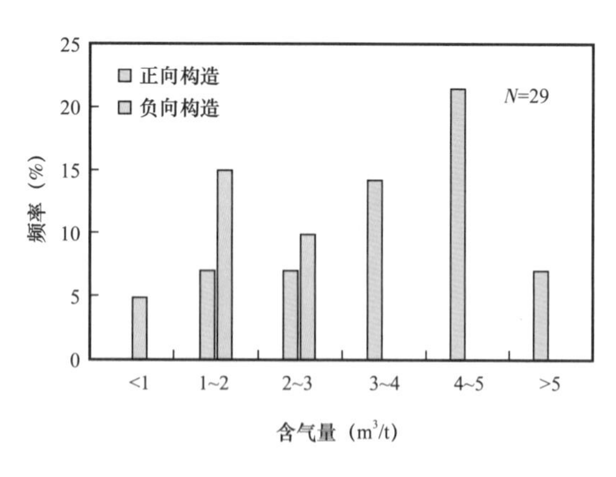

图 4–23　不同构造样式下地层压力系数和含气量统计图

但统计结果也发现，当正向部位埋深小于 2000m 时，背斜含气性普遍相对较低，向斜相对富集气体（图 4–24）。即正向构造反而不利于页岩气的富集，负向构造利于页岩气的富集，昭通黄金坝等地区具有这样的特点。

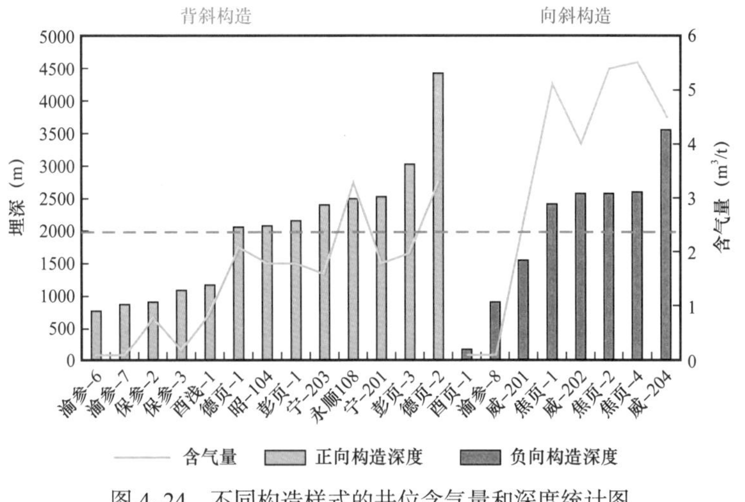

图 4-24　不同构造样式的井位含气量和深度统计图

二、构造抬升幅度及地层倾角对差异富集的控制

构造抬升幅度及地层倾角对不同构造样式下的页岩气富集具有重要控制作用。针对地下页岩气运移来说，末次抬升幅度影响页岩储层压实程度、裂缝发育密度等参数，通过这些参数间接影响页岩渗透率；而地层倾角则控制了气体运移过程中的压力梯度，这两者共同控制了不同构造样式下气体的实际运移能力。

（一）岩石破裂压力对含气性的控制

1. 岩石破裂机理

地壳的抬升和剥蚀如果发生在油气大量生成、排烃之后，无疑这种抬升和剥蚀对油气的保存极为不利。抬升剥蚀作用不仅会使油气的生成停滞，同时会使含气页岩层段之上的上覆岩层和区域盖层减薄或剥蚀，导致上覆压力变小，从而会使页岩气突破盖层向上逸散，首先游离气发生散失，随着页岩气层压力的降低，进一步导致吸附气解吸，从而最终造成总含气量降低。

另外抬升剥蚀作用使页岩气层和盖层脆性破坏或已形成的断裂变成开启状态，降低泥页岩自身封堵性能和盖层的封闭能力。渝东南地区渝参 4 井龙马溪组页岩样品三轴应力实验显示，当样品横向及垂向主应力差增大至特定值时，主应力差会发生断崖式下降而岩石应变程度保持不变，指示该应力差下页岩将发生显著剪性破裂，生成大量裂缝（图 4–25）。

以渝参 4 井龙马溪组碳质页岩样品为例，在恒定轴向载荷不变（140MPa）的实验条件下，以一定速率减小围压，模拟地层整体抬升情况，围压从 60MPa 下降至 16.6MPa 左右岩石发生剪切破裂，储层物性大幅度提高（图 4–26）。以近似地层静水压力梯度计算，对应埋深为 1500m 左右。由此进一步推断，龙马溪组富有机质泥页岩埋深小于 1500m 时，对自身页岩气的封盖作用不佳，埋藏越浅，封盖作用越弱。因此，当地层抬升至一定深度以上，地层水平挤压力明显大于上覆地层重力，构造高部位会先于负向部位发生剪切破裂，极大降低自身封闭能力。此时，正向部位沿垂向气体损失由扩散形式转变为渗流形式，垂向损失量远大于负向部位对其顺层气体补给量，正向部位进入气体急剧损失状态。

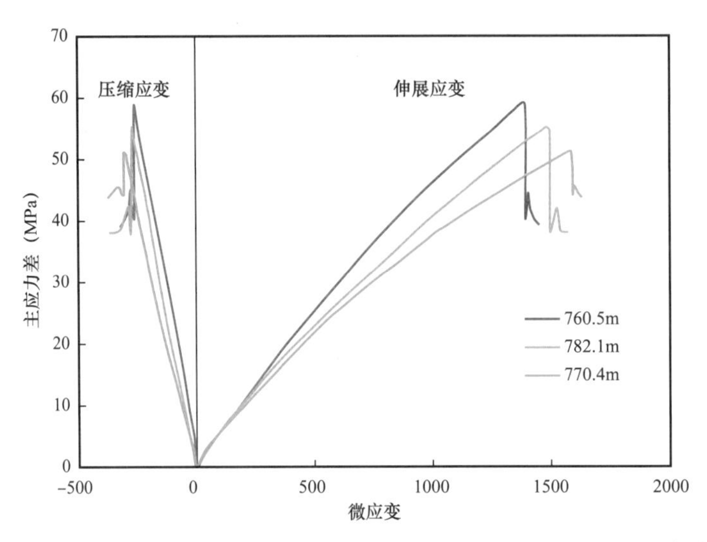

图 4-25　渝东南地区渝参 4 井龙马溪组三轴压缩应力应变关系曲线图

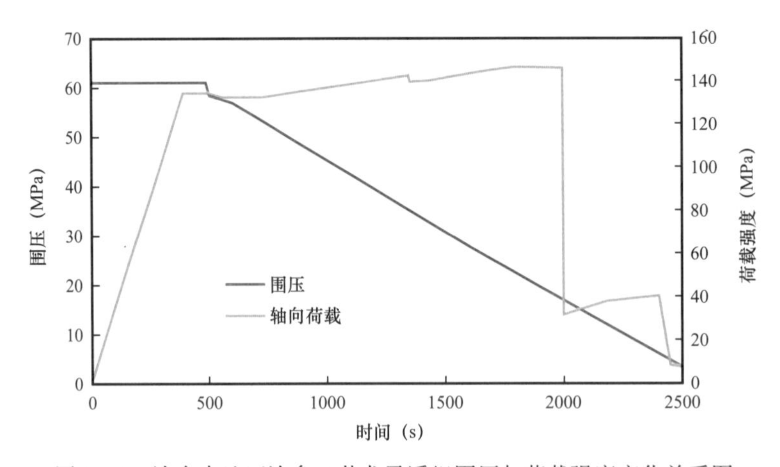

图 4-26　渝东南地区渝参 4 井龙马溪组围压与荷载强度变化关系图

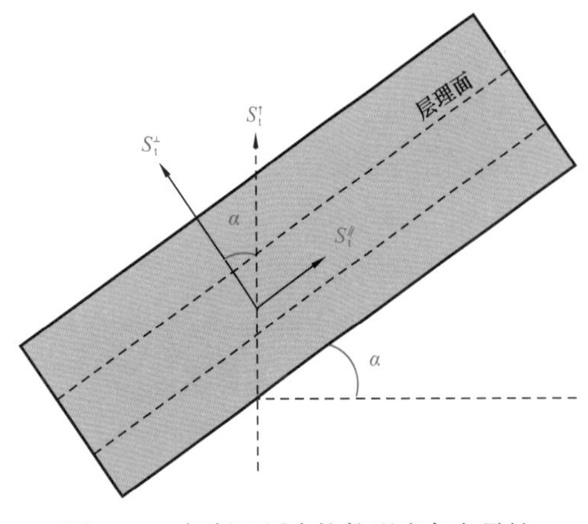

图 4-27　倾斜地层中抗拉强度各向异性

由以上例子可知，岩石应力破裂与构造抬升后导致的地层应力变化密切相关。在实际地层中的岩石构造破裂程度，可以通过分析特定埋深下的抗拉强度张量获得。抗拉强度指特定方向上，岩石能够抵抗的最大张性破裂拉力，是物质的基本力学属性。由于页岩层理的存在，平行页岩层面方向抗拉强度小于垂直层面方向，更容易产生裂缝。如图 4-27 所示，地层倾角为 α，平行层理方向的抗拉强度为 $S_t^{//}$，且在层理面内处处相等；垂直于层理面方向的

抗拉强度为 $S_t^{\perp}$，垂直水平面方向抗拉强度为 $S_t^{\uparrow}$。

平行与垂直层面抗拉强是岩石固有属性，竖直方向上抗拉强度与地层倾角有关，可由式（4–32）计算：

$$S_t^{\uparrow} = S_t^{//}\cos^2\alpha + S_t^{\perp}\sin^2\alpha \quad (4\text{–}32)$$

对于页岩气运移来说，不同埋深下，平行层面与竖直方向上裂缝主要控制气体的渗流运移。裂缝发育程度可以用裂缝破裂压力描述，当裂缝破裂压力较小时裂缝必然更发育，气体也更加容易运移。基于不同方向上岩石抗拉强度，综合考虑岩石受力状态、孔隙流体压力，可以预测平行层面与竖直方向上裂缝破裂压力：

$$p_f^{//} = \frac{(\sigma_v \cos\alpha - \xi p) + S_t^{\perp}}{1 - \left[\dfrac{\xi(1-2\gamma)}{1-\gamma} + \phi\right]} + \xi p_p \quad (4\text{–}33)$$

$$p_f^{\uparrow} = \frac{3\sigma_h - \sigma_H - \left[\dfrac{\xi(1-2\gamma)}{1-\gamma} - \phi\right] p_p + S_t^{\uparrow}}{1 - \left[\dfrac{\xi(1-2\gamma)}{1-\gamma} - \phi\right]} \quad (4\text{–}34)$$

式中：$p_f^{//}$ 为平行层面方向岩石破裂压力，MPa；$p_f^{\uparrow}$ 为竖直方向岩石破裂压力，MPa；p_p 为孔隙流体压力，MPa；σ_h 为水平最小地应力，MPa；σ_H 为水平最大地应力，MPa；σ_v 为垂直层理面地应力，MPa；ξ 为有效应力系数；γ 为泊松比；ϕ 为孔隙度，小数。

由式（4–34）可知，当岩石水平最大地应力足够大时，竖直方向岩石破裂压力有可能为负值，这表示岩石在当前应力状态下会发生自破裂，产生大量竖直方向裂缝，极大破坏页岩保存条件。由图 4–28 可知，地层由于受到挤压抬升作用形成背斜，应力促使背斜外弧部分发生平行层面的伸展应变，相当于受到来自水平方向的拉张应力；当地层构造幅度较大时，地层变形严重，地层应力状态大幅改变，拉张应力为水平最大主应力且数值巨大，岩石将发生竖直方向自破裂。

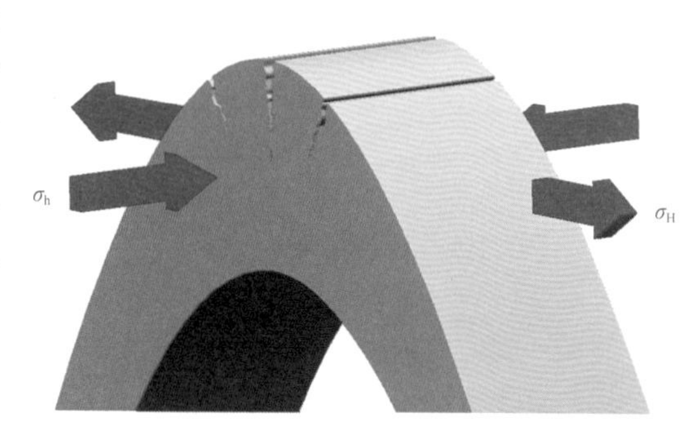

图 4–28　页岩背斜核部破裂应力状态示意图

2. 含气性与岩石破裂压力的关系

当孔隙流体压力大于岩石破裂压力时，岩石开始发育开启裂缝，孔隙中流体沿着裂缝运移，导致孔隙压力下降。换句话说，孔隙所能承受的最大流体压力为岩石破裂压力，即页岩平行层面方向岩石破裂压力。在该压力之下，如果没有特殊的构造事件改变岩石应力状态，则孔隙流体都能够得到保存。该状态下储层含气量即为页岩储集能力。

在应力状态保持稳定情况下，以焦页1井资料为依据，设岩石上覆压力梯度为2.65MPa/100m、水平最大主应力梯度为3.2MPa/100m、水平最小主应力梯度为2.4MPa/100m，有效应力系数为0.8、泊松比为0.24，计算剖面上不同方位裂缝开启压力随深度变化（图4–29）。由图4–29可知，在地表处，静水压力为0，岩石破裂压力为页岩本身抗拉强度；相同深度储层岩石破裂压力大于静水压力，顺层裂缝开启压力平均约为静水压力的4.52倍，竖直裂缝开启压力平均约为顺层裂缝开启压力的1.5倍。

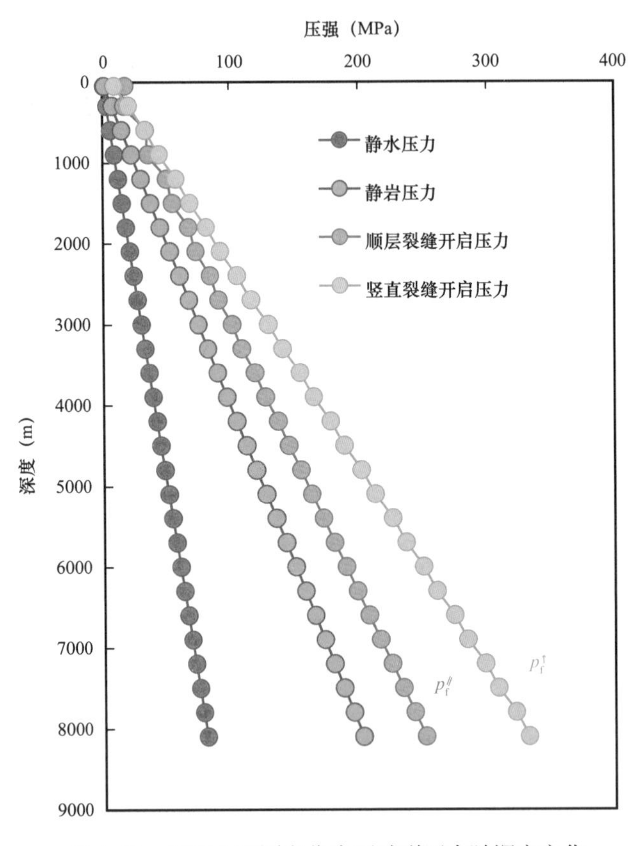

图4–29　剖面上不同方位岩石破裂压力随深度变化

在明确破裂压力随深度变化关系后，将静水压力、顺层方向岩石破裂压力分别作为孔隙压力，设定地温梯度为3℃/100m、孔隙度为3%，进一步计算剖面上页岩储集能力变化（图4–30）。两条含气量曲线将剖面上含气性分为三个区域，即气藏负压区、气藏超压区与气藏损失区。气藏正常压力应当介于静水压力与顺层裂缝开启压力之间；气藏压力小于静水压力，为负压贫化气藏；气藏压力大于顺层裂缝开启压力，此时气藏处于顺层运移状态，气藏受到损失。由图4–30可知，相同深度储层岩石破裂压力含气量平均约为静水压力含气量的四倍，可以富集更多甲烷气体。

但实际情况是，现今焦石坝地区含气量相比破裂压力含气量小得多。可能的原因是由于地层在抬升过程中应力环境不断改变，岩石破裂压力减小甚至岩石发生自破裂，导致地层发生过“破裂—胶结—再破裂”过程，气藏通过裂缝的运移损失量巨大。通过岩心观察也可以发现，渝东南地区岩心裂缝十分发育，多组裂缝互相穿插，指示该区地质历史中构造应力环境变化复杂，页岩气曾经发生过多次损失（图 4–31）。

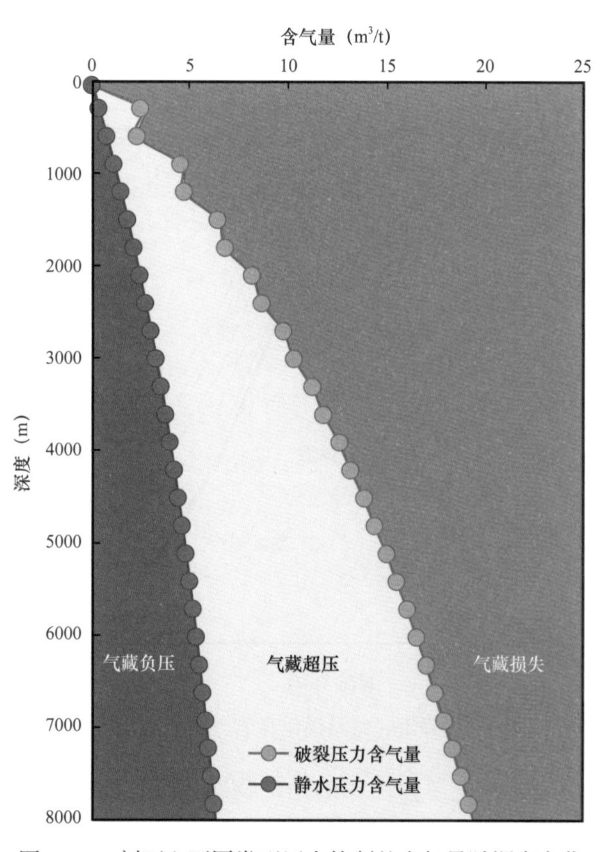

图 4–30　剖面上不同类型压力控制的含气量随深度变化

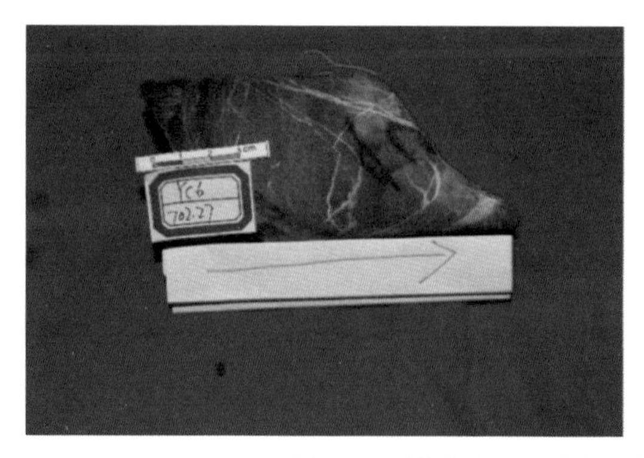

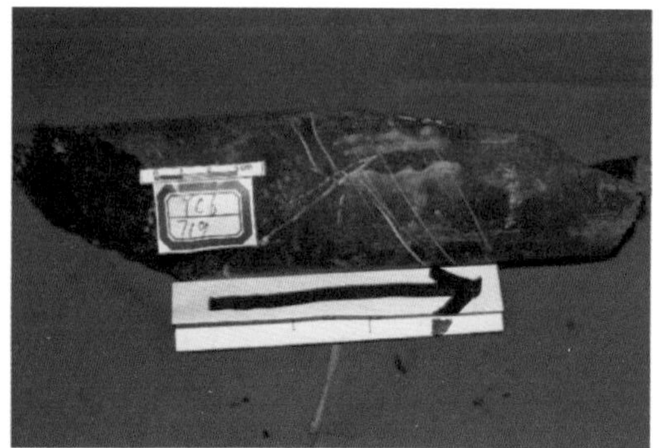

图 4–31　渝东南地区渝参 6 井龙马溪组页岩岩心观察照片

根据研究和有关资料，前人通过对渝东南地区渝参 6 井页岩储层样品的镜下观察，识别出了龙马溪组页岩裂缝中石英脉和方解石脉样品中与高密度甲烷包裹体共生的气—液两相盐水包裹体，均一温度集中在 215～255℃范围。根据包裹体均一温度计算得到的页岩古压力为 102.6～137.3MPa，地层处于异常高压状态。对比包裹体捕获温度与地层热史可知，燕山期—喜马拉雅期构造抬升过程中，龙马溪组产生一系列的构造裂缝，古流体进入裂缝中，在方解石脉 / 石英脉形成过程中捕获大量的气包裹体与含烃盐水包裹体。随着复杂的地质构造运动，方解石脉 / 石英脉中形成次生微裂缝，继续捕获气包裹体。五峰组—龙马溪组方解石脉 / 石英脉中油气包裹体的捕获时间主要为白垩纪，部分为古近纪，两个捕获高峰期分别处在早白垩世与晚白垩世（图 4-32）。

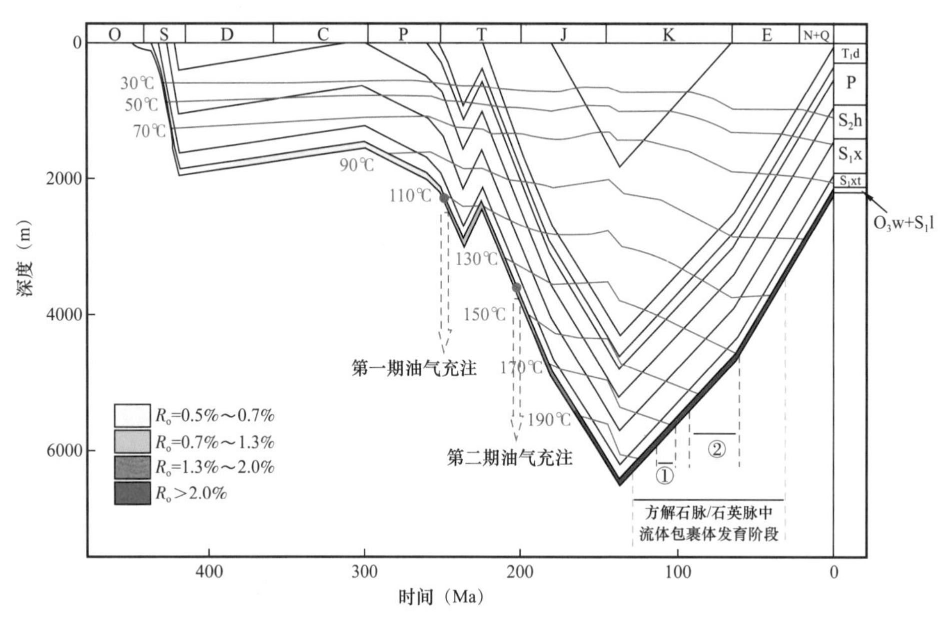

图 4-32　渝东南地区五峰组—龙马溪组页岩气成藏期次（据何生等，2015）

需要注意的是，包裹体捕获压力反映的是矿物脉体形成时的孔隙压力，而脉体形成是一个漫长的过程，该过程明显滞后于裂缝形成的时间。换句话说，当脉体捕获烃类或含盐地下水时，孔缝已经处于开启状态，气藏经过了一段时间的损失，地层压力相比气藏初始状态有一定下降。因此，地质历史中某时刻的实际地层压力，可能介于包裹体捕获压力及地层破坏压力之间（图 4-33 绿色区域部分）。随着地层不断抬升，气体损失量不断增大，气藏压力也进一步下降，包裹体被捕获时刻的地层压力也在不断减小。这也反映了气藏实际含气性与气藏储集能力间的关系。

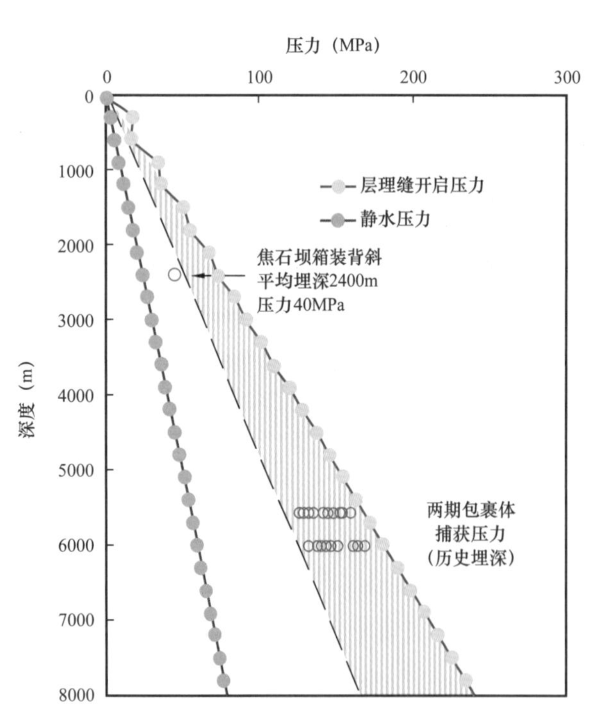

图 4-33　压力随深度变化示意图
绿色区域为理论含气区间

（二）构造抬升幅度对页岩气富集的控制

通常构造运动越强烈，保存条件越差，这是显而易见的。如果在构造顶部产生“通天”断层，含气系统就很难保存；构造运动致使地层倾角过大也不利于页岩气的保存。末次构造运动引起地层隆升剥蚀、褶皱变形、断裂切割、地表水的下渗以及压力体系的破坏，同时还因构造动力和应力作用使盖层岩石失去塑性，封闭保存条件变差。因此，后期构造运动改造强度是页岩气藏破坏与散失的根本原因，并且主要通过断裂作用改变油气保存条件。

针对不同构造样式下页岩气的富集可以分为两种情况来讨论（图 4–34）。第一种情况是在同一深度不相邻的不同构造部位（图 4–34b）：当处于不同构造部位同一深度时，不同构造部位垂向损失大致相同，但负向部位有额外的顺层损失，正向部位有额外的顺层补充，导致随着地层抬升幅度的变化正向部位始终相对负向部位富气。典型的实例为长宁地区宁 203 井和威远地区威 202 井，长宁地区为简单向斜构造，威远地区为简单背斜构造，两地平均埋深均在 2500m 左右，上覆盖层性质类似，但威 202 井始终有低部位气体补给，而宁 203 井在顺层方向上通天，侧向损失量大大增加，导致威 202 井页岩含气量大于宁 203 井（图 4–35）。

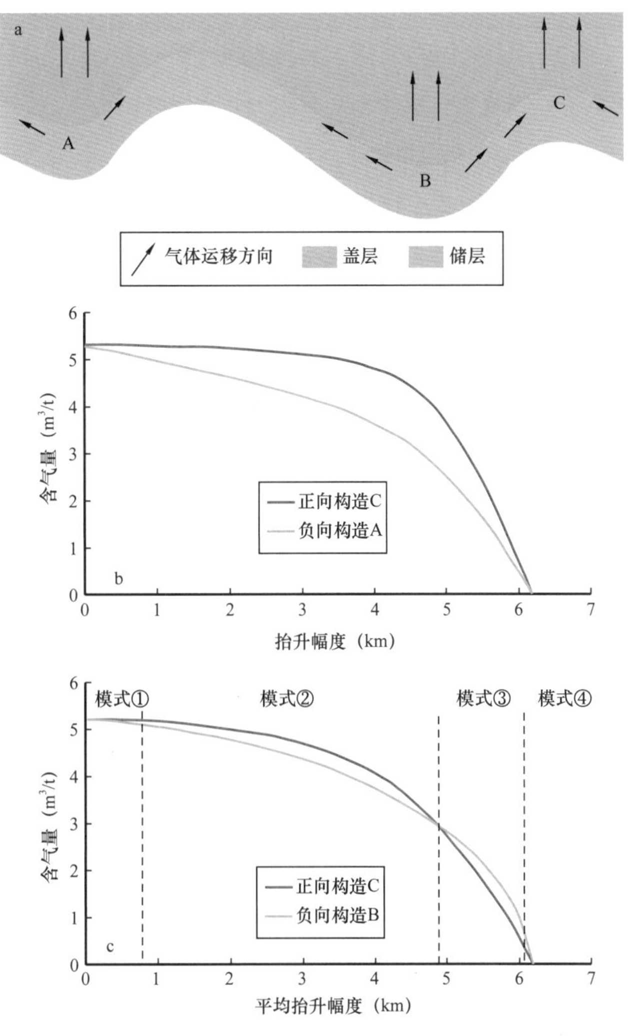

图 4–34　威远地区不同构造样式页岩含气量随抬升幅度变化

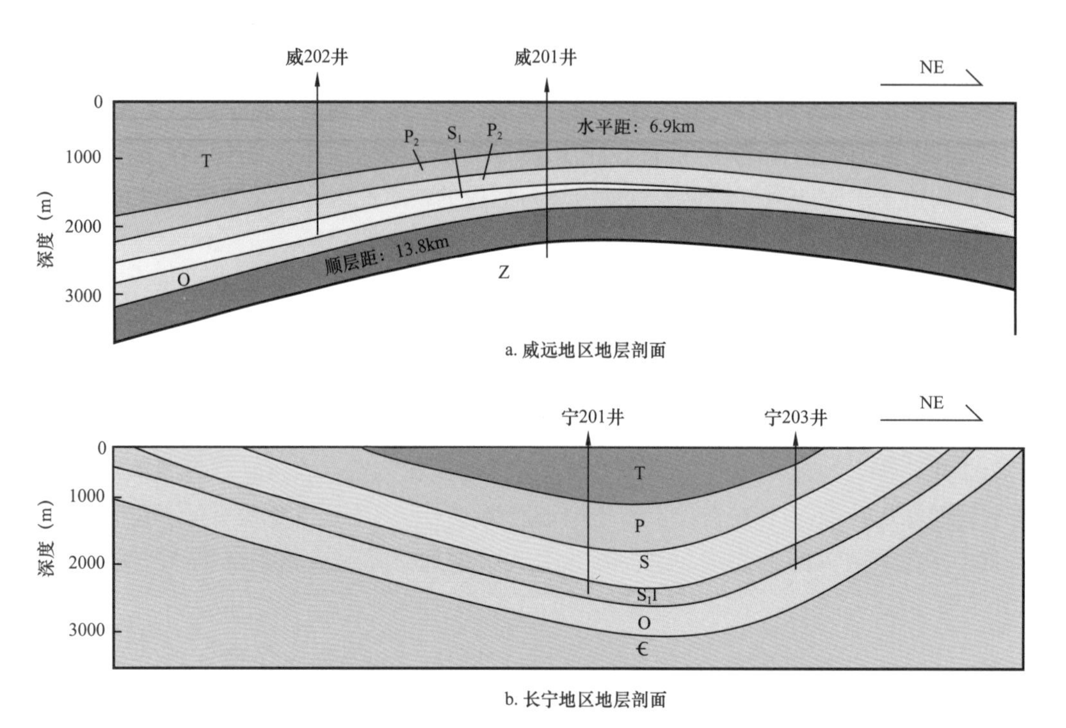

图 4-35　威远地区与长宁地区地层剖面图

第二种情况是在不同深度相邻的不同构造部位（图 4-34c）。在地层抬升幅度较小时（埋深较大），气体先相对富集在正向构造高部位。地层抬升幅度较大时（埋深稍浅），即正向部位达到页岩发生破裂的临界深度以上时，页岩气相对富集在构造低部位，具体实例如威远地区威 201 井和威 202 井，较深部位的威 202 井含气性要好于较浅部位的威 201 井。而当地层进一步抬升，页岩储层出露地表时，气藏则遭受彻底破坏，渝页 1 井、黔页 1 井含气性较差都是很具体的例子。

总之，地层埋深对于不同构造样式下页岩气富集的控制作用相对复杂，在同一深度不相邻的不同构造部位中，正向构造部位含气量始终大于负向构造部位；而在不同深度相邻的不同构造部位中，气体先相对富集在构造高部位，页岩发生剪切破裂深度之上，低部位气体相对富集。随着地层倾角的增加，页岩气的运移量显著增加；并且在维持气藏含气量不变的情况下，地层倾角越大，对地层的埋深要求就越小。

（三）地层倾角对页岩气富集的控制

1. 地层倾角对气体运移的控制机制

地层倾角显著控制着页岩顺层运移量，随着地层倾角的增加，页岩气的运移量明显增加。首先，由式（4-32）可知，地层倾角直接控制上覆地层作用在顺层理面方向上的正应力（即 $\sigma_v\cos A$）。地层倾角越大，地层顺层面方向上所受的压实作用越弱，顺层面方向上岩石越疏松，渗透性能就越强。此外，地层倾角还控制顺层理面方向上的气体运移动力梯度 $\frac{dp}{dL}$。在竖直方向压力梯度不变的情况下，地层倾角越大，气体实际运移的距离越小，顺层理面方向上压力梯度就越大，驱动气体运移的动力就越强（图 4-36）。因此，地层倾角的增大，同时改善了顺层方向上的渗透性与动力两个因素，根据经典达西公式，正向部位顺层渗流补给量自然增加（杨胜来，2011）。

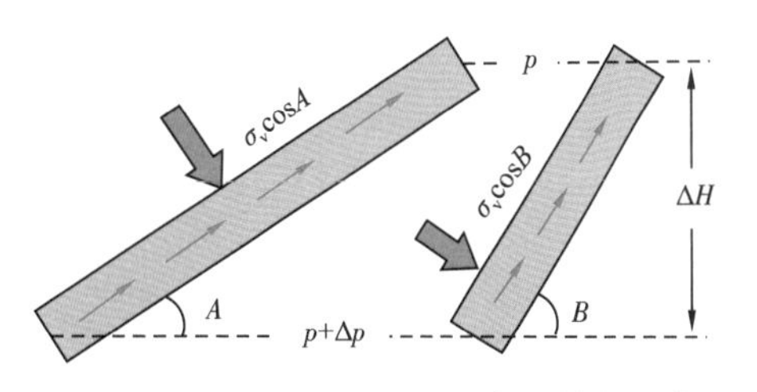

图 4–36　地层倾角对运移要素的控制示意图

2. 地层倾角与埋深对差异富集的耦合控制

构造抬升幅度及地层倾角对不同构造样式下页岩气的富集具有耦合控制作用。从图 4–37 可以看出，地层倾角 30° 时的最大渗流速率约为地层倾角 5° 时的 6 倍，随地层倾角增大，渗流速率也明显增大；并且随抬升幅度的增加，运移效果逐渐改善，当地层抬升至 1500m 左右时，地层发生自破裂，发育大量裂缝，垂向渗流速率陡然增加。因此，在正向部位垂向损失不变的情况下，倾角越大且埋深相对较大，正向构造的高部位会更加富气。

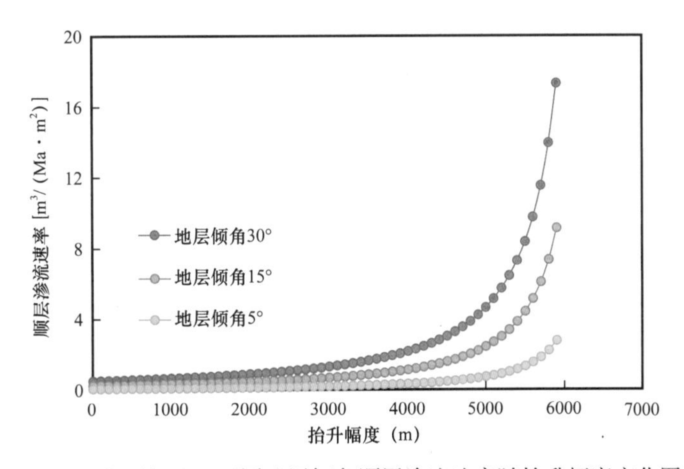

图 4–37　焦石坝地区不同地层倾角顺层渗流速率随抬升幅度变化图

此外，地层倾角变大会导致正向构造的高部位更加富气，而地层埋深变浅则会导致高部位气体损失量增加；所以，在维持气藏含气量不变的情况下，地层倾角越大，对地层的埋深要求就越小。

由图 4–38 可以看出，在地层刚开始抬升时刻，地层产状相对平缓，页岩各处含气量大致相同；随着抬升小幅度增加，垂向运移损失还不明显，正向部位含气量开始高于负向部位。直到抬升至一定程度后，垂向运移损失开始发挥作用，但总体不强，相邻构造单元含气性差值达到最大值后开始下降。当抬升幅度达到岩石破裂深度时，垂向运移损失成为含气量主导因素，相邻构造单元含气性发生反转。当地层倾角为 30° 时，地层抬升至 2000m 左右正负向构造单元含气性之差即达到最大，随后幅度差减小，正向构造垂向散失量大于顺层补给量，当地层抬升至 3800m 左右时，负向构造含气量开始大于正向构造；当地层倾角为 5° 时，地层抬升至 3500m 左右正负向构造单元含气性之差即达到最大，随后幅度差减小，当地层抬升至 5400m 左右时，负向构造含气量开始大于正向构造。地层倾角与埋深耦合共同控制页岩气在正向构造相对富集，均具有正向与负向构造含气量变化差值先增加后减少、先正后负的特征。因此地层倾角越大，造成的正向与负向构造含气量差值变化范围也越大，幅度差极大值时地层抬升的幅度也越小。

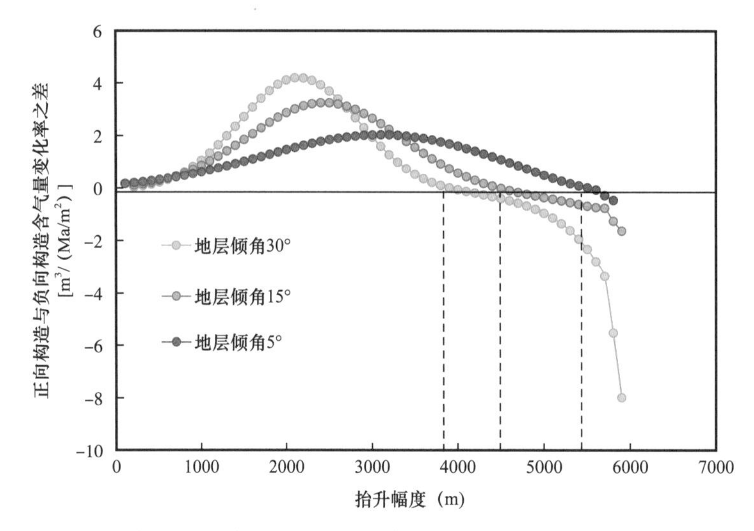

图 4-38　正负向构造单元含气量变化率之差与地层倾角和抬升幅度的关系

三、页岩气差异富集数学模型与运移量计算

（一）页岩气差异富集数学模型

页岩水平渗透率是垂直渗透率的 2～8 倍，平行于层面方向孔隙连通性远大于垂直层面方向（图 4-39）；在钻井现场对页岩岩心进行的浸水实验同样表明天然气气泡主要来自平行层面方向，而垂直层面的天然气气泡较少（图 4-40），这些都说明天然气在页岩层系内部主要沿着层理面渗流运移（Tang 等，2017）。天然气在页岩中扩散运移也遵循普遍的能量守恒原则，即天然气总是从其流体势能高的部位自发向其流体势能低的部位运移，并且在流体势能低的部位聚集。通常情况下，构造低部位的流体势较高，构造高部位的流体势较低，因此天然气总是从构造的低部位向构造高部位运移补充。

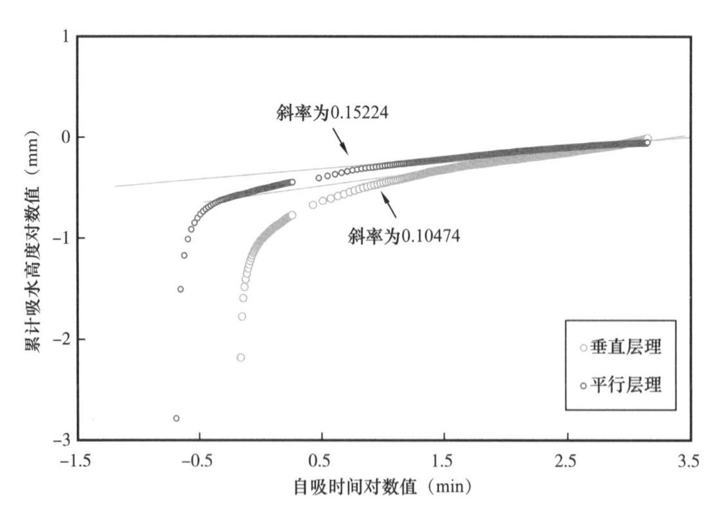

图 4-39　焦石坝地区焦页 143-5HF 井龙马溪组页岩自发渗吸实验

通常情况下，正向构造比负向构造更有利于页岩气的富集。但并不是所有正向构造的高部位都能使页岩气富集成藏，也不是所有的负向构造都无法富集页岩气。

对于正向构造来说，其核部为构造高部位，虽然有垂直层面方向上页岩气扩散渗流的损失，同时还有来自负向构造侧向扩散渗流的页岩气进行补给。而对于负向构造来说，其核部为构造的低部位，不但有垂直层面方向上页岩气的损失，还有页岩气侧向扩散渗流的损失。但由于正向构造高部位总先于负向低部位受到剥蚀，所以正向构造部位的垂向扩散损失始终大于负向构造部位。不过在地层埋深较大时，不同构造部位间高差相对埋深并不明显，二者在垂向上扩散量差异较小，此时正向构造相对负向构造总体更加富集气体。

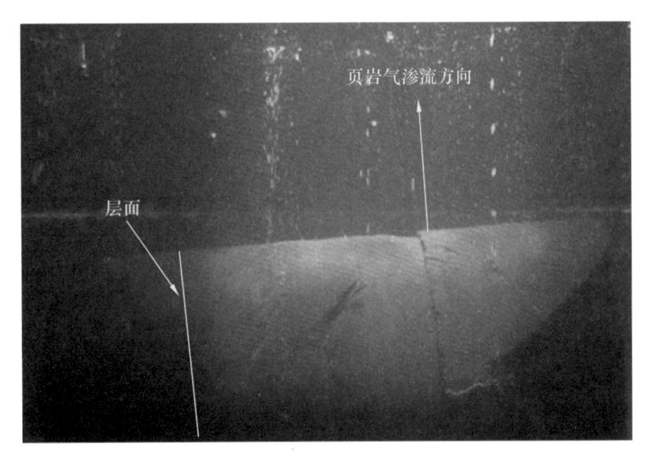

图 4–40　龙马溪组页岩岩心浸水实验

末次抬升后，气体垂向损失与顺层运移量决定了不同构造部位的含气性。因此为了描述页岩气在不同构造样式间的运移与富集过程，建立了页岩气差异富集数学模型，将抽象地质问题转化为实际数学问题，从而计算出各个时间段内气体顺层及垂向的具体运移量，进一步明确不同构造样式下页岩气的差异富集变化规律（图 4–41）。

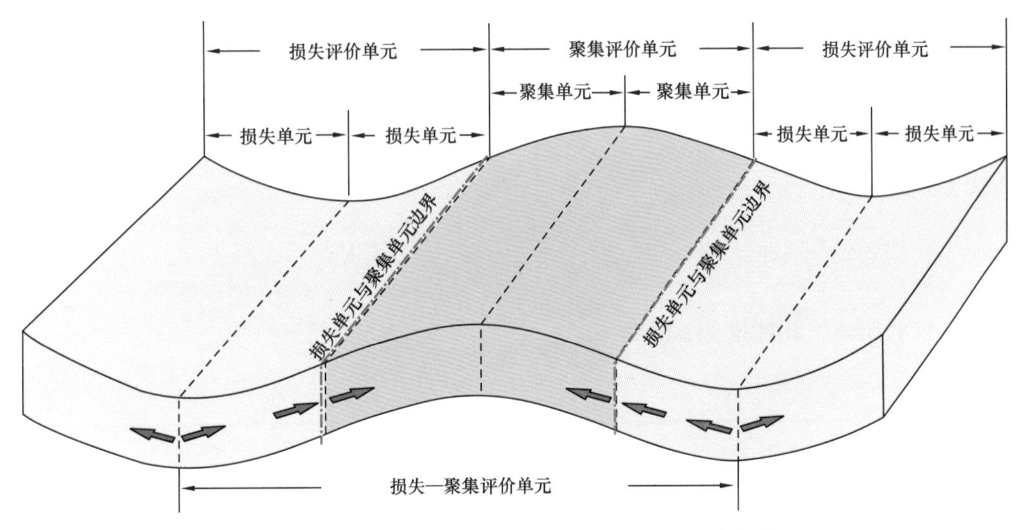

图 4–41　五峰组—龙马溪组页岩气评价单元划分模式图

根据图 4-41 中各地质参数相关关系，可以推导出

$$Q_{\mathrm{A}} = Q_{\mathrm{A}}^{0} - \left(Q_{\mathrm{DA}}^{\uparrow} + Q_{\mathrm{KA}}^{\uparrow}\right) + \left(Q_{\mathrm{DB\to A}}^{\rightarrow} + Q_{\mathrm{KB\to A}}^{\rightarrow}\right) \tag{4-35}$$

$$Q_{\mathrm{B}} = Q_{\mathrm{B}}^{0} - \left(Q_{\mathrm{DB}}^{\uparrow} + Q_{\mathrm{KB}}^{\uparrow}\right) - \left(Q_{\mathrm{DB\to A}}^{\rightarrow} + Q_{\mathrm{KB\to A}}^{\rightarrow}\right) \tag{4-36}$$

式中，Q_{A} 为气藏 A 含气量，m^3；Q_{B} 为气藏 B 含气量，m^3；Q_{A}^{0} 为末次抬升时刻气藏 A 含气量，m^3；Q_{B}^{0} 为末次抬升时刻气藏 B 含气量，m^3；$Q_{\mathrm{DA}}^{\uparrow}$ 为气藏 A 垂向气体扩散量，m^3；$Q_{\mathrm{KA}}^{\uparrow}$ 为气藏 A 垂向气体渗流量，m^3；$Q_{\mathrm{DB}}^{\uparrow}$ 为气藏 B 垂向气体扩散量，m^3；$Q_{\mathrm{KB}}^{\uparrow}$ 为气藏 B 垂向气体渗流量，m^3；$Q_{\mathrm{DB\to A}}^{\rightarrow}$ 为气藏 B 至气藏 A 顺层气体扩散量，m^3；$Q_{\mathrm{KB\to A}}^{\rightarrow}$ 为气藏 B 至气藏 A 顺层气体渗流量，m^3。

（二）页岩气藏古含气量计算模型

沉积物尤其是泥质沉积物在埋藏到一定深度之后，常有较为广泛的异常流体压力出现，这已为世界上许多盆地的油气勘探所证实。由于异常流体压力在油气运移、成藏中的重要作用，人们迫切想知道某一地层目前处于何种压力状态，在地质历史上它究竟是否孕育过异常压力，具有多大幅度等一系列问题，因此恢复流体压力孕育史就显得极为重要（宋岩等，2002）。

现在一般认为，异常高压的产生主要有四种因素，即沉积物埋藏过程中压实与排水作用的不平衡、水热增压作用、黏土矿物转化脱水及有机质热解生烃作用等，其中压实与排水的不平衡因素是基础，后三种因素依附其上（孔祥言等，2003）。依据下述四个基本前提，可推导出计算地质历史时期某一阶段流体压力的公式，它们是：（1）压实过程中岩石颗粒骨架不可压缩，孔隙流体则可以压缩；（2）流体在岩石孔隙介质中的流动为线性渗流，服从达西定律；（3）流体流动中质量守恒；（4）岩石孔隙压力过高时可通过水力裂缝方式加以释放而降低（尹丽娟等，2003）。

在一固定的惯性坐标系中，流体与颗粒骨架的移动应遵循质量守恒定理，其连续性方程分别为

$$\frac{\mathrm{d}(\rho\phi)}{\mathrm{d}t} - \nabla\left(\rho\cdot\phi v^{\uparrow} \pm \rho\cdot\phi v^{\rightarrow}\right) = \rho\cdot q_{\mathrm{g}} \tag{4-37}$$

式（3-37）中，孔隙度为 ϕ 的页岩气垂向扩散速率为

$$\phi v^{\uparrow} = D\frac{\mu}{p}\cdot\frac{1}{\mu}\nabla p^{\uparrow} = \frac{D}{p}\nabla p^{\uparrow} \tag{4-38}$$

式（3-37）中，孔隙度为 ϕ 的页岩气侧向渗流速率为

$$\phi v^{\rightarrow} = K\cdot\frac{1}{\mu}\nabla p^{\rightarrow} \tag{4-39}$$

将以上几式联立，并展开计算可得

$$\left(\phi\frac{\mathrm{d}\rho}{\mathrm{d}t}+\rho\frac{\mathrm{d}\phi}{\mathrm{d}t}\right)-\nabla\left(\rho\frac{D}{p}\nabla p^{\uparrow}\pm\rho\frac{K}{\mu}\nabla p^{\rightarrow}\right)=\rho\cdot q_{\mathrm{g}} \tag{4-40}$$

孔隙度与储层上覆压力、地层压力的关系式为

$$\frac{\mathrm{d}\phi}{\mathrm{d}t}=-\beta_{\mathrm{s}}\left(1-\phi\right)\frac{\mathrm{d}\left(S-p\right)}{\mathrm{d}t} \tag{4-41}$$

由流体力学理论可知，可压缩流体的状态方程为

$$\frac{1}{\rho}\frac{\mathrm{d}\rho}{\mathrm{d}t}=\frac{1}{p}\frac{\mathrm{d}p}{\mathrm{d}t}-\frac{1}{T}\frac{\mathrm{d}T}{\mathrm{d}t} \tag{4-42}$$

有关地热史的恢复目前已基本成熟，本书从简化意义上考虑，在模型中以一个关于时间的多项式表达古、今地温梯度及地表温度间的关系，其中一些系数都是与特定盆地实际情况有关的经验系数，从而得到某点的古温度。

进一步将式（4–37）至式（4–42）综合联立，可推导出表达地层古压力历史的偏微分方程：

$$\left(\frac{\phi}{p}+\beta_{\mathrm{s}}-\phi\beta_{\mathrm{s}}\right)\frac{\mathrm{d}p}{\mathrm{d}t}=\frac{1}{\rho}\cdot\nabla\left(\rho\frac{D}{p}\nabla p^{\uparrow}\pm\rho\frac{K}{\mu}\nabla p^{\rightarrow}\right)+\left(1-\phi\right)\beta_{\mathrm{s}}\frac{\mathrm{d}S}{\mathrm{d}t}+\phi\frac{1}{T}\frac{\mathrm{d}T}{\mathrm{d}t}+q_{\mathrm{g}} \tag{4-43}$$

式中，ϕ 为储层孔隙度，小数；p 为地层压力，MPa；$\nabla p^{\uparrow}$ 为盖层垂向压力梯度，MPa/m；$\nabla p^{\rightarrow}$ 为储层侧向压力梯度，MPa/m；β_{s} 为岩石骨架等温压缩系数，$\mathrm{MPa^{-1}}$；t 为时间，Ma；ρ 为地下页岩气密度，$\mathrm{kg/m^3}$；D 为盖层扩散系数，$\mathrm{m^2/s}$；K 为储层渗透率，$\mathrm{m^2}$；μ 为页岩气黏度，MPa·s；S 为上覆地层压力，MPa；T 为地层温度，K；q_{g} 为单位体积内气体体积变化率，$\mathrm{m^3/(m^3\cdot Ma)}$。

式（4–43）中各项的物理意义是：左端表示沉积物通过控制体的流体压力随时间的变化，右端 4 项分别表示孔隙流体流动、总负荷、温度及新生流体对压力形成的贡献。

作为古水动力恢复的核心，流体压力基本方程（4–43）仍是一个较为复杂的偏微分方程，且其中涉及参数过多，与前述各方程联立后方程数仍少于未知量数，难以构成封闭方程组。为能求出各未知量的变化，必须作必要的假设和简化，并借助适合特定研究地区的一些简化条件。工作中通常在求解时间域时采用迭代循环法，而对空间域（二维）则采用有限元法将求解域划分为若干单元。此外在选定合适的参数值和边界条件方面也需给予足够重视，因为先进的模型如果不与恰当的、符合实际的参数相结合，其结果往往很难禁得住实践的检验，这些在目前的盆地模拟工作中不乏其例。古水动力场恢复中所需参数主要有：压实系数、剥蚀量、岩性百分含量、古地温系数、孔—渗关系、流体黏度与密度、岩石密度等。通过反复试算和修改，最终将获得较为准确的古压力场结果。

（1）地层在末次抬升之前，总体处于埋深生气阶段，构造变形强度相对较弱，产状接近水平，储层中气体尚未发生水平方向运移，只存在垂向扩散。因此，地层在末次抬升前的古压力方程为

$$\left(\frac{\phi}{p}+\beta_{\mathrm{s}}-\phi\beta_{\mathrm{s}}\right)\frac{\mathrm{d}p}{\mathrm{d}t}=\frac{1}{\rho}\cdot\nabla\left(\rho\frac{D}{p}\nabla p^{\uparrow}\right)+\left(1-\phi\right)\beta_{\mathrm{s}}\frac{\mathrm{d}S}{\mathrm{d}t}+\phi\frac{1}{T}\frac{\mathrm{d}T}{\mathrm{d}t}+q_{\mathrm{g}} \tag{4-44}$$

（2）地层在末次抬升后初期，有机质生烃作用已经停止；地层构造变形强度略微提高，开始形成两个相邻构造部位；但此时由于地层埋深仍然较大，侧向层理缝受压实作用影响尚未完全开启，导致气体并未发生侧向运移：因此，地层在末次抬升后初期的古压力方程为

$$\left(\frac{\phi}{p}+\beta_{\mathrm{s}}-\phi\beta_{\mathrm{s}}\right)\frac{\mathrm{d}p}{\mathrm{d}t}=\frac{1}{\rho}\cdot\nabla\left(\rho\frac{D}{p}\nabla p^{\uparrow}\right)+\left(1-\phi\right)\beta_{\mathrm{s}}\frac{\mathrm{d}S}{\mathrm{d}t}+\phi\frac{1}{T}\frac{\mathrm{d}T}{\mathrm{d}t} \tag{4-45}$$

（3）地层在末次抬升后中晚期，有机质生烃作用已经停止；地层构造变形强度剧烈，基本形成两个相邻构造部位；但此时由于地层抬升幅度较大，侧向层理缝完全开启，气体开始由负向部位向正向部位大量运移补给。因此，地层在末次抬升后末期的古压力方程为

$$\left(\frac{\phi}{p}+\beta_{\mathrm{s}}-\phi\beta_{\mathrm{s}}\right)\frac{\mathrm{d}p}{\mathrm{d}t}=\frac{1}{\rho}\cdot\nabla\left(\rho\frac{D}{p}\nabla p^{\uparrow}\pm\rho\frac{K}{\mu}\nabla p^{\rightarrow}\right)+\left(1-\phi\right)\beta_{\mathrm{s}}\frac{\mathrm{d}S}{\mathrm{d}t}+\phi\frac{1}{T}\frac{\mathrm{d}T}{\mathrm{d}t} \tag{4-46}$$

式（4–46）中，当表征正向部位压力演化时，方程形式为

$$\left(\frac{\phi}{p_{\mathrm{A}}}+\beta_{\mathrm{s}}-\phi\beta_{\mathrm{s}}\right)\frac{\mathrm{d}p_{\mathrm{A}}}{\mathrm{d}t}=\frac{1}{\rho}\cdot\nabla\left(\rho\frac{D}{p_{\mathrm{A}}}\nabla p_{\mathrm{A}}^{\uparrow}-\rho\frac{K}{\mu}\nabla p_{\mathrm{AB}}^{\rightarrow}\right)+\left(1-\phi\right)\beta_{\mathrm{s}}\frac{\mathrm{d}S}{\mathrm{d}t}+\phi\frac{1}{T}\frac{\mathrm{d}T}{\mathrm{d}t} \tag{4-47}$$

同上，当表征负向部位压力演化时，方程形式为

$$\left(\frac{\phi}{p_{\mathrm{B}}}+\beta_{\mathrm{s}}-\phi\beta_{\mathrm{s}}\right)\frac{\mathrm{d}p_{\mathrm{B}}}{\mathrm{d}t}=\frac{1}{\rho}\cdot\nabla\left(\rho\frac{D}{p_{\mathrm{B}}}\nabla p_{\mathrm{B}}^{\uparrow}+\rho\frac{K}{\mu}\nabla p_{\mathrm{AB}}^{\rightarrow}\right)+\left(1-\phi\right)\beta_{\mathrm{s}}\frac{\mathrm{d}S}{\mathrm{d}t}+\phi\frac{1}{T}\frac{\mathrm{d}T}{\mathrm{d}t} \tag{4-48}$$

式中，ϕ 为储层孔隙度，小数；p_{A} 为正向部位地层压力，MPa；p_{B} 为负向部位地层压力，MPa；$\nabla p_{\mathrm{A}}^{\uparrow}$ 为正向部位地层垂向压力梯度，MPa/m；$\nabla p_{\mathrm{B}}^{\uparrow}$ 为负向部位地层垂向压力梯度，MPa/m；$\nabla p_{\mathrm{AB}}^{\rightarrow}$ 为地层侧向压力梯度，MPa/m。

游离气含量的计算主要通过游离气单因素理论预测模型，即假设吸附气含量为实际地质条件下的最大吸附量，亦即整个孔隙抽象为饱和吸附状态下布满单层甲烷分子的孔隙空间，其剩余的孔隙体积即为游离气体积，从而建立地层条件下，游离气的单因素理论预测模型，利用上述公式，结合含气饱和度及储层温度压力，可以推算地下页岩储层游离气的含量：

$$V_{\mathrm{f}}=\frac{pT_{\mathrm{SC}}S_{\mathrm{g}}\phi}{ZTp_{\mathrm{SC}}\rho} \tag{4-49}$$

式中，V_{f} 为游离气含量，$\mathrm{m^3/t}$；p 为地层压力，MPa；T_{SC} 为地表温度，K；S_{g} 为储层含气饱和度，%；ϕ 为储层孔隙度，%；T 为地层温度，K；p_{SC} 为地表压力，MPa；Z 为甲烷压缩因子。

（三）页岩气藏扩散气量恢复计算模型

1. 页岩气扩散机理

气态烃分子的扩散过程是与浓度分布和梯度密切相关的。按照不同的浓度分布与梯度，可以分为一维、二维和三维分子扩散；同时根据过程是否随时间而改变，又可以分为

稳态的分子扩散和不稳态的分子扩散。但许多情况下的扩散现象可以近似地简化为浓度沿着一个方向变化的一维稳态或一维不稳态分子扩散过程。

物质在三维空间内的分子交换始终处于质量守恒状态。因此，质量守恒的一般式为：物质组分排出量 = 物质组分进入量 + 物质生成速率 – 物质组分局部变化率。该式数值表达式为

$$\frac{\partial \overrightarrow{N_x}}{\partial x}+\frac{\partial \overrightarrow{N_y}}{\partial y}+\frac{\partial \overrightarrow{N_z}}{\partial z}+\frac{\partial C}{\partial t}-q_{\mathrm{g}}=0 \tag{4-50}$$

式中，$\overrightarrow{N_x}$、$\overrightarrow{N_y}$、$\overrightarrow{N_z}$ 是物质组分变化量 $\overrightarrow{N}$ 在直角坐标系内的 3 个互相垂直分量；x、y、z 是物质组分扩散距离直角坐标系内的 3 个互相垂直分量；$\frac{\partial C}{\partial t}$ 为物质组分在三维空间内的浓度随时间变化率。因此式（4–50）可进一步简化为

$$\overrightarrow{N}+\frac{\partial C}{\partial t}-q_{\mathrm{g}}=0 \tag{4-51}$$

假设物质在三维空间内没有整体流动，而以扩散形式向外进行物质输出，则式（4–51）可变为

$$-\nabla\overrightarrow{D}\nabla C+\frac{\partial C}{\partial t}-q_{\mathrm{g}}=0 \tag{4-52}$$

式中，$\nabla\overrightarrow{D}$ 为物质组分在空间中的扩散系数随距离下降梯度的绝对值；∇C 为扩散作用导致的物质浓度随距离下降梯度的绝对值。式（4–52）可以用来描述物质扩散系统中的浓度分布，为一般情况下通式。假定 $\overline{D}$ 为常数，空间内没有物质继续生成（R=0），则式（4–52）可变为

$$\frac{\partial C}{\partial t}=D\nabla^2 C=D\left(\frac{\partial^2 C}{\partial x^2}+\frac{\partial^2 C}{\partial y^2}+\frac{\partial^2 C}{\partial z^2}\right) \tag{4-53}$$

式（4–53）为菲克第二定律的表达式，适用于组分在三维空间内的固体或静止液体中的三维不稳态分子扩散。如果浓度场随时间变化的质量传递过程为不稳态分子扩散，且扩散又只沿着一个方向进行，则称扩散是一维的。

2. 扩散系数的确定

页岩气扩散系数是衡量页岩气扩散能力大小的重要物理量之一。由前文分析得知，物质组分在固体或静止液体中扩散受到构成三维空间的物质组分性质的影响；在地层条件下，则表现为页岩气扩散系数受地层岩性因素控制。通常情况下由于泥岩孔隙孔径小于砂岩孔隙孔径，所以页岩气在泥岩中的扩散速度小于在砂岩中的扩散速度，即页岩气在泥岩中的扩散系数小于其在砂岩中的扩散系数，地层岩性的变化就干扰了页岩气扩散系数的准确取值；其次，由于页岩气扩散系数的大小受岩石孔隙孔径的控制，所以不同埋深的页岩气扩散系数也是不同的，即页岩气扩散系数应是其埋深的函数，这同样干扰了不同埋深处页岩气扩散系数的准确取值。

因此，为了研究问题的方便，可对上述两个问题作如下简化处理。假设页岩气通过

L 厚地层，其中泥岩层厚度为 L_M，砂岩层厚度为 L_S，页岩气由下向上扩散，首先视其为通过 L_M 厚泥岩层的扩散，然后再将其视为通过 L_S 厚砂岩层的扩散（董明哲等，2015）。最后根据 L 厚地层中泥岩层和砂岩层厚度占比，以及泥岩层扩散系数 D_M、砂岩层扩散系数 D_S，利用地层的串联模型（图 4–42），计算得到页岩气通过 L 厚地层的扩散系数 D 为

$$D=\frac{L}{\dfrac{L_M}{D_M}+\dfrac{L_S}{D_S}}=\frac{D_M D_S}{\dfrac{L_M}{L}D_S+\dfrac{L_S}{L}D_M} \tag{4-54}$$

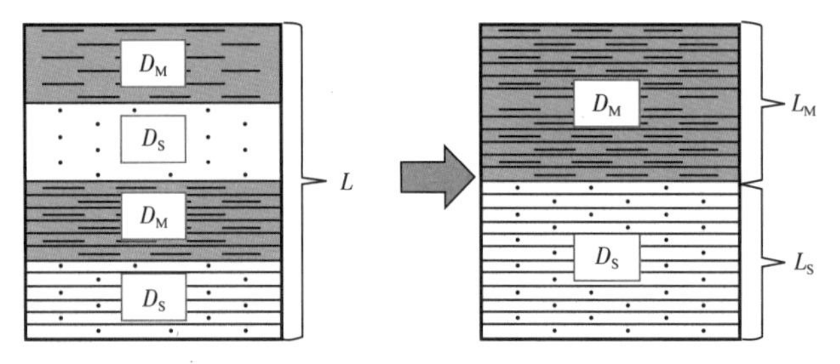

图 4–42　页岩气扩散系数计算的地层串联组合地质模型

3. 页岩气通过盖层扩散的数学模型

烃源岩开始生烃后，轻烃可以通过分子扩散作用从烃源岩运移到相邻的渗透层。页岩气在运移过程中或进入圈闭形成气藏后，其中轻烃也可以通过分子扩散作用经盖层向外扩散。该类问题可以看作是扩散组分由一平面向另一平面的一维不稳态扩散，可用菲克第二定律来描述（陈璐等，2020）。

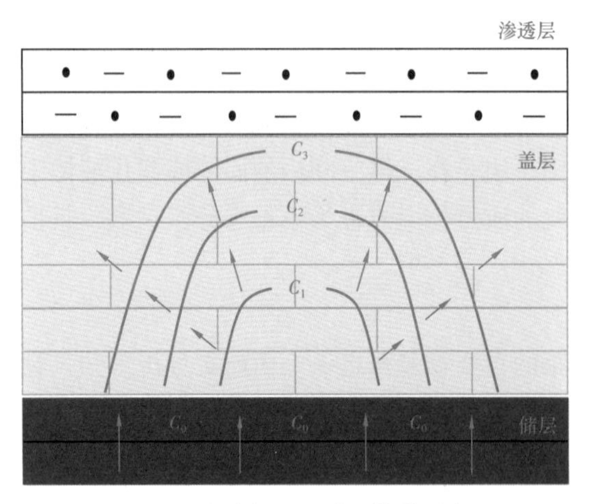

图 4–43　气态烃通过盖层扩散示意图

如图 4–43 所示，假设烃源岩内气态烃浓度为 C_0，盖层厚度为 L，盖层为非烃源岩且气态烃在盖层中的扩散系数 D 为定值。这种情况下，盖层对页岩气藏无浓度屏蔽作用，但盖层厚度以及孔隙结构的变化可以影响气态烃纵向的浓度变化。气态烃透过盖层持续扩散一段时间之后，会在纵向上形成相对稳定的浓度梯度，当盖层具有良好的封闭能力时，从烃源岩中扩散出的气体会被完全封锁在盖层之内，不会通过盖层扩散至上覆的渗透层中，即 $C_0>C_1>C_2>C_3\approx C_4=0$；而盖层封闭能力较差时，从烃源岩中扩散出的气体只有部分被封锁在盖层之内，另一部分气体则通过盖层扩散至上覆的渗透层中，即 $C_0>C_1>C_2>C_3>C_4\geqslant 0$。所以可以根据纵向上气体浓度梯度来判断盖层的封闭能力。

为了研究盖层底面气体浓度变化，根据构造活动一般规律，建立气体浓度边界条件函数。当发生剧烈构造活动时，地层快速埋深，烃源岩开始快速生烃时，假设烃源岩内部

气态烃浓度均一，则在 0～t_1 时间内页岩中气体浓度由 0 线性地增加到 C_0；之后地层埋深速度降低，生烃速度逐渐减慢，t_1～t_2 时间内页岩中气体浓度维持在 C_0；最后随着地层的抬升，页岩生烃作用停止，气体扩散始终在进行，导致在 t_2～t_3 时间内页岩气态烃浓度由 C_0 线性地降低到 0（图 4–44）。

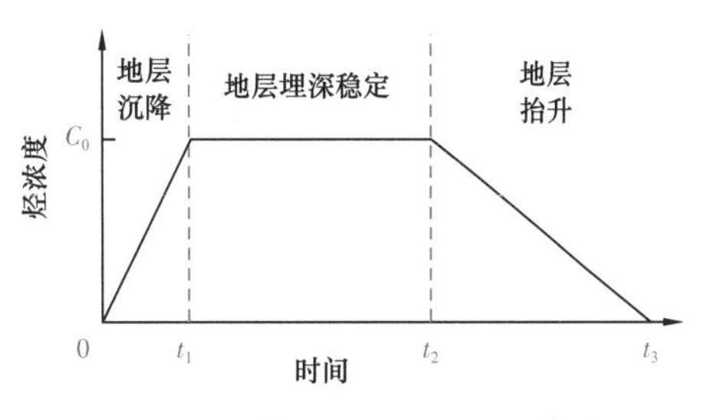

图 4–44　储层中烃浓度变化模式

基于菲克第二定律，将上述地质问题转化为数学问题。气体在纵向上的浓度变化是扩散距离及扩散时间的函数 $C(x, t)$，而气态烃初始浓度是受时间控制的变量。为了保证盖层具有良好封闭性，使盖层与上覆渗透层间接触面的烃浓度始终为 0，式（4–12）增加初始条件和边界条件。

初始条件：$C(x, 0)=0$

边界条件：$C(L, t)\geqslant 0$，并且 $C(0,t)=\begin{cases} \dfrac{C_0}{t_1}\cdot t & (0\leqslant t\leqslant t_1) \\ C_0 & (t_1<t\leqslant t_2) \\ C_0-\dfrac{C_0}{t_3-t_2}(t-t_2) & (t_2<t\leqslant t_3) \end{cases}$

此时，地质问题已转化为求二阶偏微分方程数值解问题。该定解问题的差分格式解法具体过程如下：

（1）将扩散距离 x 轴分成 N 等，取步长为 $\Delta x=\dfrac{L}{N}$；将扩散时间 t 轴分成 M 等，取时间步长为 $\Delta t=\dfrac{t_3}{M}$（图 4–45）。

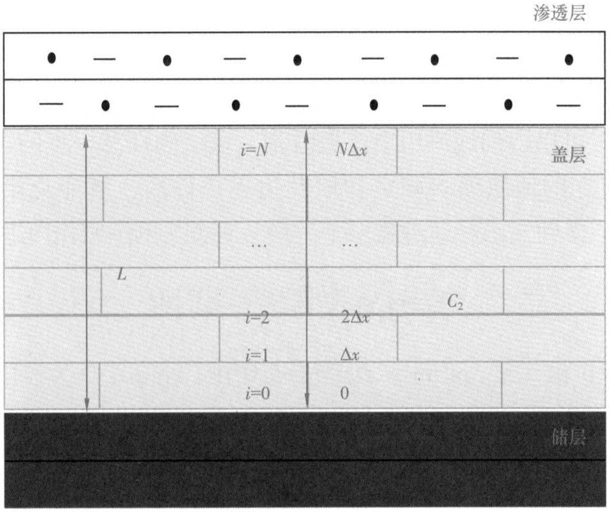

图 4–45　盖层纵向位置坐标序号示意图

（2）假设节点（i, j）处的速度 $C(x, t)$ 可用时深坐标 C_i^j 表示，这时 $x=(i-1)\Delta x$、$t=j\cdot\Delta t$。其中 i 为位置坐标序号，j 为时刻序号，其中 $i=1, \cdots, N+1$；$j=0, 1, \cdots, M$（张慧，2020）。

则有如下公式：

$$\left[\frac{\partial C_{\mathrm{A}}}{\partial t}\right]_i^j = D\left[\frac{\partial^2 C_{\mathrm{A}}}{\partial x^2}\right]_i^j \tag{4-55}$$

初始条件变为：$C_i^0=0$

边界条件变为：$C_{N+1}^j\geqslant 0$，根据图 4–44 含气量演化模式可知有

$$C(0,j)=\begin{cases}\dfrac{C_0}{t_1}\cdot j\cdot\Delta t & (0\leqslant j\cdot\Delta t\leqslant t_1)\\ C_0 & (t_1<j\cdot\Delta t\leqslant t_2)\\ C_0-\dfrac{C_0}{t_3-t_2}(j\cdot\Delta t-t_2) & (t_2<j\cdot\Delta t\leqslant t_3)\end{cases}$$

（3）利用向前差分法解该偏微分方程，详细计算过程略去。最终整理后得到 i 位置、j+1 时刻的速度为

$$C_i^{j+1}=rC_{i-1}^j+(1-2r)C_i^j+rC_{i+1}^j \quad (1\leqslant i\leqslant N-1, 0\leqslant j\leqslant M-1) \tag{4-56}$$

式（4–55）中 $r=\dfrac{D\Delta t}{\Delta x^2}$，由差分法原理可知，为了满足方程数值解整体的稳定性，需要使 0≤r≤0.5，即 $0\leqslant D\dfrac{\Delta t}{\Delta x^2}\leqslant 0.5$（李娜等，2014）。

式（4–56）矩阵形式为

$$\begin{bmatrix}C_1^{j+1}\\ C_2^{j+1}\\ \vdots\\ C_{N-1}^{j+1}\end{bmatrix}=\begin{bmatrix}rC_0^j\\ \vdots\\ \vdots\\ 0\end{bmatrix}+\begin{bmatrix}1-2r & r & \cdots & \cdots & 0\\ r & 1-2r & r & \ddots & \vdots\\ \vdots & \ddots & \ddots & \ddots & \vdots\\ 0 & \cdots & \cdots & r & 1-2r\end{bmatrix}\begin{bmatrix}C_1^j\\ C_2^j\\ \vdots\\ C_{N-1}^j\end{bmatrix}+\begin{bmatrix}0\\ \vdots\\ \vdots\\ rC_N^j\end{bmatrix} \tag{4-57}$$

根据式（4–57）可以得到地质历史任意时刻，盖层内任意一点的含气量。

根据图 4–44 建立的地质模式确定初始及边界条件后，解菲克第二定律偏微分方程（刘明鼎等，2018），得到气态烃通过盖层下界面（x=0）单位面积内进入盖层的扩散量：

$$Q=\int_0^t \rho_{\mathrm{S}}\frac{D}{L}\left(C_1^{j+1}-C_{N-1}^{j+1}\right)\mathrm{d}t \tag{4-58}$$

式中，Q 为单位面积扩散气量，$\mathrm{m^3/m^2}$； ρ_{S} 为岩石密度，$\mathrm{kg/m^3}$；D 为盖层扩散系数，$\mathrm{m^2/Ma}$；L 为盖层厚度，m；C_1^{j+1} 为特定时刻盖层底界含气量，$\mathrm{m^3/t}$；C_{N-1}^{j+1} 为特定时刻盖层顶界含气量，$\mathrm{m^3/t}$；t 为扩散时间，Ma。

（四）页岩气运移量计算方法

在页岩气差异富集数学模型基础上，基于页岩储层全尺度孔径分布特征，结合特定地区页岩气扩散和渗流的临界条件，可以计算页岩全孔径扩散和渗流的分布区间及运移能力。

以焦石坝地区为例，对应现今焦石坝页岩气藏特征（40MPa、90℃），不同运移形式的孔径范围是：吸附表面扩散（0～0.6nm）、克努森扩散（0.6～1.0nm）、菲克扩散（1.0～25.0nm）、滑脱流动（25.0～225.0nm）、达西流动（>225.0nm）。结合页岩全孔径孔隙结构特征后发现，不同运移形式对应孔隙体积占比依次为15.3%、5.6%、60.7%、6.4%、12.0%，页岩中有60.7%的孔隙体积发生了菲克扩散，微—中孔为扩散主要空间（图4-46）。

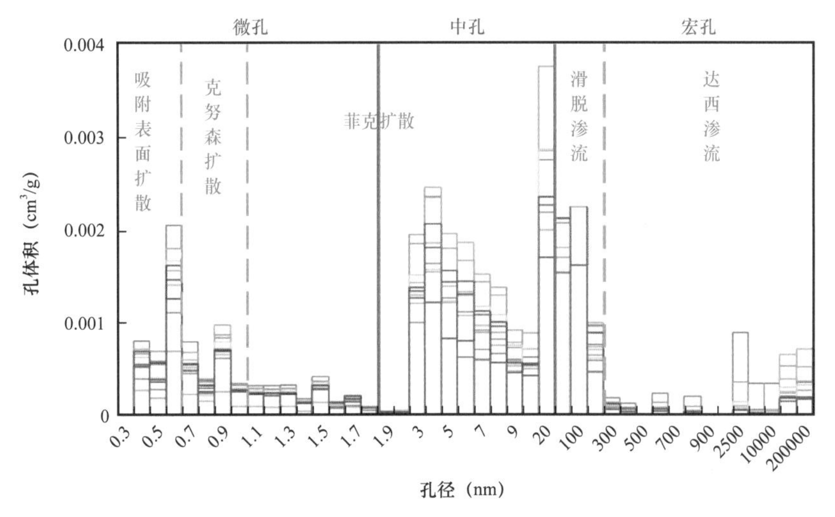

图4-46 焦石坝地区五峰组—龙马溪组页岩孔体积分布直方图

基于焦石坝地区页岩储层实际全孔径孔体积分布，计算不同孔径体积贡献率；结合式（4-27）至式（4-31），计算对应孔隙范围不同运移类型的表观渗透率，建立页岩全孔径渗透率分布，明确不同孔径区间对运移的贡献（图4-47）。研究发现，对应现今焦石坝页岩气藏特征，扩散与渗流共同控制气体运移，宏孔主要提供气体渗流空间，微孔与中孔主要提供扩散空间，渗流运移能力约为扩散运移能力的10^6倍。虽然宏孔仅贡献12%的孔隙体积，但由于单个宏孔孔隙尺寸远远大于微—中孔，即使扩散运移有较高的孔隙体积加权比例，对运移的实际贡献还是微乎其微（任影等，2017）。

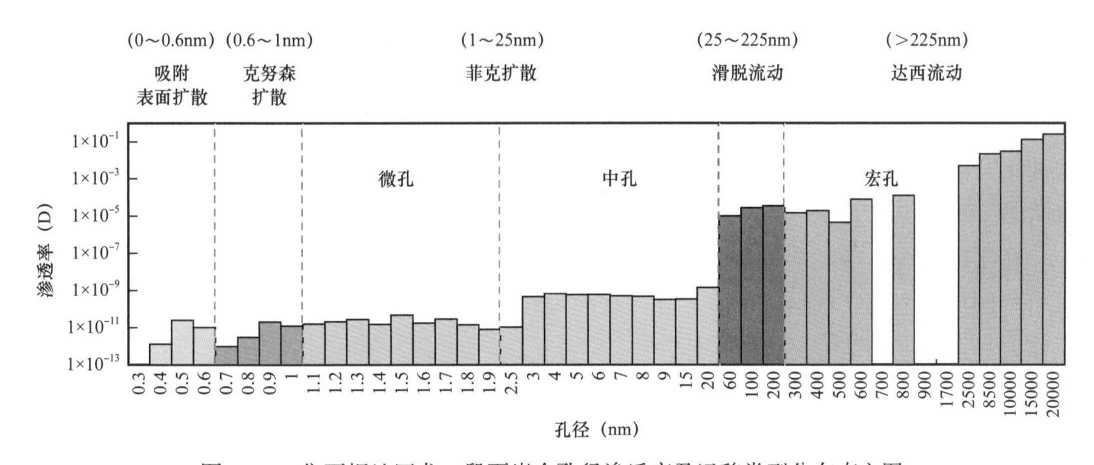

图4-47 焦石坝地区龙一段页岩全孔径渗透率及运移类型分布直方图

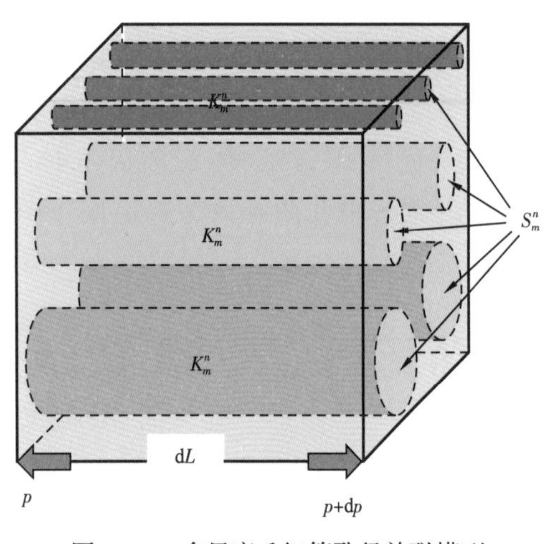

图 4–48　多尺度毛细管孔径并联模型

为了计算页岩气的具体运移量，本书建立了多尺度毛细管孔径并联模型（图 4–48）。该模型将页岩孔隙结构理解为毛细管束集合体，页岩气总流量等于各个孔隙内分流量之和。不同孔径尺寸的孔隙等长且互相平行，气流通过孔隙的路程相同；所有孔隙两端压差均相同，使得各个孔隙内部具有相同压力梯度；不同尺寸孔隙孔体积差异体现在毛细管横截面积不同。在明确了全孔径页岩气运移的渗透率、压力梯度以及通过的横截面积后，利用经典达西公式，计算页岩气运移量。

以焦石坝地区龙马溪组页岩为例，基于图 4–47 中全孔径渗透率分布，结合并联模型中各地质参数相互关系，可以推导出以下一系列公式：

$$Q = Q_0^{0.3} + Q_{0.3}^{0.4} + \cdots + Q_m^n + \cdots + Q_{10000}^{20000} \tag{4–59}$$

式中，Q_m^n 为特定孔径区间内气体流量，利用经典达西定律可知：

$$Q_m^n = \frac{K_m^n}{\mu} \cdot S_m^n \cdot \frac{\mathrm{d}p}{\mathrm{d}L} \cdot t \tag{4–60}$$

式中，S_m^n 为特定孔径区间内气体流经横截面积，根据孔体积分布可知：

$$S_m^n = S \cdot \phi \cdot \frac{V_m^n}{V} \tag{4–61}$$

$$V = V_0^{0.3} + V_{0.3}^{0.4} + \cdots + V_m^n + \cdots + V_{10000}^{20000} \tag{4–62}$$

式中，Q 为总运移量，m^3；Q_m^n 为孔径 $m \sim n$ 范围内运移量，m^3；K_m^n 为孔径 $m \sim n$ 范围内渗透率，D；S 为总运移截面积，m^2；t 为运移时间，Ma；S_m^n 为孔径 $m \sim n$ 范围内运移截面积，m^2；ϕ 为总孔隙度，%；V_m^n 为孔径 $m \sim n$ 范围内孔体积，cm^3/g；V 为总孔体积，cm^3/g。

以盆缘焦石坝地区为例，计算各个运移类型的具体运移量。首先，通过对焦页 1 井构造埋藏史的分析，明确页岩气运移时间，将抬升后气体运移过程分为三个时段：晚白垩世快速抬升阶段（85—65Ma）、古近纪水平抬升阶段（65—20Ma）、新近纪—第四纪缓慢抬升阶段（20—0Ma）（图 4–49）。分别对三个阶段进行对比计算。

在明确了全孔径页岩气运移的渗透率、页岩气运移横截面积后，可以计算焦石坝地区页岩气顺层运移量（图 4–50）。由图 4–50 可知，在不同地质历史阶段，气体侧向运移量总体差异不大，页岩总平均侧向运移量约为 $9.20 \times 10^{11} m^3$。其中水平抬升阶段由于运移时间较长，各项运移量相对最高。在所有地质历史阶段，达西渗流对侧向运移贡献达到 90% 以上，对气体顺层运移起到了决定作用；其次是菲克扩散与滑脱流动，各提供了约 5% 的气体运移贡献。

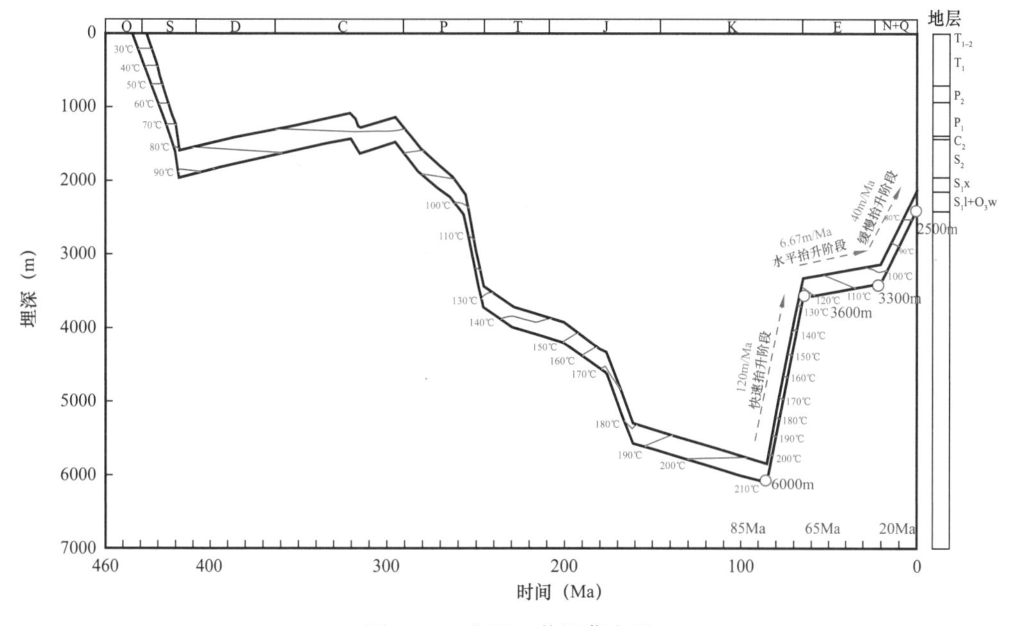

图 4-49　焦页 1 井埋藏史图

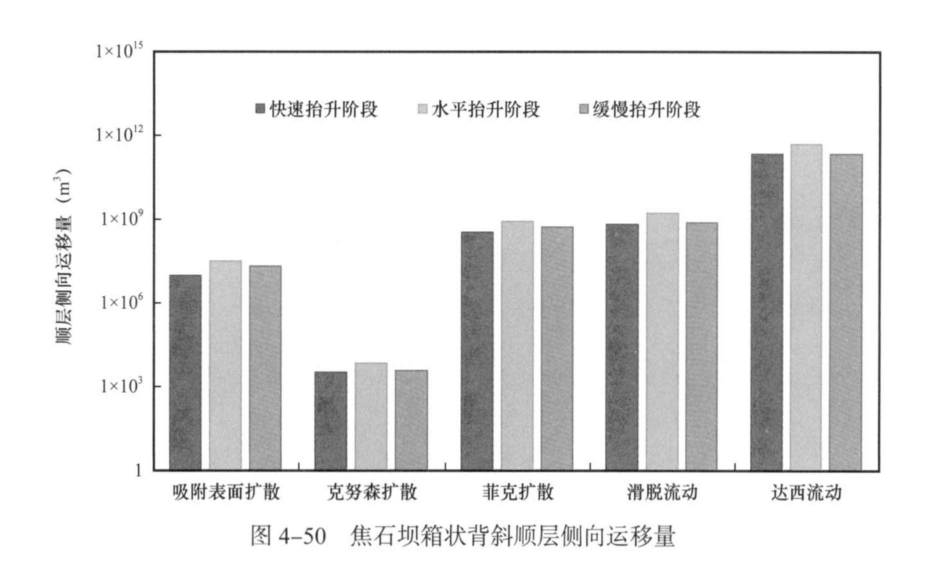

图 4-50　焦石坝箱状背斜顺层侧向运移量

四、“生—储—保”条件对差异富集的控制

“生—储—保”有效综合匹配决定了成藏品质。页岩有机质丰度—热演化程度匹配决定着有效生气量的大小；主生气期有机质孔发育和生物硅支撑—微裂缝发育决定了储集能力的大小；主要生气期距今时间越近越有利于页岩气富集；页岩气“生—储—保”各要素时空匹配的有效性，控制着页岩气成藏过程及富集程度（王社教等，2012）。

（一）生气潜量与生气时段

长时间的大量气源供给是页岩气形成的前提条件。高有机质丰度与优质有机质类型保证了烃源岩具有较高生气潜力，而烃源岩热演化历史决定着有效生气时间的长短，二者具有一定的互补关系（Yang 等，2020）。Ⅰ型、$Ⅱ_1$型干酪根具有较高生烃潜量，保证了在较低成熟度阶段有大量原油及沥青生成；随着成熟度的增加，早期生成且尚未排出的原油开始大量持续裂解成气，拓宽了烃源岩生气的时段；当烃源岩的有机质类型越好，热演化程度高时，生成同等气量所需要的有机碳含量就越低（赵文智等，2011）。

四川盆地龙马溪组页岩总体具有有机质丰度高、类型好、沉积厚度较大的特点，整体生气潜力较高；并且龙马溪组页岩整体处于高—过成熟阶段，均已经历了长时段的生气过程（Huang 等，2020b）。其中，下志留统页岩的厚度高值区处在川南地区，整体上也呈向周边快速减小的趋势；页岩有机质丰度则呈现出向黔北—渝东南带升高，而向周围降低的趋势。受差异构造运动影响，四川盆地龙马溪组页岩在湘—鄂—渝交界地区率先进入生干气阶段，虽然中期受构造运动影响地层小幅抬升，但仍较其他主要地区经历了更长的生气时段，有充足的气体供应；川东地区虽然进入生干气门限较晚，但地层抬升时间较晚，也具有较长的生气时段（图 4-51）。需要指出的是，尽管某些地区页岩总生气时间较长，生气量较大，但结束生气时间过早导致气藏经历了漫长的损失过程，也会使页岩含气性较差（Liu 等，2016）。

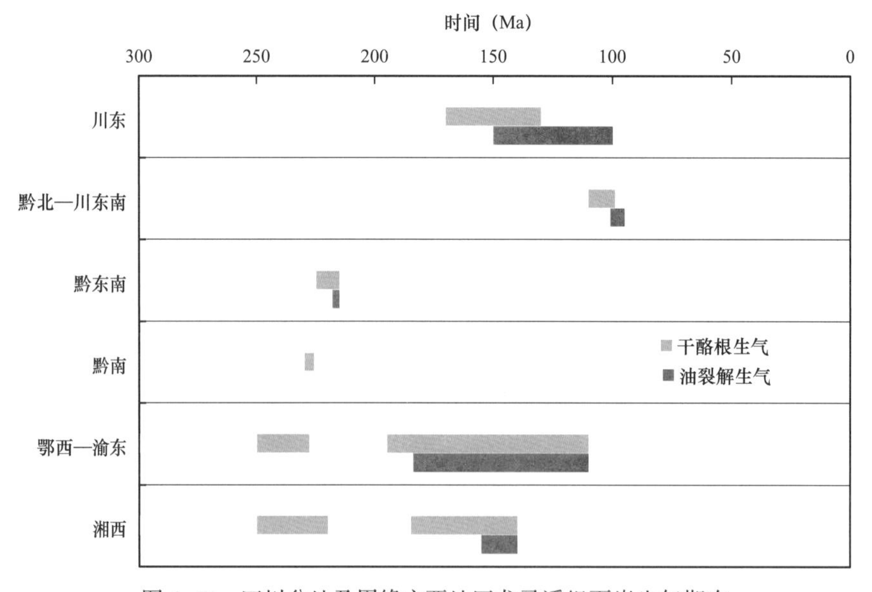

图 4-51　四川盆地及周缘主要地区龙马溪组页岩生气期次

通过分析四川盆地各地区生气潜力与生气时段，计算四川盆地龙马溪组页岩生气强度。发现川东南、渝中、鄂西—渝东地区是龙马溪组页岩生气强度主要高值区，这三个地区同时也是目前国内页岩气的主要产区，表明页岩高生气潜力与较长生气时段因素的耦合，是页岩气富集的重要控制因素（图 4-52）。

（二）储集能力

页岩储集能力的大小决定了页岩气富集程度的上限（Chen Lei 等，2017a）。由于页岩

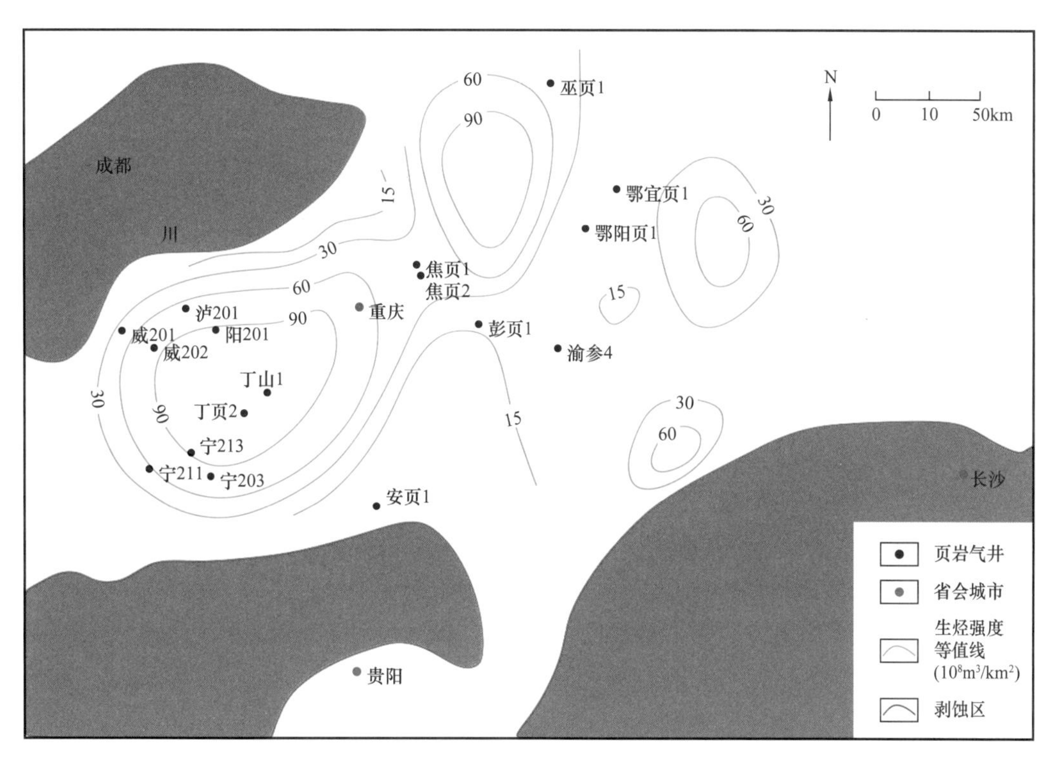

图 4–52　上扬子地区下志留统区域生烃强度变化

在地质历史中的生烃量远大于页岩的最大储集量，并且页岩在满足自身的储集量后才会向外排烃，因此页岩储层储集吸附气与游离气的能力愈优越，吸附气与游离气的富集程度就愈高（Wang 等，2017）。

游离气主要赋存于泥页岩内部较大的有机质孔、硅质矿物粒间孔及微裂缝中（Chen Lei 等，2019a）。与吸附气相比，游离气储集能力除了受地层温压条件、含水率、岩矿特征等条件控制外，还需要储层具有较大规模的孔隙体积（Tang 等，2019）。与常规储层相比，页岩储层除了部分无机孔隙，还包含大量有机质生烃形成的孔隙与生烃增压缝（Zheng 等，2019a）。热模拟实验表明，沥青质组分在主生气期（R_o 为 2.9%），孔缝尺度显著变大，孔隙连通性增强，更有利于气体富集（图 4–53）。而当储层脆性矿物含量较高时，地层压实作用也会使石英等矿物内部产生应力缝，改善储层物性；并且脆性矿物形成的刚性骨架也有效地抑制了岩石的压实作用，保护了孔隙（Zhang 等，2019b）。因此，主生气期有机质孔发育、生物硅支撑、微裂缝发育决定了页岩孔体积的大小。

在明确页岩主生气期有机质孔发育、生物硅支撑、微裂缝三者匹配对孔体积控制作用基础上，基于理想气体方程模型，结合地层温压、含水率等条件，计算渝东南龙马溪组页岩储层游离气储集能力在剖面上的变化（图 4–54）。从图 4–54 可知，随深度增加，富有机质页岩中游离气含量不断增加；同一深度处，随孔隙度增加，游离气含量显著增加（图 4–54a）；孔隙度一定的条件下，同一深度处页岩储层随压力的增加，游离气含量明显增加（图 4–54b）。因此，主生气期有机质孔、生物硅支撑、微裂缝和压力是控制游离气储集能力最重要的因素。

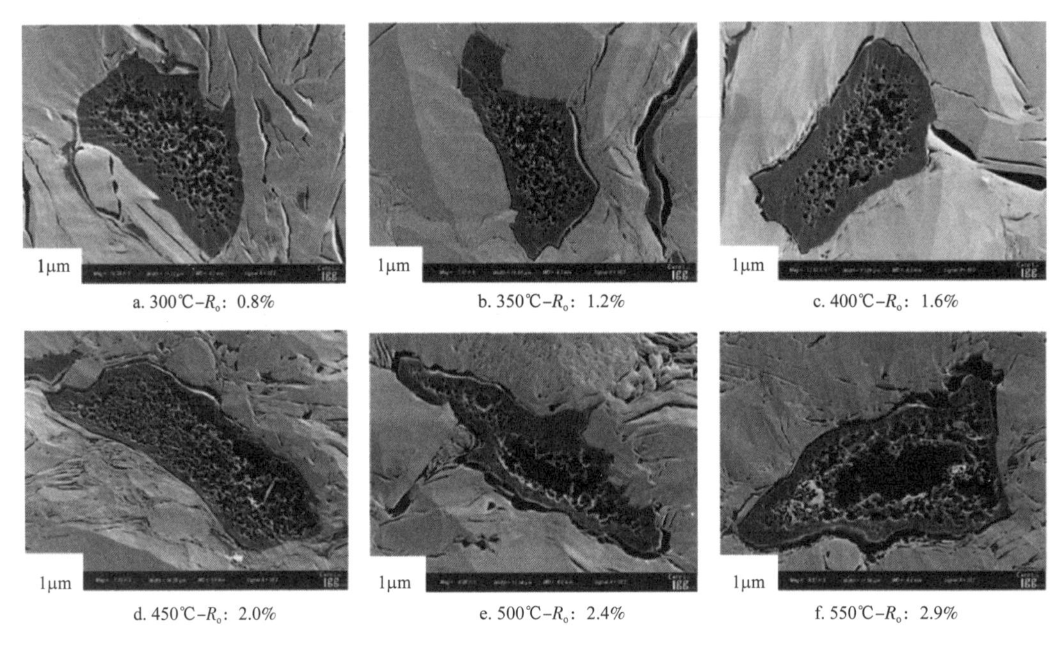

a. 300℃-R_o: 0.8%　b. 350℃-R_o: 1.2%　c. 400℃-R_o: 1.6%

d. 450℃-R_o: 2.0%　e. 500℃-R_o: 2.4%　f. 550℃-R_o: 2.9%

图 4-53　热模拟条件下龙马溪组页岩样品有机质孔发育情况随演化程度的变化

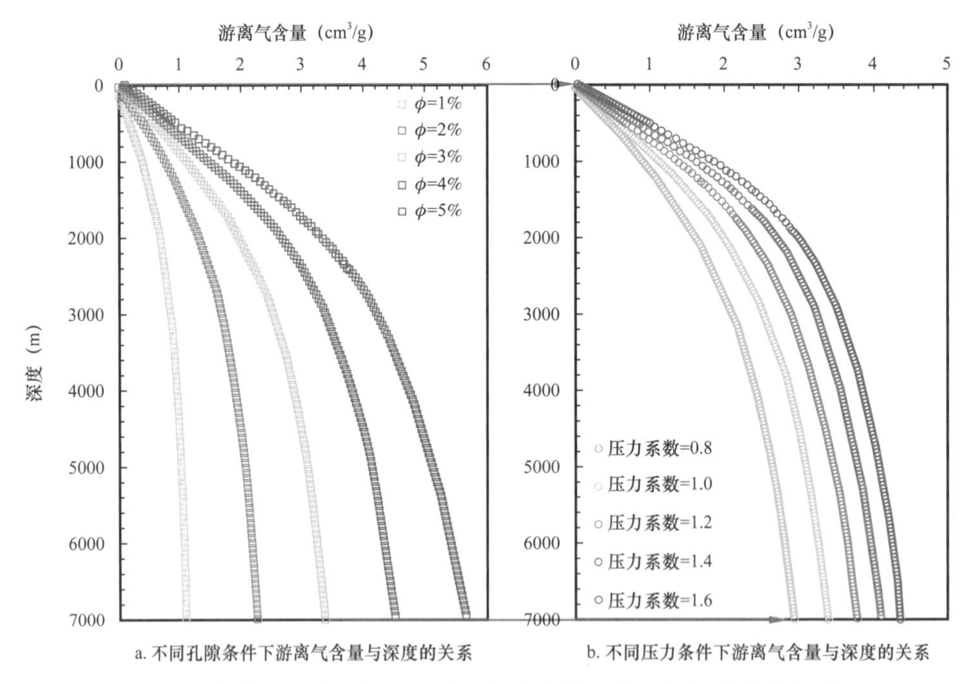

a. 不同孔隙条件下游离气含量与深度的关系　b. 不同压力条件下游离气含量与深度的关系

图 4-54　龙马溪组页岩在不同孔隙和压力条件下游离气含量与深度的关系

（三）保存条件

保存条件的优劣决定了页岩气富集程度的下限。由于页岩的生烃量远大于储集量，在地层持续生烃时，储层始终处于含气饱和状态；但当地层抬升，页岩停止生烃供应，保存条件成为页岩气富集主要控制因素。当保存条件变差时，游离气就会通过盖层垂向或内部顺层通道损失掉；游离气的损失导致气藏压力下降，吸附气则会解吸成为游离气进一步损失（Liu 等，2016）。

页岩气藏的保存能力主要受初始区域沉积特征、后期构造运动两方面因素控制（Wang 等，2020）。初始区域沉积特征控制页岩储层的盖层条件、顶底板条件；后期构造运动则主要控制地层构造样式、断裂发育特征、地层末次抬升时间及幅度。但就四川盆地龙马溪组页岩来说，后期构造运动所引起的地层末次抬升时间及幅度的差异，是控制页岩气差异富集的最主要因素。页岩末次抬升时间越早，抬升幅度越强，则天然气扩散和渗流损失的时间越长，页岩现今含气量就越低（郭秀英等，2015）。

渝东南地区焦页 1 井、渝参 4 井及渝参 6 井均位于四川盆地构造变形带边缘，生气及储气条件相似，但后期构造强度有明显差异。其中，三口井末次抬升时间依次增加，分别为距今 85Ma、105Ma、130Ma；对应末次抬升幅度依次增强，分别为 3700m、5600m、6800m；而对应含气量则显著依次降低，分别为 $6.0m^3/t$、$1.5m^3/t$、$0.3m^3/t$（图 4-55）。因此，三口典型井的差异富集情况，充分证明了末次抬升时间越晚、抬升幅度越小越有利于页岩气富集。

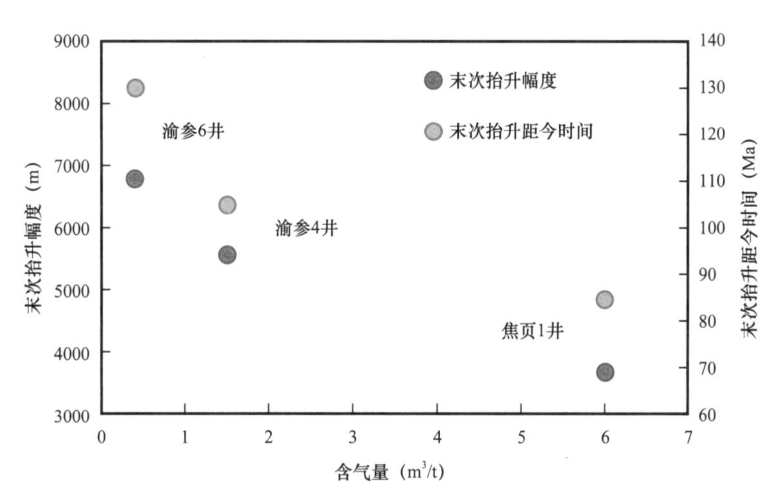

图 4-55　焦页 1 井、渝参 4 井及渝参 6 井含气量与构造抬升活动的关系

五、页岩气藏差异富集模式

为了明确不同构造样式页岩气差异富集模式，本节基于构造抬升幅度对差异富集的控制作用，选取了四个具有不同埋深的典型地区为研究对象，通过恢复该地区内页岩含气量随时间演化模拟的历史，明确了各个地区差异富集特征（姜振学等，2020）。

（一）典型地区差异富集特征

1. 鲁卜哈里盆地 Qalibah 组 A1 井及 S2 井含气量演化过程

为了研究地层未发生规模抬升时，正向部位与负向部位含气性特征，选取了鲁卜哈里盆地为研究对象。其中 S2 井所在背斜部分为气体聚集单元，A1 井所在向斜部分为气体损失单元（图 4-56）。

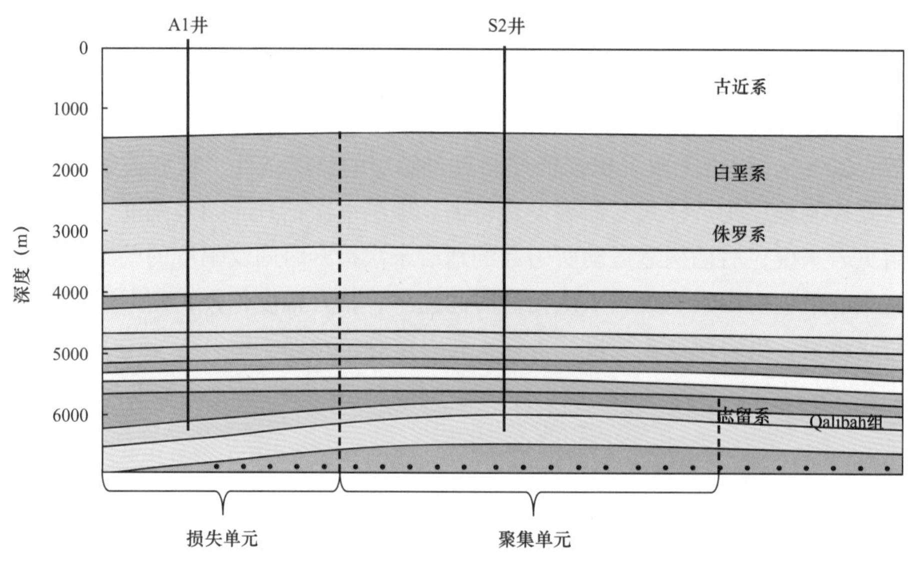

图 4-56　鲁卜哈里地区地层剖面

鲁卜哈里盆地位于阿拉伯板块的中南部陆上和海域。盆地北为中阿拉伯隆起，西与阿拉伯地盾相邻，南靠沿亚丁湾北海岸线分布的哈德拉莫特隆起，东为阿曼山。在志留纪初期四川盆地与鲁卜哈里盆地近似关于赤道对称，因此鲁卜哈里盆地 Qalibah 组与四川盆地龙马溪组为同期同相沉积；该组底部 Qusaiba 段发育一套暗色泥页岩，是世界公认的优质烃源岩。在中阿拉伯次盆，下志留统底部 Qusaiba 段热页岩通常为暗灰色—黑色薄层海相页岩，TOC 平均为 3%～5%，最高可达 20%；干酪根显微组分主要由腐泥组构成，为Ⅰ型或$Ⅱ_1$型干酪根，有机地球化学条件与龙马溪组大致相似。

图 4-57 是鲁卜哈里盆地 Qalibah 组 A1 井及 S2 井含气量演化曲线。Qalibah 组自志留纪早期开始缓慢沉降，至古近纪晚期达到最大古埋深约 6400m；随后地层经历了小幅的抬升即进入构造稳定状态直至现今，目前平均深度为 6225m，接近四川盆地龙马溪组最大古埋深，地层整体保存条件十分完好。由于地层长期处于缓慢沉降状态，未经历过构造抬升，基本没有发生过生烃间断现象。从沉积开始时刻至二叠纪早期，生成物以早熟—低熟烃类为主，储层最终含气量平均达到约 $1.0m^3/t$。三叠纪时地层经历短期快速沉积，储层最终含气量平均达到约 $2.5m^3/t$。进入侏罗纪后，地层沉降速率显著加快，有机质进一步成熟达到高—过成熟阶段，生气量快速增加；至古近纪末期地层达到最大埋深，最终含气量平均达到约 $7.9m^3/t$。之后地层受到构造挤压影响，地层开始进入差异抬升阶段，背斜部位含气性开始高于向斜部位。虽然正向部位接受了来自负向部位的补给，但受相邻部位埋深与高差限制，两部位含气性差异始终不大，均约为 $7.5m^3/t$。

由于鲁卜哈里盆地区域构造抬升活动微弱，地层产状近于水平，并未形成明显的相邻正向与负向构造单元，相邻单元孔隙压差不足以驱动页岩气由 A1 井向 S2 井方向进行侧向运移；同时由于地层埋深较大，页岩层理面承受了巨大正应力，储层顺层渗透率极小，也导致页岩气的侧向运移十分微弱。因此，位于相邻构造单元的 A1 井与 S2 井具有相似的含气量演化历史，负向部位与正向部位均富气。

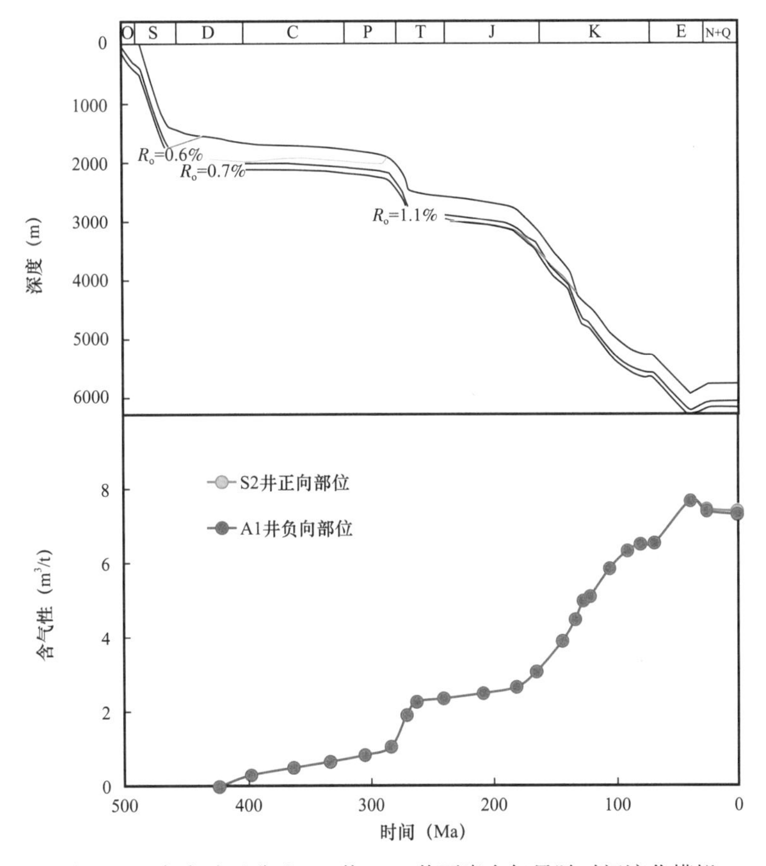

图 4-57　鲁卜哈里盆地 A1 井、S2 井页岩含气量随时间演化模拟

2. 焦石坝地区龙马溪组焦页 1 井及焦页 4 井页岩含气量演化过程

为了研究地层抬升幅度较小时，正向部位含气性特征，选取焦石坝地区箱式断背斜为研究对象。其中焦页 1 井所在背斜部分为气体聚集单元，焦页 4 井所在向斜部分为气体损失单元（图 4-58）。

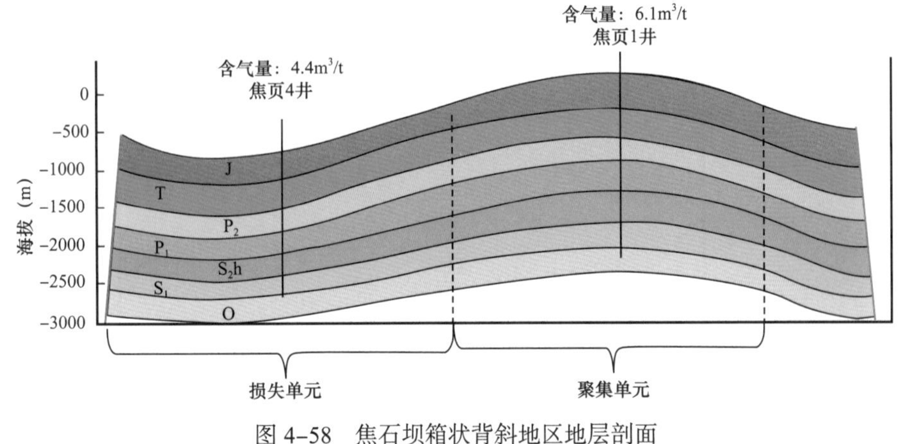

图 4-58　焦石坝箱状背斜地区地层剖面

涪陵焦石坝气田处于四川盆地东南缘，川东高陡褶皱带包鸾—焦石坝背斜带。龙马溪组页岩主要为含碳质硅质泥页岩，有机碳含量全部大于 0.5%，平均 TOC 值为 2.54%，

TOC 值大于 2% 的优质泥页岩厚 38m，R_o 值为 2.20%～3.06%，有机质类型为Ⅰ型或$Ⅱ_1$型干酪根，反映焦石坝地区具有良好的生烃条件。

图 4–59 是焦石坝地区龙马溪组焦页 1 井及焦页 4 井含气量演化曲线。焦石坝地区在距今 85Ma 开始末次抬升，现今背斜部分抬升至地下 2400m 处，抬升幅度相对川东其他地区较弱。从沉积开始时刻至志留纪末期，地层经历快速埋深，有机质进入早熟—低熟阶段，储层最终含气量平均达到约 $0.8m^3/t$。但从泥盆纪早期至二叠纪中期，地层进入较长期的缓慢抬升阶段，期间经历了短暂沉降，最终储层含气量平均达到约 $1.3m^3/t$。二叠纪中晚期后，地层迅速沉降，有机质进入高—过成熟阶段，生气量快速增加；直至白垩纪末期，地层达到最大埋深，含气量平均达到约 $9.3m^3/t$。达到最大埋深后，地层受到构造影响进入差异抬升阶段；由于抬升幅度较小，正向部位上覆盖层保存相对完整，尚未达到岩石自破裂深度，气藏总体损失量较小，背斜部位焦页 1 井含气量约 $6.1m^3/t$，高于向斜部位焦页 4 井的含气量（约 $4.4m^3/t$）。

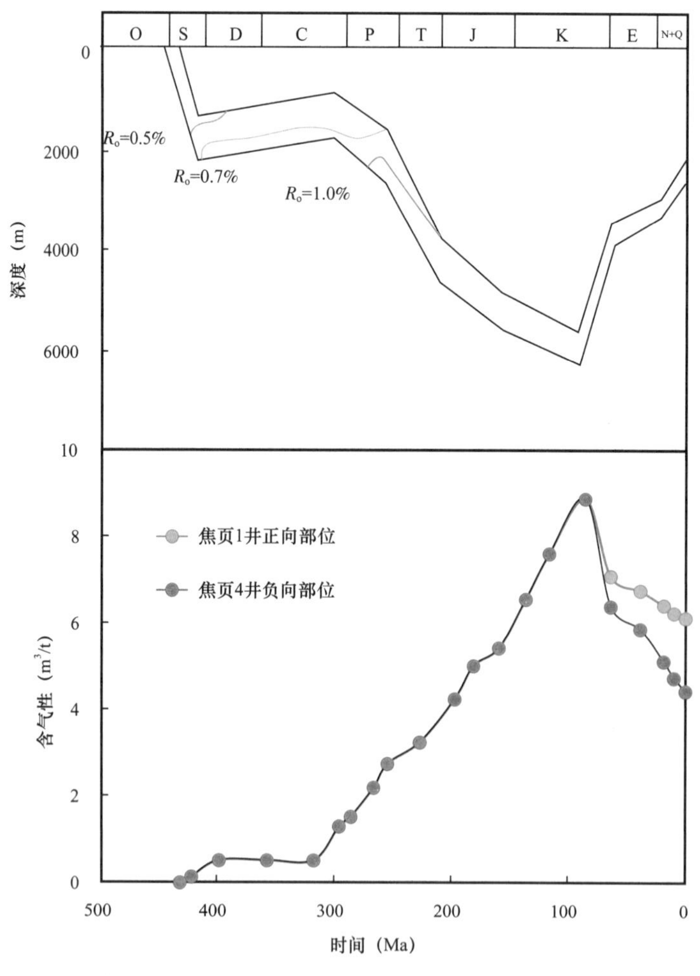

图 4–59　焦石坝地区焦页 1 井、焦页 4 井页岩含气量随时间演化模拟

由于焦石坝箱状背斜区域构造抬升幅度相对较小，正向部位焦页 1 井上覆盖层尚未达到自破裂深度，正向部位气藏保存条件相对较好，负向部位与正向部位的垂向渗流总体

差异不大。同时地层抬升幅度的增加，使页岩层理面承受正应力减小，储层顺层渗透率增大，形成了由焦页 4 井向焦页 1 井的气体顺层运移，正向部位气藏在遭受微弱垂向损失同时也接受了侧向的补给，总体处于气体补充状态。因此，正向部位焦页 1 井相对负向部位焦页 4 井富气。

3. 威远地区龙马溪组威 201 井及威 202 井页岩含气量演化过程

为了研究地层抬升幅度较大时，正向部位含气性特征，选取威远地区简单背斜为研究对象。其中威 201 井所在背斜部分为气体聚集单元，威 202 井所在向斜部分为气体损失单元（图 4–60）。

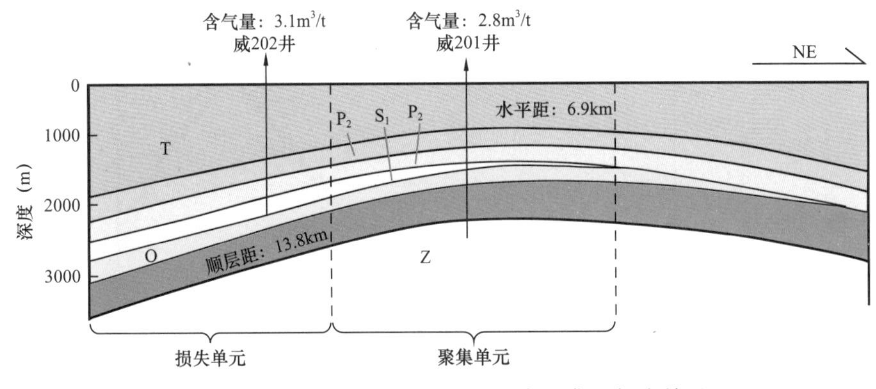

图 4–60　威远地区地层剖面及页岩气聚集—损失单元

威远构造区位于川西南古隆起构造低缓区，北邻川中低平构造区，整体表现为向斜。威远页岩气田龙马溪组 TOC 含量介于 0.06%～6.04% 之间，平均为 2.27%；R_o 值介于 2.1%～2.2% 之间，平均为 2.15%，页岩处于高成熟阶段；有机质类型为Ⅰ型或Ⅱ$_1$型干酪根。地球化学条件反映威远地区龙马溪组具有良好的生烃条件。

图 4–61 为威远地区龙马溪组威 201 井及威 202 井含气量演化曲线。威远背斜在距今约 100Ma 开始末次抬升，现今背斜部分抬升至 1800m。威远地区构造抬升时间相对焦石坝地区较早，构造抬升幅度相对焦石坝地区也较大。总体来说，威远地区龙马溪组地层演化历史与焦石坝地区类似，但时间偏早。从沉积开始时刻至志留纪中晚期，有机质进入低成熟期，储层含气量平均达到约 0.6m³/t。同样，从志留纪晚期至石炭纪晚期，地层缓慢抬升，生烃作用停滞，储层含气量平均达到约 0.9m³/t。二叠纪早期后，有机质生气速率快速增加；至侏罗纪末期，地层达到最大埋深，含气量平均达到约 6.8m³/t。此后，地层受到构造影响进入大规模差异抬升阶段。在抬升早期，地层埋深小于岩石自破裂深度，背斜部位含气性好于向斜部位；当地层抬升到特定深度时，已经达到岩石自破裂深度，导致正向部位上覆盖层受到一定程度剥蚀破坏并与断层沟通，气藏损失量相对较大，正向部位开始处于气体损失状态，导致背斜部位含气量约为 2.8m³/t，低于向斜部位的含气量（约 3.1m³/t）。

由于威远地区区域构造抬升幅度相对较大，正向部位威 201 井上覆盖层已经达到页岩自破裂深度，正向部位气藏保存条件相对负向部位较差，正向部位垂向气体以渗流形式进行损失，并且远大于负向部位垂向损失量以及负向部位对正向部位的顺层补给量，从而导致正向部位气藏总体处于损失状态。因此，正向部位威 201 井相对负向部位威 202 井贫气。

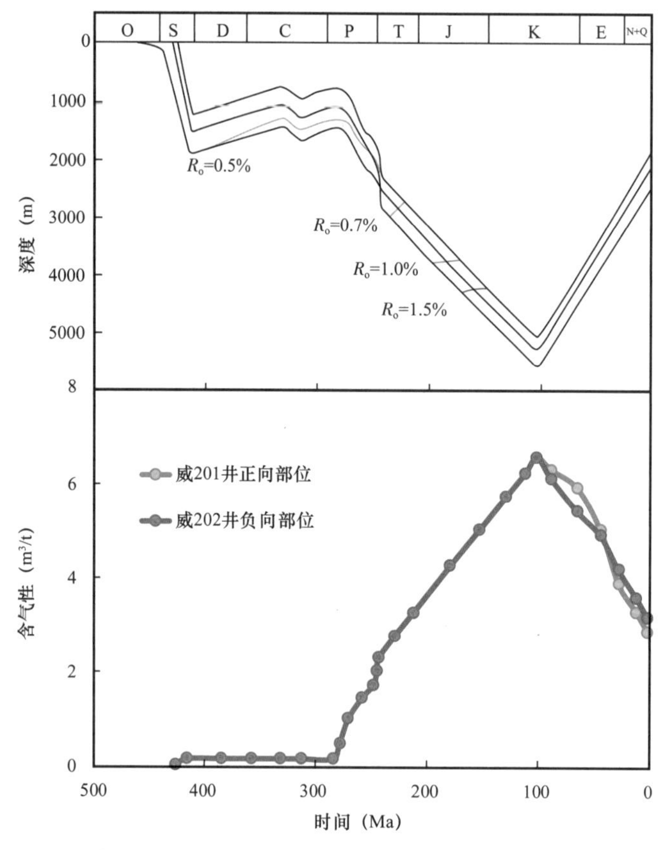

图 4-61　威远地区威 201 井、威 202 井页岩含气量随时间演化模拟

4. 渝东南地区龙马溪组页岩含气量演化过程

为了研究地层抬升接近地表时，正向部位与负向部位含气性特征，选取渝东南渝页 1 井（简单背斜）为研究对象（图 4-62）。渝页 1 井龙马溪组地层地球化学指标与焦石坝及威远地区类似，均具有优异的生气条件；但后期构造保存条件差异较大。渝东南地区渝页 1 井地层经历了大幅度的抬升，目前该地区平均埋深仅为 400m 左右，直接盖层及区域盖层剥蚀显著，背斜部分直接出露地表，气体甚至能够形成竖直方向上的大规模渗流损失作用，整个相邻的构造单元均基本不含气（图 4-63）。

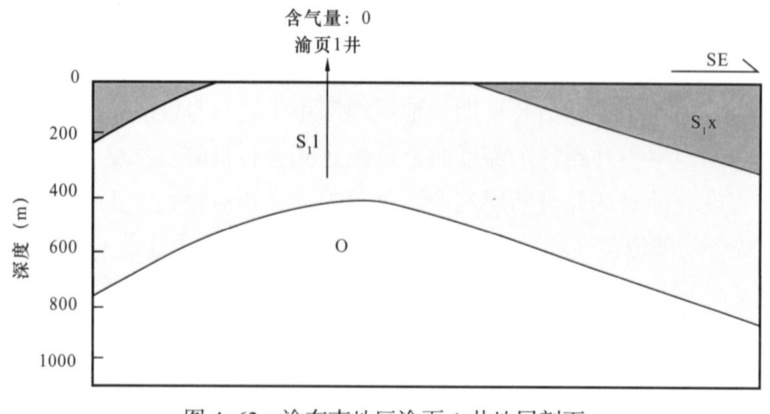

图 4-62　渝东南地区渝页 1 井地层剖面

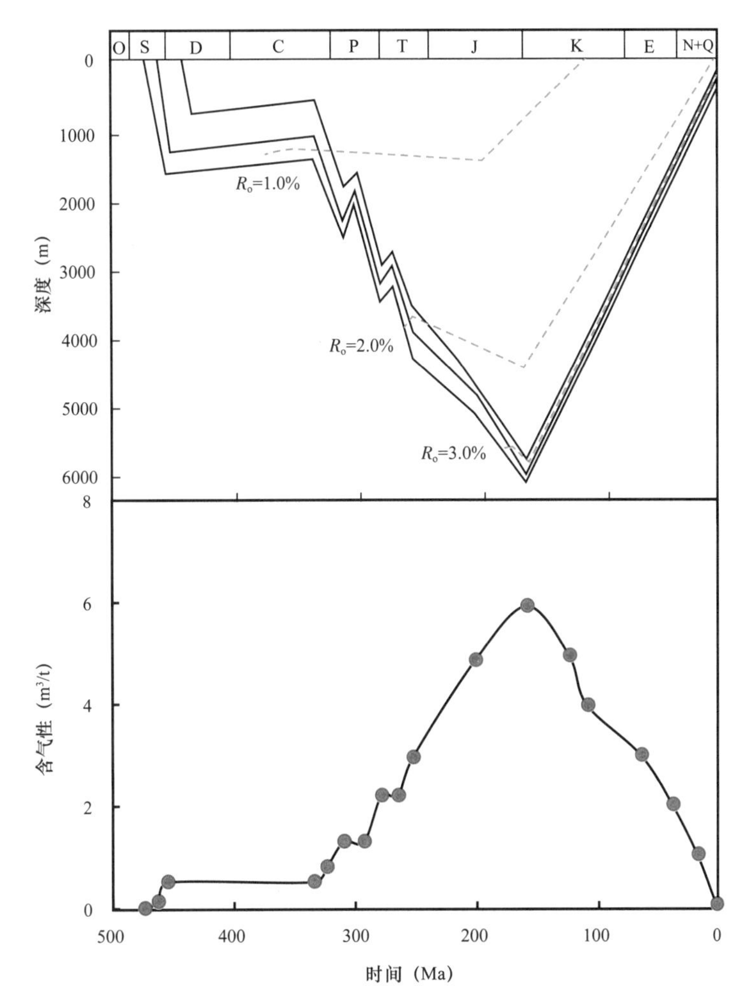

图 4-63 渝东南地区渝页 1 井页岩含气量随时间演化模拟

由于渝东南地区区域构造抬升幅度巨大，正向部位渝页 1 井上覆盖层已被剥蚀殆尽，储层直接出露地表，气藏保存条件极差。页岩气在整个储层内以渗流形式快速向剥蚀区运移，气体大量损失，导致相邻构造部位也处于损失状态。因此，渝页 1 井正负向部位均贫气。

（二）页岩气成藏演化的差异富集模式

通过总结页岩气运移机理与差异富集控制因素，建立了页岩气差异富集模式。基于渗透率公式与理想气体方程计算，当地层压力降到约 67MPa 时，孔径在 580nm 以上的孔隙渗透率明显增大，气体渗流量明显增加，此时对应临界埋藏深度约为 5500m。在此深度以上，渗流临界孔径明显减小，越来越多的储层空间开始发生渗流运移。考虑到页岩在主生气期的埋深远大于现今埋深，孔隙受到压实作用也更加明显，实际侧向上气体扩散量微乎其微，气体侧向运移主要受渗流作用控制。

但随着地层抬升加剧，不同构造部位垂向扩散量差异逐渐增大。焦石坝地区龙马溪组页岩样品三轴应力试验显示，当样品横向及垂向主应力差增大至 50MPa、对应深度约为

1500m 时，应变曲线发生断崖式下降，指示该应力差下页岩将发生显著剪性破裂，生成大量高角度裂缝。因此，当地层抬升至 1500m 以浅，地层水平挤压力明显大于上覆地层重力，构造高部位会先于负向部位发生剪切破裂，极大降低自身封闭能力。此时，正向部位垂向气体损失由扩散形式转变为渗流形式，垂向损失量远大于负向部位对其侧向气体补给量，正向部位进入气体急剧损失状态。负向构造相对正向构造更加富集气体。而当地层进一步抬升时，页岩储层出露地表，气藏遭受彻底破坏，不论正向与负向构造均无法富集成藏（图 4–64）。

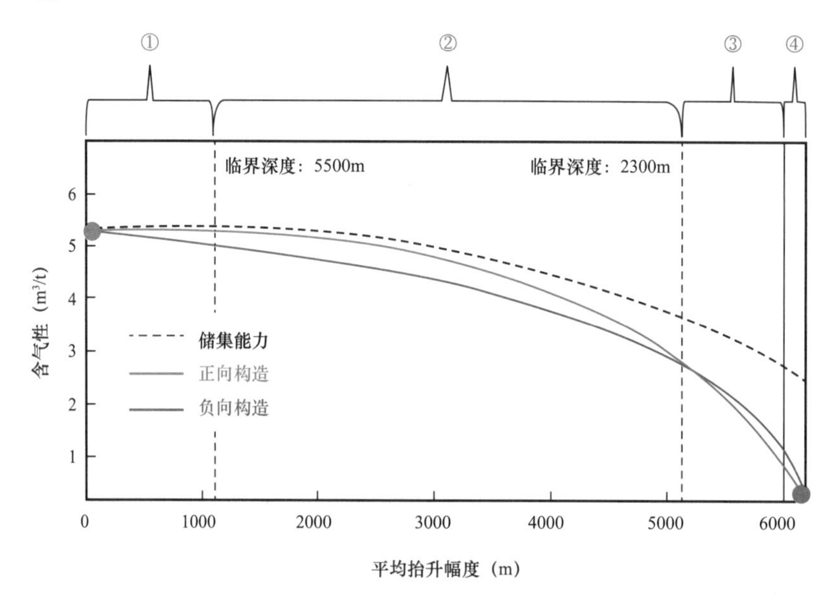

图 4–64　焦石坝地区页岩气藏演化的四个阶段差异模式模拟

①正向部位与负向部位富气；②正向部位相对富集；③负向部位相对富集；④正向部位与负向部位贫气

综上所述，基于前文渗流临界深度研究，结合不同构造样式与地层抬升幅度，本书将焦石坝地区划分为四种差异富集模式：（1）正向部位与负向部位均富气；（2）正向部位相对富气；（3）负向部位相对富气；（4）正向部位与负向部位均贫气。当焦石坝地区刚开始进入末次抬升阶段时，抬升幅度小于 1000m（埋深大于 5500m），气体在侧向上以扩散作用为主，运移量较小，不同构造部位含气量相对稳定，差异不大，正向部位与负向部位均富气；随着地层进一步抬升（埋深小于 5500m，大于 2300m），此时侧向以渗流运移为主，运移量显著增大，负向构造沿侧向对正向部位进行补给，正向部位相对富集；正向部位率先抬升至岩石破裂深度（埋深小于 2300m），正向部位生成大量高角度裂缝，气体大量损失，负向部位相对富集；最终随着地层出露地表，气藏彻底破坏，正向部位与负向部位均贫气（图 4–65）。

近年来的勘探实践显示，中深层—深层页岩气在厚度、有机质丰度、热演化程度、矿物组成上基本相似，但深层页岩含气量和孔隙度一般都要高于中深层。并且盆地内深层页岩气普遍表现为超压，压力系数普遍在 1.9～2.1 之间，最高可达 2.45；而盆缘中深层焦石坝、长宁地区压力系数相对较低，多为 1.35～1.55；但在盆地边缘复杂构造区，深度为 3700～4600m 的地区，地层压力系数低于 1.2。此外，值得注意的是，中深层—深层地应

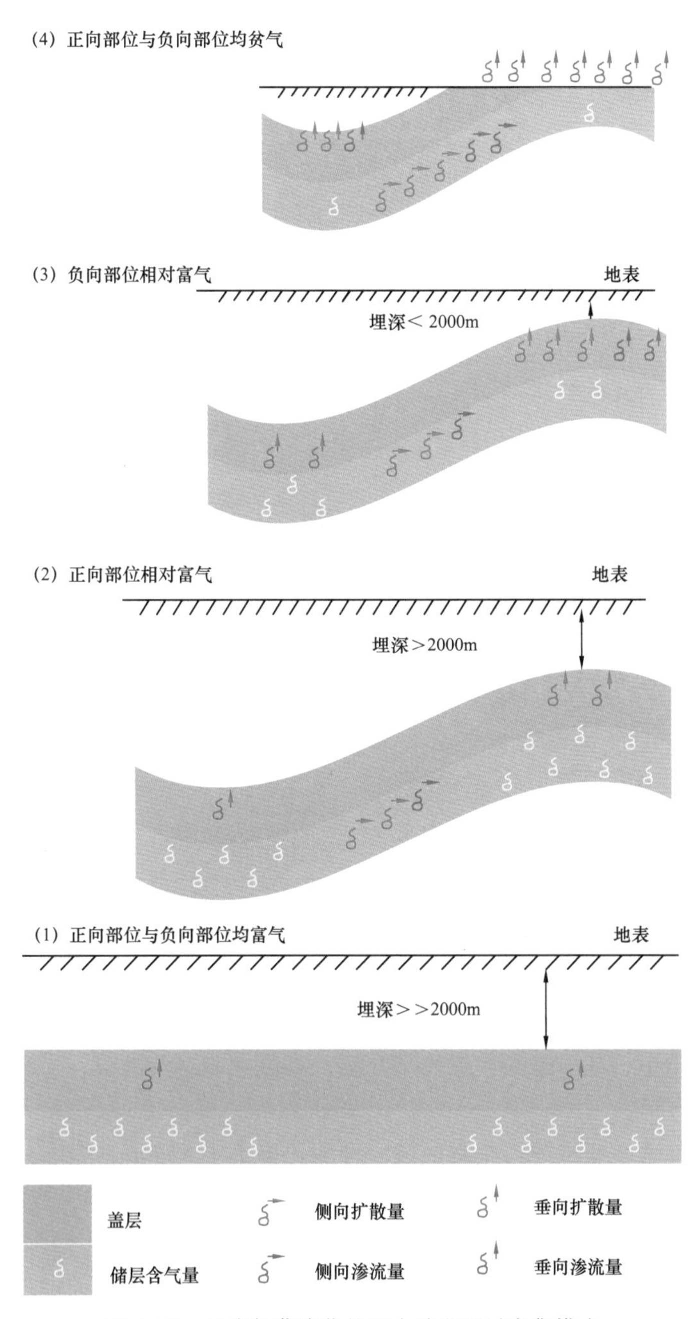

图 4-65　页岩气藏演化的四个阶段差异富集模式

力差别很大，水平应力差在 3500m 以深则都表现为随深度增大变大。较大的水平地应力，对于页岩气井的井壁稳定破坏巨大。综合考虑勘探与开发等多种因素，确定中深层正向部位是页岩气勘探的有利部位，明确了“浅埋地区寻找负向部位、深埋地区寻找正向部位”的勘探思路。

结合上述分析，基于页岩气藏演化的差异富集模式，以整个四川盆地龙马溪组页岩为研究对象，明确了研究区页岩气藏四个不同演化阶段的平面分布，并进一步圈定了勘探开发的甜点区、有利区与远景区（图 4-66）。

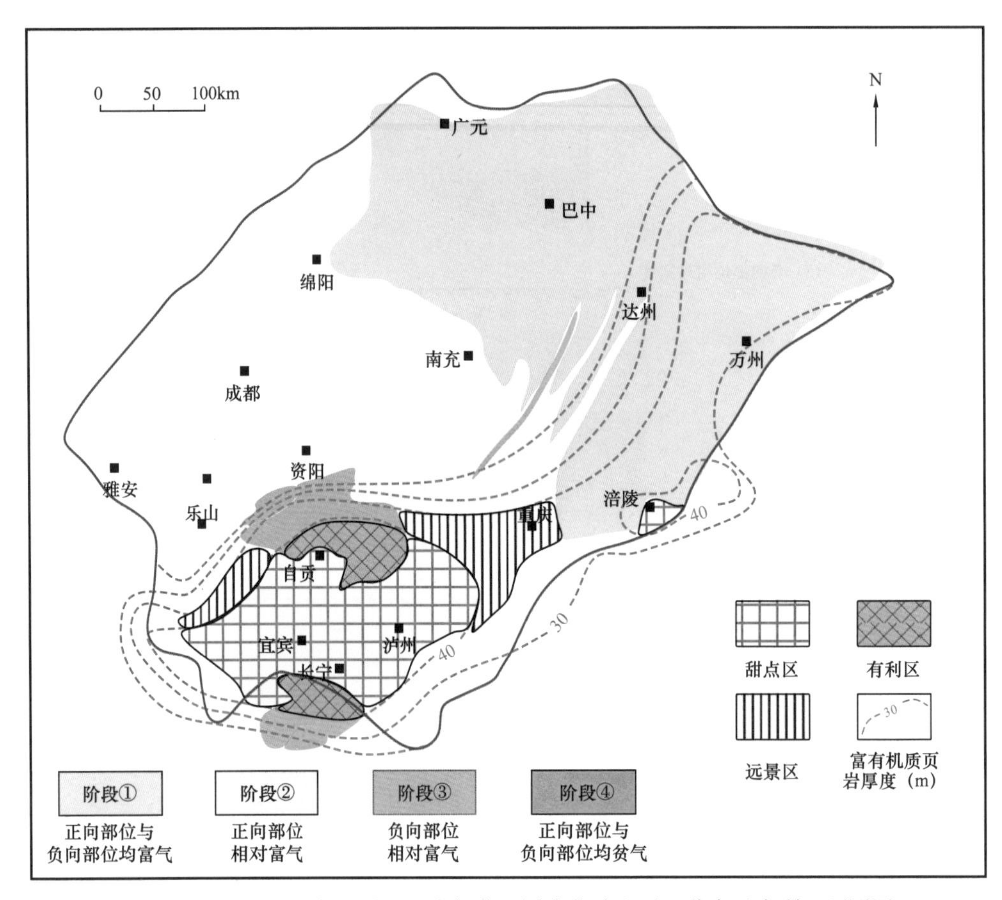

图 4-66　四川盆地龙马溪组页岩气藏不同演化阶段平面分布及有利区预测图

研究结果表明，四川盆地龙马溪组页岩气藏 ① 阶段主要位于川北及川东北地区，埋深普遍小于 5000m，富有机质页岩厚度平均小于 30m。① 阶段虽然保存条件优越，但由于优质页岩厚度较小、埋深过大，导致钻井施工难度及成本较高等，无法作为现阶段勘探目标区。

③～④阶段气藏主要位于川东南地区，埋深普遍小于 4500m，富有机质页岩厚度平均大于 30m。③～④阶段虽然开发条件及成本相对简单，但埋深较浅，气藏保存条件较差，不利于页岩气富集，只能作为勘探的有利及远景区。

②阶段气藏具有适中的埋深、较好的保存条件，页岩气易在正向部位富集。进一步结合富有机质页岩厚度，圈定了川南自贡—长宁，宜宾—泸州地区为页岩气勘探的甜点区，该地区也是目前页岩气工业的核心产区（图 4-66）。

第五章　页岩气三元成藏动态演化综合评价体系及其应用

第一节　三元成藏动态演化综合评价法原理

页岩气成藏与富集是各个主控因素相互促进、互为条件的有利配合综合结果，是一个动态演化的进程。页岩具有源储一体的特性，成藏是一个动态复杂体系的变化，所以将系统适当拆分处理，将页岩气成藏系统划分为三个系统：供气系统、储气系统和保气系统。三者既可视作独立的子系统，又可看作时空上密切相关的耦合整体。不同影响因素对三个系统的运行有不同程度的影响，具体贡献程度可以通过赋予不同的权重来体现。在研究三元系统对页岩气成藏富集的作用与贡献时，先分开剖析子系统的主要贡献，再综合研究其时空匹配关系，综合评价页岩气成藏富集结果。依据页岩气成藏富集要素匹配与定量表征成果，构建了多层次的页岩气成藏富集动态综合评价体系，具体构成见图 5-1。

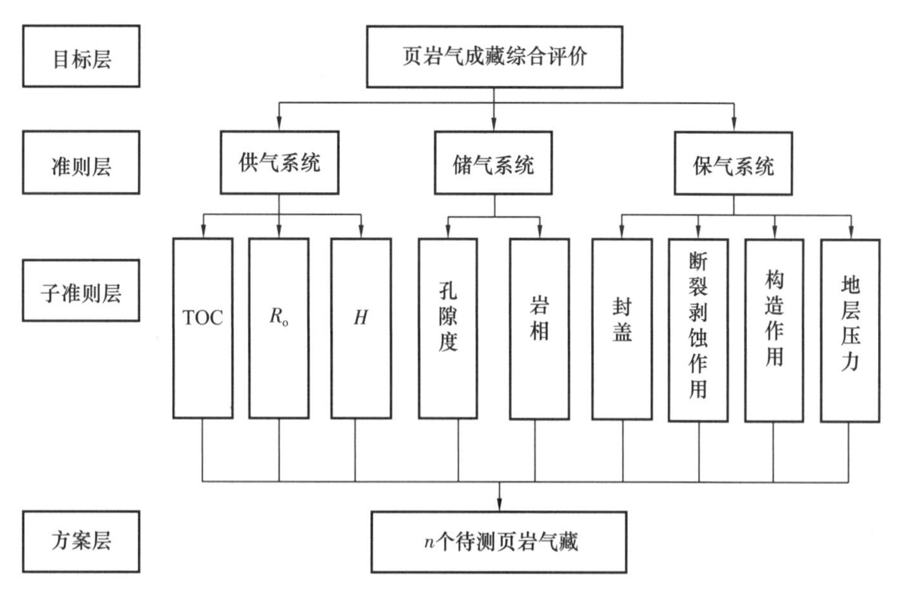

图 5-1　页岩气成藏三元系统层次分析模型

一、供气系统

供气系统具体是指在富有机质页岩或含有机质页岩中，以有机质为主要反应物，以有机质成熟度为演化控制因素，以含有机质页岩厚度为规模制约，一种在沉积和构造协同演化作用下有机质持续提供烃类物质的系统（赵文智等，2005）。

供气系统的结构要素包括物质对象——有机质，环境变量——地层温度、围压、深部热液等。有机质的演化同沉积和构造的演化相互伴随、相互影响；无机矿物和生物有机质等从沉积、压实、成岩，到最终形成一体化的含有机质地层，经历了漫长的地质历史过程，其天然气产物包括生物气→未成熟过渡带气→干酪根降解气→液态烃（可溶有机质）裂解气，这条供气链贯穿整个成藏系统的演化过程。选取有机质丰度 TOC、有机质镜质组反射率 R_o 和有效页岩厚度 H 这三个参数，分别从有机质的单位品质、演化阶段和规模三个维度对供气系统所发挥的功能贡献进行刻画（图 5–2）。

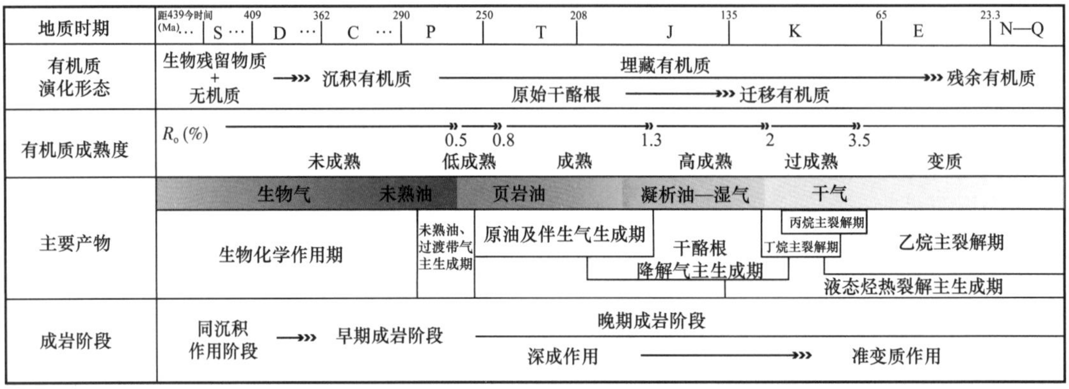

地质时期	距439今时间(Ma) S 409 D 362 C 290 P 250 T 208 J 135 K 65 E 23.3 N—Q
有机质演化形态	生物残留物质 + 无机质 →›› 沉积有机质 —— 埋藏有机质 ——›› 残余有机质；原始干酪根 ——›› 迁移有机质
有机质成熟度	R_o(%) 0.5 0.8 1.3 2 3.5；未成熟 低成熟 成熟 高成熟 过成熟 变质
主要产物	生物气 未熟油 页岩油 凝析油—湿气 干气；生物化学作用期；未熟油、过渡带气主生成期；原油及伴生气生成期；干酪根降解气主生成期；丙烷主裂解期；丁烷主裂解期；乙烷主裂解期；液态烃热裂解主生成期
成岩阶段	同沉积作用阶段 →›› 早期成岩阶段 —— 晚期成岩阶段；深成作用 ——›› 准变质作用

图 5–2　供气系统有机质演化过程及其天然气产物示意图

二、储气系统

储气系统指页岩储层在沉积、构造作用下，产生的储集空间系统，包括孔隙、孔喉、微裂缝及其构成的孔—缝—喉网络空间，主要受页岩岩相、微孔微裂隙变化影响（对于储集能力的破坏将其归为保气系统的控制功效，不考虑在储气系统里）。在实际生产实践中，主要用岩矿参数孔渗参数对页岩的储集能力进行综合描述，其评价参数与级别标准见表 5–1（Ji 等，2015）。

表 5–1　岩矿参数孔渗参数评价体系

评价等级	Ⅳ	Ⅲ	Ⅱ	Ⅰ
硅质矿物（%）	0～25	25～50	50～75	75～100
钙质矿物（%）	0～50	50～75	0～50	0～50
黏土矿物（%）	50～75	0～50	0～50	0～50
岩相	泥质页岩	钙质页岩	混合质页岩	硅质页岩
沉积相	陆棚边缘	半深水陆棚	浅水陆棚	深水陆棚
孔隙度（%）	0～2	2～4	4～6	≥6

三、保气系统

保气系统是指在成藏历史演化过程中，在构造、断裂、上覆与下伏地层的共同作用下使页岩气得以留存的封闭系统，用来描述地质构造作用过程中页岩地层所产生的保留住烃的能力，考虑了外界破坏对储层、盖层的改造，盖层的岩性、物性本身的演化等。鉴于页岩气成藏系统具有自生自储自封闭的特性，保气系统是三个子系统中对页岩气成藏富集最重要的一个子系统。因此设置的参数也相对其余两个子系统较多。保气系统的成藏评价参数主要选取了盖层厚度、盖层岩相、构造抬升幅度、末次构造抬升时间、断裂剥蚀性质、距断裂或剥蚀区距离、地层压力系数等。

第二节　三元成藏动态演化综合评价计算方法

页岩气藏成藏过程复杂，涉及多个指标参数，拟采用主观赋权与客观赋权相结合的方法进行多指标综合赋权。先根据三元系统成藏地质原理，利用层次分析法计算得出每个参与评价的参数的基本权重，再通过熵权法进行数理统计，得到各参数的特征权重，最后基于两种赋权方法所得权重，得到最终的标准权重，代入综合指标量化加权公式中进行最后的综合评价指数计算。

一、参数的标准化处理

（一）供气系统参数

大多学者认为在页岩这种自封闭性较强的特殊储层中，其排烃效率不是很高，因此随成熟度的增加，烃源岩有机碳含量减少并不明显，即使到高成熟—过成熟阶段，烃源岩残余有机碳含量与未成熟—低成熟烃源岩残余有机碳含量相差也不算太大，故而不需要进行原始有机碳含量和原始生烃潜量的恢复（李蔚洋，2017）。综合前人认识，页岩气成藏有机质丰度取值标准见表 5–2。

表 5–2　页岩 TOC 标准化一览表

评价级别	差	中	良	优
TOC（%）分段值域	0～1	1～2	2～4	＞4
I_{TOC} 标准化取值	0～4	4～6	6～8	8～10

有机质镜质组反射率属于阈值型参数，根据研究总结的前期干酪根生气的范围及高峰、后期液态烃裂解二次生气的范围及高峰，叠合之后作出如图 5–3 所示的有机质 R_o 拟合函数曲线，设定用供气有利性来刻画 R_o 对于页岩气成藏的贡献度，在进行归一化时，将 R_o 值对应到供气有利性值的坐标轴之上。由图 5–3 可知，生成页岩气的镜质组反射率下限值大概为 1.1% 左右，此前成熟度不够生烃成藏规模；上限值大概为 3.5%，主要因为 R_o 在 3.5% 之后炭化严重，故当页岩有机质在 R_o＜1.1% 或 R_o＞3.5% 阶段时皆处于不利成藏期；而 1.1%＜R_o＜3.5% 时，总供气量逐渐增加，可以通过坐标投点定位 R_o 曲线对应读值的办法，得到 R_o 相应的标准化取值（表 5–3）。

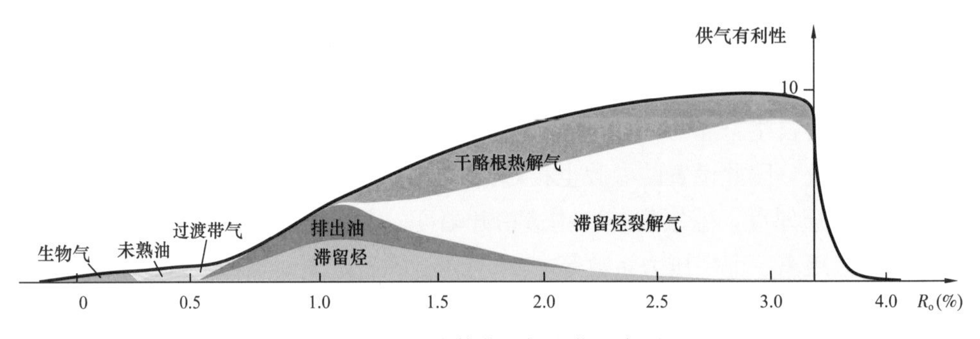

图 5-3 R_o 取值范围标准化示意图

表 5-3 页岩 R_o 标准化一览表

评价级别	上下限值	可成藏富集
R_o（%）分段值域	≤1.1 或＞3.5	1.1～3.5
I_{R_o} 标准化取值	0～4	4～10

有效页岩是指富含有机质（TOC＞2%）、处于热成熟生气窗内（R_o≥1.1%）、高脆性矿物含量（脆性矿物含量＞40%，黏土矿物含量＜30%）、孔隙度＞2% 的页岩。结合研究区情况，页岩有效厚度取值标准见表 5-4。

表 5-4 页岩有效厚度标准化一览表

评价级别	差	中	良	优
有效页岩厚度（m）分段值域	≤10	10～25	25～40	≥40
I_H 标准化取值	0～4	4～6	6～8	8～10

（二）储气系统与保气系统参数

孔隙度数据表现为大量离散值，需先进行均值处理，最后得出一个能够代表气藏成藏富集基本孔隙度水平的点值。结合研究区概况，页岩孔隙度取值标准见表 5-5。

表 5-5 页岩孔隙度标准化一览表

评价级别	差	中	良	优
孔隙度（%）分段值域	≤2	2～4	4～6	≥6
I_ϕ 标准化取值	0～4	4～6	6～8	8～10

定性数据的特点是知道它的特性，但无法将其转化为数学语言来描述，主要处理方法为，对于同一类特性进行分级评价，再根据不同级别对于成藏的贡献度分别赋予不同的评价分值，最后进行归一化。结合研究区概况，岩矿参数、构造作用参数、断裂剥蚀参数、封盖参数和地层压力系数取值标准见表 5-6 至表 5-10。

表 5-6 页岩储层岩矿参数标准化一览表

评价级别		差	中	良	优
标准化取值		0～4	4～6	6～8	8～10
岩矿参数	硅质矿物（%）	0～25	25～50	50～75	75～100
	钙质矿物（%）	0～50	50～75	0～50	0～50
	黏土矿物（%）	50～75	0～50	0～50	0～50
	岩相	黏土质页岩	钙质页岩	混合质页岩	硅质页岩
	沉积相	陆棚边缘	半深水陆棚	浅水陆棚	深水陆棚

表 5-7 页岩构造作用参数标准化一览表

评价级别	差	中	良	优
标准化取值	0～2	2～4	4～6	8～10
构造抬升幅度（km）分段值域	>5	4～5	1～4	<1
末次抬升时间（Ma）分段值域	>200	100～200	50～100	<50

表 5-8 页岩断裂剥蚀参数标准化一览表

评价级别	差	中	良	优
标准化取值	0～4	4～6	6～8	8～10
断裂或剥蚀区性质分段值域	开放性剥蚀区	开放性断裂	封闭性剥蚀区	封闭性断裂
距断裂或剥蚀区距离（km）分段值域	<1	1～6	6～10	>10

表 5-9 页岩封盖参数标准化一览表

评价级别	差	中	良	优
标准化取值	0～4	4～6	6～8	8～10
盖层厚度（km）分段值域	<50	50～75	75～100	>100
盖层岩相分段值域	泥质粉砂岩	致密灰岩	膏岩	泥岩

表 5-10 页岩层系压力系数标准化一览表

评价级别	差	中	良	优
地层压力系数分段值域	0～1	1～1.5	1.5～2	≥2
标准化取值	0～4	4～6	6～8	8～10

二、参数赋权

（一）层次分析法

层次分析法的最大特征是定量分析与定性分析结合多指标决策过程进行关系层次化、程度数量化，用数学方法为分析、决策提供依据，通过将一个复杂系统表示为层层控制的结构形式，分解复杂的关系结构。

1. 方法原理

1）建立层次结构模型

层次分析法中的层次结构按照目标层—准则层—方案层展开，目标层为拟解决的问题，本研究的目标层即为页岩气成藏综合评价。准则层是为了实现总目标而采取的措施方案，本研究的准则层包括三个子系统：供气系统、储气系统和保气系统，由于页岩气成藏问题的复杂性，因此本研究层次结构还具有一个子准则层，供气系统的子准则层包括TOC、R_o和页岩有效厚度；储气系统的子准则层包括孔隙度和岩矿参数；保气系统的子准则层包括封盖指数、构造作用指数、断裂剥蚀指数和地层压力系数。方案层即研究区的多个典型气藏。

2）构造判断矩阵

所谓判断矩阵，是一个由两两因素比较产生的标度构成的矩阵，表示本层次各个因素之间比较之后的相对重要性，是层次分析法解决问题的关键（姜振学等，2003；胡莹莹，2008）。假设目标层为页岩气成藏评价，准则层为各个指数，子准则层为各个指标，令矩阵 $\boldsymbol{B}$ 为页岩气成藏综合评价三元系统判断矩阵，则

$$\boldsymbol{B}=\begin{bmatrix} 供/供 & 供/储 & 供/保 \\ 储/供 & 储/储 & 储/保 \\ 保/供 & 保/储 & 保/保 \end{bmatrix} \tag{5-1}$$

标度通常采用1～9及其倒数的数字（表5-11）。

表5-11　层次分析法标度分级表

两指标相对重要程度	同等重要	稍微重要	明显重要	很重要	极重要	上述相邻判断中间程度	与上述相反的重要程度
标度	1	3	5	7	9	2、4、6、8	$b_{ij}=\dfrac{1}{b_{ji}}$

3）层次单排序

层次单排序是指对各层中因素同上一层某一因素的相对重要性排序，即得出权重大小。该过程需要计算各判断矩阵的最大特征值和特征向量。利用特征根法得出判断矩阵的最大特征值 λ_{max}，继而计算出与 λ_{max} 相对应的特征向量 W，对特征向量 W 进行归一化处理即得到各个评价指标的权重系数。

4）判断矩阵的一致性检验

判断一致性指判断思维的逻辑一致性，各元素的相对重要性不能产生逻辑谬误。在层次分析法中有一套数学方法进行检验。引入三个指标：一致性指标 CI、随机一致性指标 RI 和一致性比率 CR。

$$CI=\frac{\lambda-n}{n-1} \tag{5-2}$$

CI=0 时，表明判断矩阵具有完全的一致性；CI 接近 0 时，表明判断矩阵具有满意的一致性；CI 越大，表明判断矩阵不一致性严重。RI 用来衡量 CI 的大小，具体取值见表 5-12。

表 5-12　*n* 阶矩阵的随机一致性指标 RI 取值表

n	1	2	3	4	5	6	7	8	9	10	11
RI	0	0	0.58	0.90	1.12	1.24	1.32	1.41	1.45	1.49	1.51

一致性比率 $CR=\frac{CI}{RI}$，是第三个重要一致性指标，CR 和 CI 共同进行一致性检验，当 CR 和 CI 均小于 0.1 时，认为判断矩阵的不一致程度在允许范围内，一致性检验通过。

5）层次总排序

层次总排序是指确定某层所有元素对于总目标相对重要性的排序，即确定所有元素的权重。总排序是各因素对总目标影响的加和，最后亦需要进行一致性检验。

2. 方法应用

在海相页岩气成藏系统中，本书认为三元系统各自发挥的作用大小不一，从大到小依次为保气指数＞供气指数＞储气指数，故由三元子系统构成的矩阵如下：

$$\begin{bmatrix} & \text{供气指数} & \text{储气指数} & \text{保气指数} \\ \text{供气指数} & 1 & 2 & 2 \\ \text{储气指数} & 0.5 & 1 & 2 \\ \text{保气指数} & 0.5 & 0.5 & 1 \end{bmatrix} \tag{5-3}$$

$\lambda_{max}=3.054$，CR=0.051，CI=0.027，通过软件的矩阵一致性检验发现，该矩阵一致性通过，说明赋权也通过了数理逻辑检验。通过计算矩阵，得出三元指数的权重（表 5-13）。

表 5-13　页岩气三元系统权重表

二级准则层	同级权重
供气指数	0.312
储气指数	0.198
保气指数	0.490

根据所选供气参数在研究区的发育及作用特点，可得关于供气系统的判断矩阵：

$$\begin{bmatrix} & I_{\mathrm{TOC}} & I_{R_o} & I_H \\ I_{\mathrm{TOC}} & 1 & 2 & 2 \\ I_{R_o} & 0.5 & 1 & 2 \\ I_H & 0.5 & 0.5 & 1 \end{bmatrix} \tag{5-4}$$

$\lambda_{max}=3.054$，CR=0.052，CI=0.027，经一致性检验发现，该矩阵一致性通过，说明赋权通过了数理逻辑检验。供气系统参数在层次分析法中得到的权重见表 5–14。

表 5–14　页岩供气系统参数权重表

三级准则层	同级权重
有机质丰度（I_{TOC}）	0.490
有机质成熟度（I_{R_o}）	0.312
页岩有效厚度（I_H）	0.198

规定孔隙度用 ϕ 表示，岩矿参数用 Y 表示，进而得到储气系统的判断矩阵：

$$\begin{bmatrix} & I_\phi & Y \\ I_\phi & 1 & 2 \\ Y & 0.5 & 1 \end{bmatrix} \tag{5-5}$$

$\lambda_{max}=2$，CR=0，CI=0，经一致性检验发现，该矩阵一致性通过，说明赋权通过了数理逻辑检验。储气系统参数在层次分析法中得到的权重见表 5–15。

表 5–15　页岩储气系统参数权重表

三级准则层	同级权重
孔隙度（I_ϕ）	0.667
岩矿参数（Y）	0.333

保气系统中所选取的参数最多，总共包含 4 个三级指数和 6 个四级参数。三级指数分别是封盖指数 F、断裂剥蚀指数 D、构造作用指数 G 和地层压力系数 K，四级参数包括盖层厚度 h_f、盖层岩相 y_f、构造抬升幅度 w、构造抬升时间 t、距离断裂或剥蚀区距离 d、断裂或剥蚀性质 x。

可得判断矩阵如下：

$$\begin{bmatrix} & F & D & G & K \\ F & 1 & 0.5 & 0.5 & 0.5 \\ D & 2 & 1 & 2 & 0.5 \\ G & 2 & 0.5 & 1 & 0.5 \\ K & 2 & 2 & 2 & 1 \end{bmatrix} \tag{5-6}$$

$\lambda_{max}=4.121$，CR=0.045，CI=0.40，经过矩阵一致性检验发现，该矩阵一致性通过，赋权通过了数理逻辑检验。保气系统参数在层次分析法中得到的权重见表 5–16。

表 5–16　页岩保气系统参数权重表

三级准则层	同级权重
封盖指数（F）	0.141
断裂剥蚀指数（D）	0.275
构造作用指数（G）	0.198
地层压力系数（K）	0.386

四级准则层内盖层厚度与盖层岩相、构造抬升幅度与构造抬升时间、断裂剥蚀距离与断裂剥蚀性质分别各自阐述不同角度的性质，因此同级指数均设置为 0.500。

综上研究，最后层次分析法得出的四川盆地龙马溪组页岩成藏关键评价参数权重见表 5–17。

表 5–17　三元系统参数层次分析法全局权重表

<table>
<tr><td>评价参数</td><td>I_{TOC}</td><td>I_{R_o}</td><td>I_H</td><td>I_ϕ</td><td>Y</td><td colspan="2">F</td><td colspan="2">G</td><td colspan="2">D</td><td>K</td></tr>
<tr><td rowspan="3">全局权重</td><td rowspan="3">0.11</td><td rowspan="3">0.12</td><td rowspan="3">0.06</td><td rowspan="3">0.10</td><td rowspan="3">0.1</td><td colspan="2">0.08</td><td colspan="2">0.10</td><td colspan="2">0.14</td><td rowspan="3">0.19</td></tr>
<tr><td>h_f</td><td>y_f</td><td>w</td><td>t</td><td>d</td><td>x</td></tr>
<tr><td>0.04</td><td>0.04</td><td>0.05</td><td>0.05</td><td>0.07</td><td>0.07</td></tr>
</table>

（二）熵权法

熵权法是一种客观赋权方法，主要根据各指标的变异程度，利用信息熵计算出各指标的熵权，再通过熵权法对各指标的权重进行修正，从而得出较为客观的指标权重（孙爱民等，2020）。根据信息论的基本原理，信息是系统有序程度的一个度量，熵是系统无序程度的一个度量，假设系统处于多种不同的状态，每种状态出现的概率为 p_i（$i=1,2,\cdots,m$），则该系统的熵定义为

$$S=-k\cdot\sum_{i=1}^{m}p_i\cdot\ln\left(p_i\right) \tag{5–7}$$

1. 方法原理

首先利用熵信息确定权重，构造多属性决策矩阵：

$$\boldsymbol{M}=\begin{matrix}A_1\\A_2\\\vdots\\A_m\end{matrix}\begin{bmatrix}p_{11}&p_{12}&\cdots&p_{1n}\\p_{21}&p_{22}&\cdots&p_{2n}\\\vdots&\vdots&\ddots&\vdots\\p_{m1}&p_{m2}&\cdots&p_{mn}\end{bmatrix} \tag{5–8}$$

其中 p_{ij} 表示第 j 个属性下第 i 个方案 A_i 的贡献度：

$$p_{ij}=\frac{x_{ij}}{\sum_{i=1}^{m}x_{ij}} \tag{5-9}$$

利用 E_j 来表示所有方案对属性 X_j 的贡献总量：

$$E_j=-k\cdot\sum_{i=1}^{m}p_{ij}\cdot\ln\left(p_i\right) \tag{5-10}$$

其中，常数 $k=1/\ln m$，E_j 最大为 1。由式（5-10）可以看出，当某个属性下各方案的贡献度趋于一致时，E_j 趋于 1。

属性值由所有方案差异大小来决定权系数的大小，定义 d_j 为第 j 个属性下各方案贡献度的一致性程度：

$$d_j=1-E_j \tag{5-11}$$

各属性权重 W_j 如下：

$$W_j=\frac{d_j}{\sum_{j=1}^{m}d_j} \tag{5-12}$$

2. 方法应用

首先收集整理四川盆地不同典型五峰组—龙马溪组气藏的参数特点（表 5-18）。

表 5-18　四川盆地典型页岩气藏三元系统参数原值表（据中国石化、郭旭升、金之钧、赵文智、郭彤楼等，修改）

井名	TOC（%）	R_o（%）	H（m）	ϕ（%）	盖层厚度（m）	盖层岩相	抬升时间（Ma）	抬升幅度（m）	距断裂或剥蚀区距离（km）	断裂或剥蚀性质	地层压力系数
焦页 1	3.56	2.65	38	6.2	102	粉砂质泥岩—泥质粉砂岩、缺失部分膏岩层	85	3700	4.9	封闭性断裂	1.55
宁 201	2.97	3.1	46	5.4	130	嘉陵江组四段和嘉陵江组三段膏盐岩、含粉砂钙质页岩—泥质灰岩	55	1700	19.5	开放性剥蚀	2.03
威 201	3.21	2.55	40	5	87	粉砂质泥岩—石灰岩	100	2800	7	开放性剥蚀	0.92
丁页 1	3.42	2.03	30	3.03	214	泥质灰岩、泥岩、灰质泥岩，缺失部分膏岩层	82.5	4100	8	开放性断裂	1.06
彭页 1	1.84	2.5	26	3.67	200	细砂岩、粉砂岩	131	4750	5.9	开放性剥蚀	0.96
渝参 6	2.16	2.2	10	1.66	95	膏盐盖层	143	6800	1	开放性剥蚀、断裂	1.00

利用前面各参数标准化方法对研究区典型井的参数重新进行标准化取值（表 5-19）。

表 5-19　四川盆地龙马溪组页岩典型井三元系统参数标准化表

井名	有机质丰度（I_{TOC}）	有机质成熟度（I_{R_o}）	有效页岩厚度（I_H）	孔隙度（I_ϕ）	岩矿参数（Y）	盖层厚度（h_f）	盖层岩相（y_f）	抬升时间（t）	抬升幅度（w）	距断裂或剥蚀区距离（d）	断裂或剥蚀性质（x）	地层压力系数（K）
焦页 1	7.12	7.78	6.63	6.80	8.00	8.00	4.00	5.80	4.60	5.50	9.00	6.20
宁 201	5.94	8.86	7.54	8.00	5.00	9.00	8.00	6.50	6.00	8.00	3.00	8.01
威 201	6.42	7.29	6.86	7.00	6.00	6.96	6.50	4.00	5.60	6.50	2.50	3.68
丁页 1	6.84	5.80	5.71	5.03	5.00	5.00	7.00	6.00	3.80	7.00	5.00	4.24
彭页 1	3.00	7.50	5.26	5.67	8.00	10.00	2.00	3.38	2.50	6.00	2.50	3.84
渝参 6	4.32	6.00	3.00	3.32	6.00	7.40	8.00	3.14	1.00	2.00	1.00	4.00

得出三元子系统各个参数的概率矩阵表（表 5-20）。

表 5-20　四川盆地龙马溪组页岩典型井熵权法三元子系统参数概率矩阵表

井名	有机质丰度（I_{TOC}）	有机质成熟度（I_{R_o}）	有效页岩厚度（I_H）	孔隙度（I_ϕ）	岩矿参数（Y）	盖层厚度（h_f）	盖层岩相（y_f）	抬升时间（t）	抬升幅度（w）	距断裂或剥蚀区距离（d）	断裂或剥蚀性质（x）	地层压力系数（K）
焦页 1	0.21	0.18	0.19	0.19	0.21	0.17	0.11	0.20	0.20	0.16	0.39	0.21
宁 201	0.18	0.20	0.22	0.22	0.13	0.19	0.23	0.23	0.26	0.23	0.13	0.27
威 201	0.19	0.17	0.20	0.20	0.16	0.15	0.18	0.14	0.24	0.19	0.11	0.12
丁页 1	0.20	0.13	0.16	0.14	0.13	0.11	0.20	0.21	0.16	0.20	0.22	0.14
彭页 1	0.09	0.17	0.15	0.16	0.21	0.22	0.06	0.12	0.11	0.17	0.11	0.13
渝参 6	0.13	0.14	0.09	0.09	0.16	0.16	0.23	0.11	0.04	0.06	0.04	0.13

最后得出熵权法参数权重（表 5-21）。

表 5-21　三元子系统熵权法参数权重表

评价参数	有机质丰度（I_{TOC}）	有机质成熟度（I_{R_o}）	有效页岩厚度（I_H）	孔隙度（I_ϕ）	岩矿参数（Y）	盖层厚度（h_f）	盖层岩相（y_f）	抬升时间（t）	抬升幅度（w）	距断裂或剥蚀区距离（d）	断裂或剥蚀性质（x）	地层压力系数（K）
全局权重	0.094	0.054	0.053	0.085	0.048	0.035	0.075	0.059	0.107	0.093	0.165	0.127

综合层次分析法与熵权法，得出四川盆地龙马溪组页岩三元系统参数标准权重（表5-22、表5-23）。

表 5-22　四川盆地龙马溪组页岩三元系统参数权重表

评价参数	有机质丰度（I_{TOC}）	有机质成熟度（I_{R_o}）	有效页岩厚度（I_H）	孔隙度（I_ϕ）	岩矿参数（Y）	盖层厚度（h_f）	盖层岩相（y_f）	抬升时间（t）	抬升幅度（w）	距断裂或剥蚀区距离（d）	断裂或剥蚀性质（x）	地层压力系数（K）
熵权法权重	0.094	0.054	0.058	0.085	0.048	0.035	0.075	0.059	0.107	0.093	0.165	0.127
层次分析法权重	0.111	0.057	0.056	0.095	0.044	0.03	0.073	0.044	0.103	0.063	0.195	0.129
平均权重	0.1025	0.0555	0.057	0.09	0.046	0.0325	0.074	0.0515	0.105	0.078	0.18	0.128

表 5-23　四川盆地五峰组—龙马溪组页岩气多指标综合评价参数权重表

<table>
<tr><th colspan="2">准则层</th><th colspan="5">子准则层</th></tr>
<tr><th>评价指标</th><th>权重</th><th>评价指标</th><th colspan="3">同级指标权重</th><th>全局单因素权重</th></tr>
<tr><td rowspan="3">供气系统</td><td rowspan="3">0.214</td><td>有机质丰度（I_{TOC}）</td><td colspan="3">0.481</td><td>0.103</td></tr>
<tr><td>有机质成熟度（I_{R_o}）</td><td colspan="3">0.261</td><td>0.056</td></tr>
<tr><td>有效页岩厚度（I_H）</td><td colspan="3">0.258</td><td>0.055</td></tr>
<tr><td rowspan="2">储气系统</td><td rowspan="2">0.137</td><td>孔隙度（I_ϕ）</td><td colspan="3">0.660</td><td>0.090</td></tr>
<tr><td>岩矿参数（Y）</td><td colspan="3">0.340</td><td>0.046</td></tr>
<tr><td rowspan="7">保气系统</td><td rowspan="7">0.649</td><td rowspan="2">封盖指数（F）</td><td rowspan="2">0.164</td><td>盖层厚度（h_f）</td><td>0.305</td><td>0.032</td></tr>
<tr><td>盖层岩相（y_f）</td><td>0.695</td><td>0.074</td></tr>
<tr><td rowspan="2">构造作用指数（G）</td><td rowspan="2">0.241</td><td>抬升时间（t）</td><td>0.332</td><td>0.052</td></tr>
<tr><td>抬升幅度（w）</td><td>0.668</td><td>0.105</td></tr>
<tr><td rowspan="2">断裂剥蚀指数（D）</td><td rowspan="2">0.397</td><td>距断裂或剥蚀区距离（d）</td><td>0.303</td><td>0.078</td></tr>
<tr><td>断裂剥蚀性质（x）</td><td>0.697</td><td>0.180</td></tr>
<tr><td>地层压力系数（K）</td><td colspan="3">0.197</td><td>0.128</td></tr>
</table>

三、“供—储—保”评价法指数计算方法

（一）供气指数

供气指数指在供气系统中，烃源岩以各种方式供出烃的能力。最大供气指数代表烃源

岩以各种方式供气使得烃量最高时的综合能力。

供气系统的三个参数随构造埋藏史的变化均具有相应的阶段变化，因此供气系统的演化相应地也可以分为三个阶段和四个关键点，分别是初始生烃的未成熟—成熟阶段、大量生液态烃的成熟阶段以及干酪根与迁移有机质接力生气的高成熟—过成熟阶段，关键点分别为各自阶段的末端时刻，其中尤以现今时刻的供气系统状态最为重要。

通过将多个指标代入供气系统多项式中［式（5-13）、式（5-14）］，即可得到不同阶段的投点，将不同阶段投点对标到时间轴上，即可将整个历史演化阶段的气藏供气指数用图表的形式展示出来（图 5-4）。

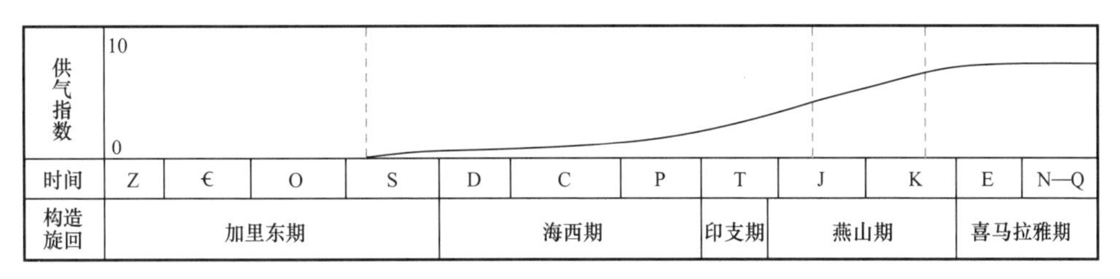

图 5-4　页岩供气指数示意图

$$g_1 = f\left(I_{\text{TOC}}, I_{R_o}, I_H\right) = g_1 I_{\text{TOC}} + g_2 I_{R_o} + g_3 I_H \tag{5-13}$$

$$g_1 = f\left(I_{\text{TOC}}, I_{R_o}, I_H\right) = 0.481 I_{\text{TOC}} + 0.261 I_{R_o} + 0.258 I_H \tag{5-14}$$

式中，g_1 为供气指数；I_{TOC} 为标准化后的有机质含量；I_{R_o} 为标准化后的某时刻页岩镜质组反射率，是动态演化中的关键变量；I_H 为标准化后的有效页岩厚度；g_1、g_2、g_3 分别代表 I_{TOC}、I_{R_o} 和 I_H 的权重系数。

（二）储气指数

储气指数是用来描述储气系统中，页岩各类储集空间所能容纳烃的能力的综合评价指数，其地质模型如图 5-5 所示，数学模型见式（5-15）、式（5-16）。

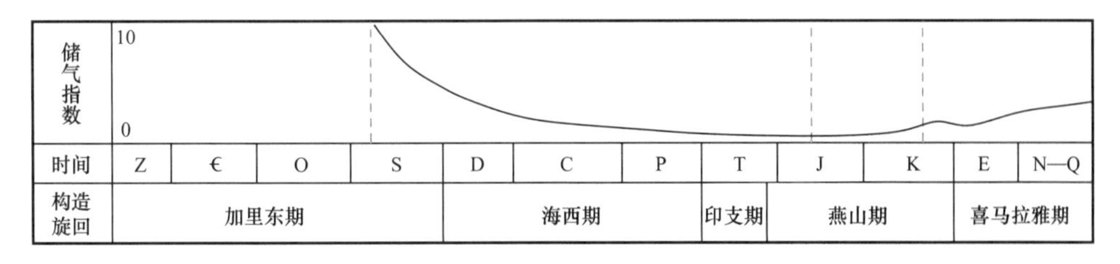

图 5-5　页岩储气指数模型示意图

$$c_1 = f\left(I_\phi, Y\right) = p_1 I_\phi + p_2 Y \tag{5-15}$$

$$c_1 = f\left(I_\phi, Y\right) = 0.66 I_\phi + 0.34 Y \tag{5-16}$$

式中，c_1 为储气指数；I_ϕ 为标准化后的孔隙度，包含微孔、中孔和宏孔的综合作用；Y 为标准化后的岩相利储指数；p_1、p_2 分别代表孔隙度和岩相利储指数的权重系数。

（三）保气指数

保气指数用来描述页岩气成藏过程中，各个地质要素组合时所发挥的保存烃（页岩气）的能力，其动态演化地质模型如图 5-6 所示，数学模型表现为式（5-17）、式（5-18）。

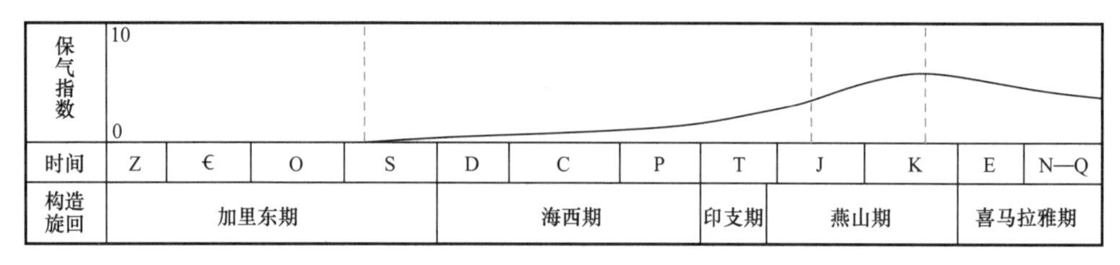

图 5-6 页岩保气指数动态演化模型示意图

$$\begin{aligned} b_1 &= f(F,G,D,K) = b_1F(h_f,y_f) + b_2G(t,w) + b_3D(d,x) + b_4K \\ &= b_1(f_1h_f + f_2y_f) + b_2(g_1t + g_2w) + b_3(d_1d, d_2x) + b_4K \end{aligned} \quad (5-17)$$

$$\begin{aligned} b_1 &= f(F,G,D,K) = 0.164F(h_f,y_f) + 0.241G(w,t) + 0.397D(d,x) + 0.197K \\ &= 0.164\times(0.305h_f + 0.695y_f) + 0.271\times(0.332w + 0.668t) + 0.368\times \\ &\quad (0.303d + 0.697x) + 0.197K \end{aligned} \quad (5-18)$$

式中，b_1 为保气指数；F 为封盖指数，h_f 为标准化后的盖层厚度，y_f 为标准化后的盖层岩相；G 为构造作用指数，w 为标准化后的构造幅度，t 为标准化后的构造末次抬升时间；D 为断裂剥蚀指数，d 为标准化后的距断裂或剥蚀区距离，x 为标准化后的断裂或剥蚀性质；K 为标准化后的地层压力系数；b_1、b_2、b_3、b_4 分别为封盖指数、构造作用指数、断裂剥蚀指数和地层压力系数的权重系数；f_1、f_2、g_1、g_2、d_1、d_2 分别为盖层厚度、盖层岩相、构造抬升时间、构造抬升幅度、距断裂或剥蚀区距离、断裂或剥蚀性质几个参数的权重系数。

（四）"供—储—保"综合评价指数

页岩气的最终成藏富集是供、储、保三大子系统综合的结果（Chen 等，2016），其最终成藏富集的程度由综合评价指数来表征，综合评价指数 z 由供气指数、储气指数和保气指数共同确定，其计算公式见式（5-19）、式（5-20）。

将综合评价指数进行图表可视化处理，可得图 5-7 所示的页岩气成藏富集动态演化综合评价模型。

$$z_1 = f(g,c,b) = \alpha g_1 + \beta c_1 + \gamma b_1 \quad (5-19)$$

$$z_1 = f(g,c,b) = 0.214g_1 + 0.137c_1 + 0.649b_1 \quad (5-20)$$

式中，g_{I}、c_{I}、b_{I} 分别为不同阶段的供气、储气、保气指数，α、β、γ 分别为其对应的标准常数权重。

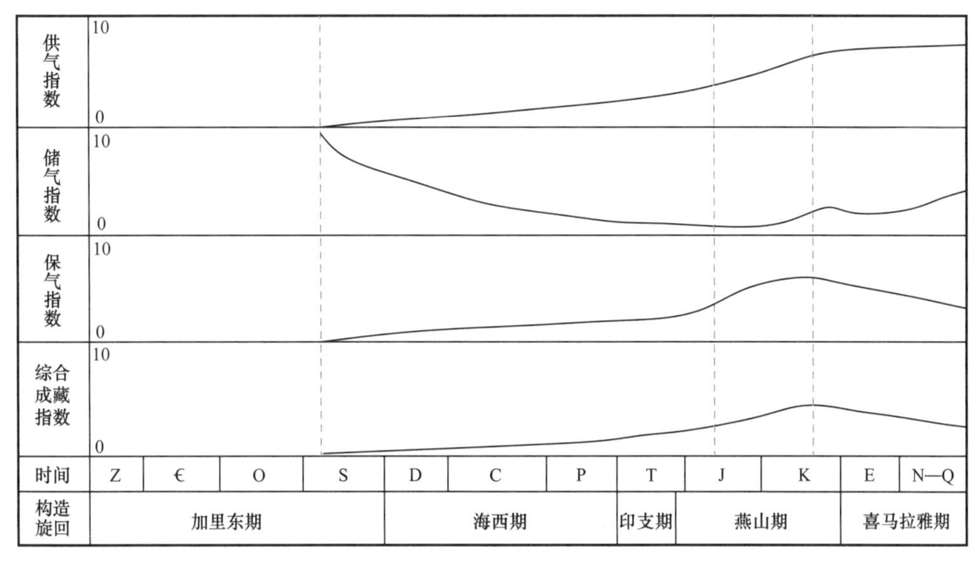

图 5-7　研究区龙马溪组页岩气成藏富集动态演化综合评价指数模型示意图

通过以上过程，结合四川盆地典型实例，可建立页岩气成藏富集动态演化的三元及综合评价指数等级表（表 5-24）。

表 5-24　指数评价等级划分

评价指数	等级划分		
	0～4	4～6	6～10
供气指数	差	中	优
储气指数	差	中	优
保气指数	差	中	优
综合指数	差	中	优

依据上述标准，可对任何一个待评价的页岩气藏或页岩气区块进行历史动态的供、储、保和综合成藏富集进行定量评价。

第三节　三元成藏动态演化综合评价法实例应用

一、焦页 1 井龙马溪组页岩气藏

焦页 1 井位于川东焦石坝地区低缓背斜高部位，主产层龙马溪组厚度达 90m，位于武隆—石柱沉积中心，主体构造平缓（郭旭升，2019）。优质页岩气产层厚度达 38m，为深水陆棚沉积环境，海侵体系域。页岩主要发育粒间孔隙、晶间孔隙、微裂缝、有机质纳米孔等多种类型的储集空间，测试分析显示孔隙度介于 2.65%～7.11% 之间，平均孔隙度为 5.0%（王玉满，2016）。

此外通过对页岩层段岩心样品的有机质测试，结果显示焦页 1 井有机质 TOC 含量为 0.53%～5.87%，平均为 3.56%；镜质组反射率 R_o 平均为 2.65%，现今的热演化处于过成熟阶段（Wang 等，2019）。

在焦页 1 井构造埋藏史演化恢复的基础上，运用页岩气成藏富集动态演化综合评价法，对气藏的供气、储气和保气系统及其成藏富集进行综合分析和评价。

阶段一（志留纪至二叠纪末期）：地层从沉积开始快速深埋不到 2000m 至泥盆纪早期，之后经历了较为漫长的缓慢抬升，一直持续到二叠纪末期，抬升 300m 左右。该阶段焦页 1 井有机质主要处于未成熟—成熟时期，R_o 处于 0.5%～0.8% 之间，供气系统进入生油门限，开始供油。储气系统在该阶段主要还处于早期成岩的关键时期，储集空间处于在建状态尚不太完备，但是早期的浅埋藏使得压实较为松散，且以现今时刻的孔隙度与恢复的早期岩相来推测，在成岩前期，焦页 1 井的孔隙度在整个四川盆地龙马溪组中较高。保气系统在该阶段虽然构造幅度不大，但长期抬升、缺失封盖、浅埋地层压力较小，因此散失较多油气。综合来看阶段一的焦页 1 井页岩基本没有成藏效应。

阶段二（二叠纪末期至早侏罗世）：地层从二叠纪末期进行了中期深埋直至晚三叠世，最大埋深超过 3000m，之后开始快速短期抬升至早—中侏罗世，抬升 100m 左右。该阶段焦页 1 井有机质主要处于成熟时期，R_o 处于 0.8%～1.3% 之间，供气系统以提供页岩油为主。储气系统在该阶段逐渐进入深成作用，随着埋深增大，压实和胶结作用等加强，孔隙度减小。保气系统封盖不佳，但地层压力增大，压实发挥持续正向作用，页岩致密化加深，其自封闭程度加深，该阶段有机质接受一定程度的保存。综合来看阶段二的焦页 1 井龙马溪组页岩成藏效应有逐渐增加趋势。

阶段三（早侏罗世至现今）：地层从早侏罗世进入第三次深埋阶段，深埋持续时间较长，先快后慢，于白垩纪晚期达到全演化过程的最大埋深，之后从距今约 85Ma 时开始进入第三个抬升阶段，受雪峰山作用影响先是晚白垩世快速隆升构造变形，后距今 65—15Ma 时缓慢抬升，最后距今约 15Ma 时受四川盆地晚期喜马拉雅构造运动的影响，该区地层快速抬升至现今。

该阶段研究区有机质主要处于成熟—过成熟期，R_o 处于 1.3%～3.18% 之间，供气系统以提供干酪根裂解气和液态烃裂解气为主，在温压控制下有机质达到最大演化程度，白垩纪晚期供气系统能力达到最大水平，之后主要供气系统水平维持在较为稳定的状态直至现今。储气系统在晚期成岩作用下，孔隙度持续减小，无机矿物孔逐渐降至最小状态，部分微裂隙闭合，至白垩纪晚期前后在有机质大量生烃的影响下，产生大量有机质孔，改善了总孔体积，总孔隙度略有升高，在白垩纪晚期之后的第三个抬升阶段，受构造影响，脆性矿物受力产生微裂隙，部分微裂缝重新开启，总孔隙度逐渐升高，储气系统贡献在该阶段先降低后小幅升高。随着地层的沉积与压实，保气系统中的封盖贡献在该阶段逐渐体现，但是嘉陵江组膏盐岩在距今 50Ma 时被破坏，发育粉砂质泥岩—泥质粉砂岩区域盖层；受白垩纪晚期深埋压实作用以及大量生烃影响，超压逐渐形成，地层压力系数增大；经构造分析发现研究区在喜马拉雅构造运动时期总抬升 4100m 左右，距离最近的大断裂 8km 左右，故而破坏影响较大，总体来说研究区的保气系统在该阶段对成藏的贡献具有先增加随后大幅降低的演化趋势。综合来看阶段三的焦页 1 井页岩成藏效应在白垩纪晚期达到最大，之后有所降低，虽然与研究区历史时期相比不如白垩纪晚期以及距今 85Ma 附近时综合成藏效应好，从现今三元系统的综合评价来看，焦页 1 井目前处于优供—优储—优保的状态，总体成藏效应非常好（图 5-8）。

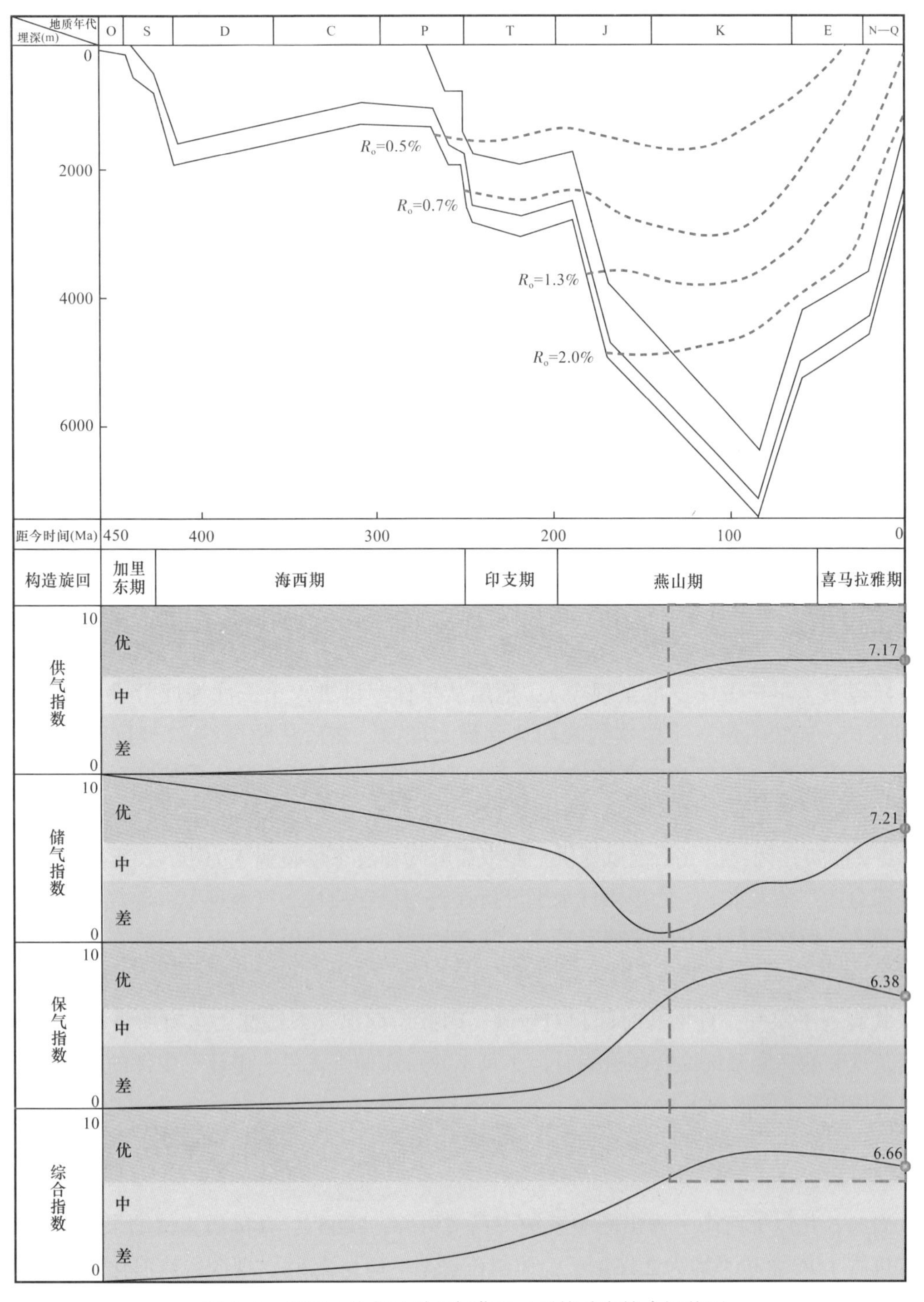

图 5-8　焦页 1 井龙马溪组气藏三元系统动态综合评价图

二、丁页 1 井龙马溪组页岩气藏

丁山地区隶属重庆綦江区，主体构造位于湘鄂西—黔东北断褶带、黔北断褶带、川东南断褶带交会处（付小东等，2008）。整体为正向构造，鼻状背斜。地层普遍缺失泥盆纪、石炭纪等晚中生代地层（徐政语等，2004）。五峰组—龙马溪组发育厚度大于 30m 的富含有机质和笔石的黑色优质页岩。沉积主要为缺氧闭塞的深水陆棚还原环境。通过对页岩层段岩心样品的有机质测试，结果显示丁页 1 井有机质 TOC 平均含量为 3.42%；镜质组反射率 R_o 平均为 2.03%，现今的热演化处于过成熟阶段。

在丁页 1 井构造埋藏史演化恢复的基础上，运用页岩气成藏富集动态演化综合评价法，对气藏的供气、储气和保气系统进行分析，其综合评价具有如下特征。

阶段一（志留纪至二叠纪末期）：地层从沉积开始快速深埋不到 2000m 至泥盆纪早期，之后经历了较为漫长的缓慢抬升，一直持续到二叠纪末期。该阶段丁页 1 井 R_o 处于 0.5%～0.8% 之间，有机质主要处于未成熟—成熟时期，供气系统以供油为主。储气系统在该阶段主要还处于早期成岩的关键时期。保气系统在该阶段虽然构造抬升幅度不大，但长期抬升、缺失封盖、浅埋地层压力较小，因此散失较多油气。综合来看阶段一的丁页 1 井页岩成藏效应与焦页 1 井相近，均非常弱。

阶段二（二叠纪末期至早侏罗世）：地层从二叠纪末期进行了中期深埋直至晚三叠世，之后开始快速短期抬升至早—中侏罗世。该阶段丁页 1 井有机质主要处于成熟时期，R_o 处于 0.8%～1.3% 之间，供气系统以供油为主。储气系统在该阶段逐渐进入深成作用期，随着埋深增大，压实和胶结作用等加强，孔隙度减小。保气系统随埋深增加能力增强。综合来看阶段二的丁页 1 井页岩成藏效应有逐渐增加趋势。

阶段三（早—中侏罗世至现今）：地层从早侏罗世进入第三次深埋阶段，深埋持续时间较长，先快后慢，于白垩纪晚期达到最大埋深，之后从距今约 82.5Ma 时开始进入第三个抬升阶段，先是晚白垩世快速隆升构造变形，后于新近纪快速抬升至现今，自最大埋深起总抬升 4100m 左右。该阶段研究区有机质主要处于成熟—过成熟期，R_o 处于 1.3%～2.03% 之间，供气系统以提供干酪根裂解气和液态烃裂解气为主，白垩纪晚期供气系统能力达到最大水平，之后供气水平维持在较为稳定的状态直至现今。储气系统能力先持续减小，后在构造抬升阶段略有提高。随着地层的沉积与压实，保气系统在白垩纪晚期以前逐渐提高，后来随着构造抬升，丁页 1 井页岩气藏被逆断层与背斜斜坡封闭，总体构造样式有利于保气，且抬升时间相对较晚，因此后期保气系统能力虽有所下降但降低不多。从现今的三元系统综合评价来看，丁页 1 井目前处于优供—中储—中保的状态，总体成藏效应中等（图 5–9）。

三、渝参 6 井页岩气藏

渝参 6 井位于酉阳—秀山断裂系统（吕宝凤等，2005）。有机质测试结果显示渝参 6 井有机质 TOC 含量平均为 2.16%；镜质组反射率平均为 2.2%，现今的热演化处于过成熟阶段。

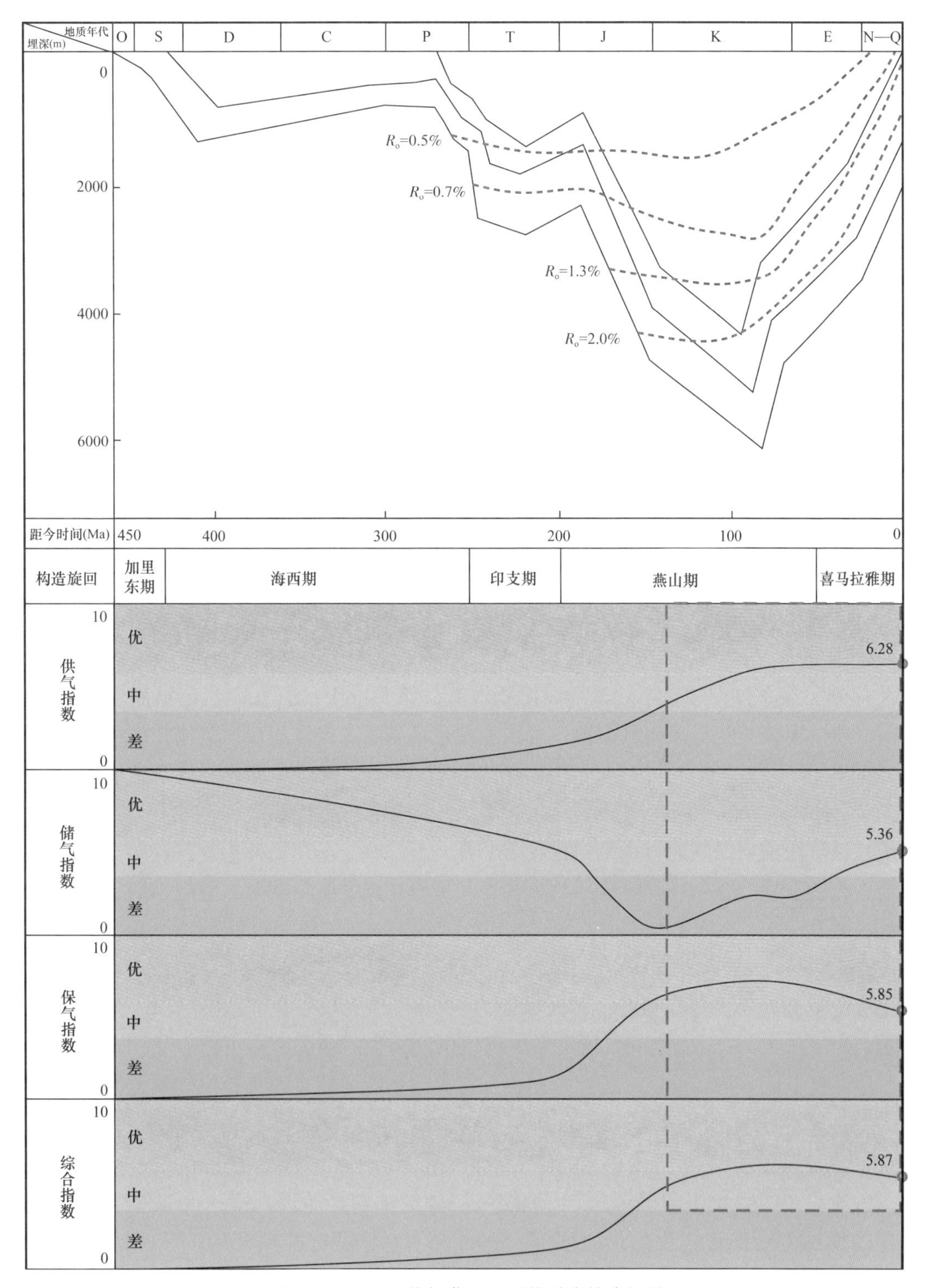

图 5–9　丁页 1 井气藏三元系统动态综合评价

在渝参 6 井构造埋藏史演化恢复的基础上，运用页岩气成藏富集动态演化综合评价法，对气藏的供气、储气和保气系统进行分析，对气藏的形成与富集过程及结果进行综合评价。

渝参6井自五峰组—龙马溪组沉积后一直到加里东末期均属于持续埋藏阶段，地层最大埋深约2500m；海西早期继承加里东末期的持续埋藏趋势并发育了泥盆系和石炭系，直到二叠纪早期，遭受抬升剥蚀，造成石炭系沉积地层及部分泥盆系被剥蚀，而后重新开始接受沉积，埋藏深度开始增大；进入印支期，又一次遭受抬升剥蚀；燕山期开始，随着侏罗系快速沉积，目标层段页岩埋藏深度迅速增大，并一直持续至晚侏罗世晚期，至此，五峰组—龙马溪组页岩达到最大埋藏深度约6500m；早白垩世（距今约140Ma）开始出现较大幅度的快速隆升；喜马拉雅期继承燕山晚期的隆升趋势，目标层埋藏深度进一步减小，但隆升幅度开始放缓，到现今，五峰组—龙马溪组目的层段抬升至约780m处。渝参6井五峰组—龙马溪组烃源岩在早泥盆世进入生油门限，早二叠世至早三叠世为持续沉积，但因该阶段总沉积厚度小，成熟度值变化不大，而后遭受印支运动的抬升剥蚀影响，并于晚三叠世末期R_o值达到1.0%。随着侏罗系的快速沉积，有机质热演化程度进入迅速增大阶段，至早侏罗世晚期R_o值达到1.3%，至晚侏罗世，地层受热温度超过210℃，R_o值达到2.0%，页岩达到高成熟阶段，该阶段以生干气为主。晚侏罗世之后，页岩达到最大埋深及最高受热程度，页岩气生成达到高峰，R_o值达到最高值2.2%，随后受地层挤压抬升影响，气藏进入调整阶段。

阶段一（志留纪至二叠纪早期）：地层从沉积开始快速深埋不到2000m至泥盆纪早期，后继续缓慢埋藏并发育泥盆系和石炭系，二叠纪早期地层经历了一个短期抬升，石炭系及部分泥盆系被剥蚀，之后又继续沉积埋藏。该阶段中，R_o在泥盆纪早期迅速上升到0.5%，供气系统很快进入生油门限，后因埋藏速率减缓，镜质组反射率增长缓慢，直至早二叠世R_o值达到0.7%，因此供气系统从泥盆纪早期至二叠纪早期为成藏系统提供一些低熟油；储气系统在该阶段经历长期埋藏，孔隙度持续下降，储气能力随之持续下降；保气系统在该阶段前期保气能力从无到有逐渐上升，至二叠纪早期短期抬升封盖层被破坏，保气能力有所下降。综合来看阶段一的渝参6井页岩在泥盆纪早期至二叠纪早期之前存在较小的成藏效应。

阶段二（二叠纪早期至三叠纪早期）：地层从二叠纪早期再次深埋后一直持续埋藏，至三叠纪早期时再次短期抬升，剥蚀厚度约500m，缺失早三叠世地层沉积。该阶段时间较短，R_o在0.7%～1.1%之间，供气系统仍以供油为主，多滞留在页岩内部；储气系统在该阶段储集空间先持续降低，后在短期抬升时，储集能力略有改善；保气系统一直处于提高趋势，在三叠纪早期因遭受剥蚀开始趋势放缓。综合来看阶段二的渝参6井页岩成藏效应开始逐渐明显起来。

阶段三（三叠纪中期至现今）：地层从三叠纪中期开始进入第三次深埋阶段，到侏罗纪晚期达到全演化过程的最大埋深6500m左右。侏罗纪晚期开始抬升，持续抬升至白垩纪晚期开始放缓抬升速度，但仍然保持抬升状态直至现今。该阶段时间较长，R_o在1.1%～2.2%之间，经历了从成熟到高—过成熟阶段，供气系统从侏罗纪早期开始供气直至现今；储气系统在持续埋深阶段储集能力持续下降，直至侏罗纪晚期有机质孔大量产生，之后储气系统能力略有提升，伴随着白垩纪以及之后的持续抬升，储气系统能力逐渐提高；保气系统能力在侏罗纪晚期达到最大，之后伴随着地层的抬升以及构造幅度的增大，保气系统能力持续下降。综合来看阶段三的渝参 6 井页岩成藏效应在侏罗纪晚期附近达到较大水平，但由于后期改造时间过长，保气系统能力不佳，导致现今的渝参 6 井气藏综合效应非常不明显（图 5–10）。

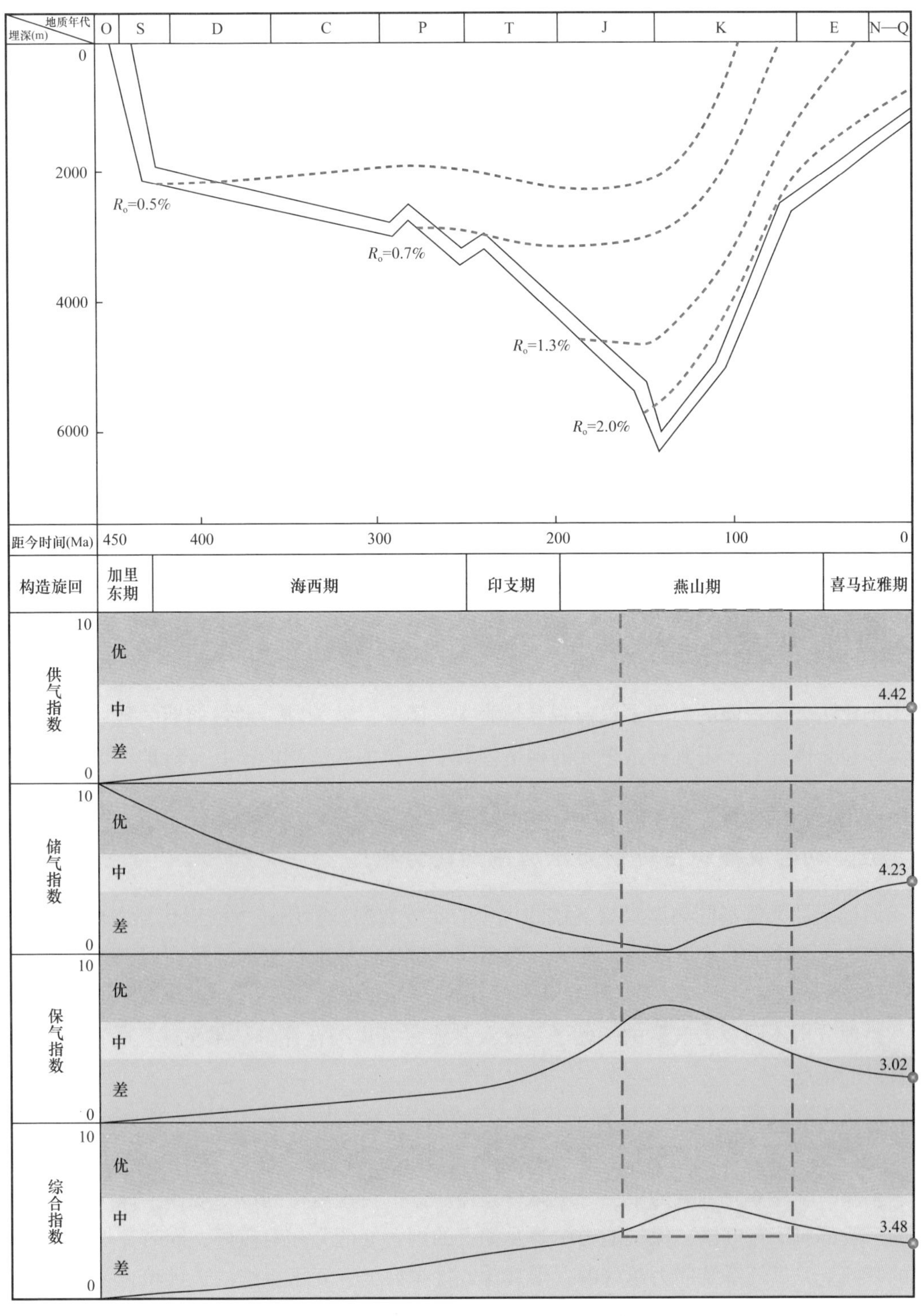

图 5–10 渝参 6 井气藏三元系统动态综合评价

四、页岩气藏差异富集过程与结果的对比分析评价

构造埋藏史不同的地区其供气系统、储气系统和保气系统的演化具有差异性，焦页1井气藏与丁页1井气藏的构造埋藏史相似，因此它们的最佳成藏效应阶段相似，渝参6井一开始快速埋藏，使得 R_o 很早便达到0.5%的生烃门限，因此渝参6井供气时间较早，焦页1井和丁页1井页岩在二叠纪晚期以前均处于浅埋藏状态，且经过较长时间的地层抬升，因此二者的供气系统能力在二叠纪晚期之后才开始追上渝参6井的水平。在前期渝参6井页岩一直处于持续埋藏阶段，即使有短期抬升，构造幅度也不大，而焦页1井页岩和丁页1井页岩则经历了一次长期抬升和中短期抬升才进入持续深埋状态，因此在燕山运动早期以前，渝参6井的储气能力较焦页1井页岩和丁页1井页岩要弱，但同时渝参6井的保气能力一直比焦页1井和丁页1井的保气能力强，之后由于在喜马拉雅运动后期渝参6井构造抬升幅度过大，其保气能力快速下降。由于构造埋藏演化的不同，不同研究区最佳成藏效应阶段也不同，渝参6井因为前期总体一直处于持续埋藏状态，因此较早进入最佳成藏效应阶段，但由于其抬升时间也较早，气藏破坏较早，因此其最佳成藏效应也相应提前结束，相比于焦页1井和丁页1井气藏，后两者的最佳成藏效应阶段靠后些，且现今仍处于较为优质的成藏效应阶段，而渝参6井则已经进入后成藏时代，综合成藏效应越来越低。

此外，需要说明的是，在进行四川盆地龙马溪组页岩气差异富集评价时，可主要运用类比法+本书的研究方法，通过分析相邻相近地区的构造埋藏史、地质概况，认为同一构造单元下的构造埋藏史演化情况相近，在此基础上再根据不同地区在盆地中的位置、距离断裂或剥蚀区的距离等具体分析不同地区物源沉积和散失情况，进一步推出现今时刻四川盆地具有潜力的气藏分布范围。本书的研究方法偏重过程机理性评价，实际应用时可灵活运用类比法。所选取的参数多以宏观参数为主，微观参数为辅，通过前期的地质构造分析和流体包裹体分析，得到构造单元的构造埋藏史，再加入适当的连井分析加以佐证，可推广评价，降低难度（图5-11）。

五、动态成藏综合评价方法应用对比分析

通过统计大量不同典型页岩气藏的现今的参数数据，利用该方法对包括前面评价的3口井在内的W201等6口井进行评价，对不同参数进行标准化取值后得到以下数据表（表5-25）。

整理分析不同页岩气藏的三元子系统及其成藏富集综合评价结果发现，6个气藏总体具有以下特点。

焦页1井气藏为优供—优储—优保；宁201井气藏为优供—优储—优保；威201井气藏为优供—优储—中保；丁页1井气藏为优供—中储—中保；彭页1井气藏为中供—优储—差保；渝参6井气藏为中供—中储—差保。分析对比可得到以下规律：保气系统能力差的一般都属于贫气区，保气能力中等及偏上的则含气能力相对较好，同时在保气能力较好的基础上，供气系统能力越好的，则其含气性越好，三元子系统的最优组合是优供—优储—优保（表5-26）。

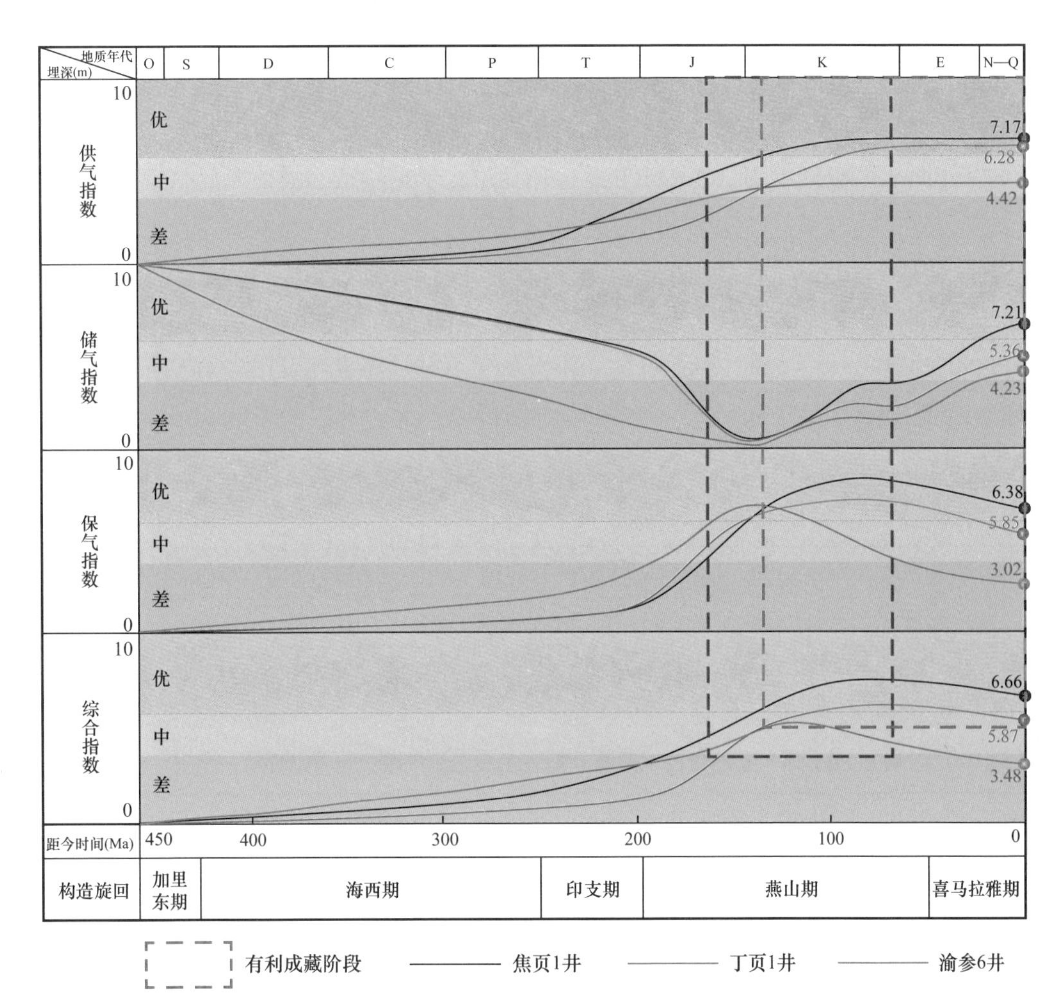

图 5-11　焦页 1 井与丁页 1 井及渝参 6 井气藏三元系统动态综合评价对比图

表 5-25　四川盆地龙马溪组气藏参数（标准化后）评价表

评价参数	典型气藏					
	焦页 1	宁 201	威 201	丁页 1	彭页 1	渝参 6
有机质丰度	7.12	5.94	6.42	6.84	3.00	4.32
有机质成熟度	7.78	8.86	7.29	5.80	7.50	6.00
有效页岩厚度	6.63	7.54	6.86	5.71	5.26	3.00
供气指数	7.17	7.12	6.76	6.28	4.76	4.42
孔隙度	6.80	8.00	7.00	5.03	5.67	3.32
岩矿参数	8.00	5.00	6.00	6.00	8.00	6.00
储气指数	7.21	6.98	6.66	5.36	6.46	4.23
盖层厚度	8.00	9.00	6.96	8.00	10.00	7.40
盖层岩相	4.00	8.00	6.50	7.00	2.00	8.00

续表

评价参数	典型气藏					
	焦页 1	宁 201	威 201	丁页 1	彭页 1	渝参 6
封盖指数	5.22	8.30	6.64	7.30	4.44	7.82
抬升时间	5.80	6.50	4.00	6.00	3.38	3.14
抬升幅度	4.60	6.00	5.60	3.80	2.50	1.00
构造作用指数	5.02	6.17	5.04	4.57	2.81	1.75
距断裂或剥蚀区距离	5.50	8.00	6.50	7.00	6.00	2.00
断裂或剥蚀性质	9.00	2.50	5.00	7.00	2.50	1.00
断裂剥蚀指数	8.00	4.08	5.43	7.00	3.50	1.29
地层压力系数	6.20	8.01	3.68	4.24	3.84	4.00
保气指数	6.38	6.12	5.18	5.85	3.54	3.02
综合指数	6.66	6.45	5.72	5.87	4.20	3.48

表 5-26　四川盆地焦页 1 井等 6 口井龙马溪组气藏三元指数评价一览表

评价参数	典型气藏					
	焦页 1	宁 201	丁页 1	威 201	彭页 1	渝参 6
供气指数	7.17	7.12	6.28	6.76	4.76	4.42
评价级别	优	优	优	优	中	中
储气指数	7.21	6.98	5.36	6.66	6.46	4.23
评价级别	优	优	中	优	优	中
保气指数	6.38	6.12	5.85	5.18	3.54	3.02
评价级别	优	优	中	中	差	差
综合指数	6.66	6.45	5.87	5.72	4.20	3.48
评价级别	优	优	中	中	中偏差	差
气藏成藏效应排序	1	2	3	4	5	6
富集类型	富气区		中等含气区		贫气区	

通过统计不同气藏的实际含气性数据发现，不同气藏的含气性排序为（图 5-12）：焦页 1 井＞宁 201 井＞丁页 1 井＞威 201 井＞彭页 1 井＞渝参 6 井，实际结果与通过页岩气动态综合评价方法得出的现今各井的气藏成藏效应排序一致，说明本书的研究方法合理先进。评价结果为页岩气下步勘探提供重要的参考依据，页岩气成藏富集动态演化综合评价法具有良好的推广应用前景。

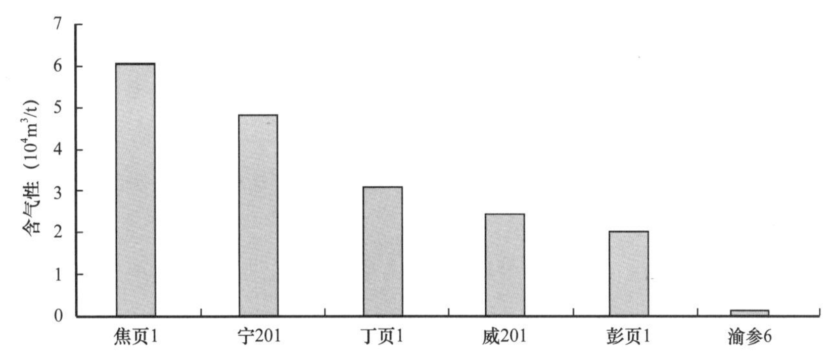

图 5-12　四川盆地不同地区焦页 1 井等 6 口井龙马溪组页岩气藏含气性分布图

综上所述，页岩气成藏富集动态演化综合评价，是对页岩气（藏）在成藏过程中任何一个时间成藏富集结果、对现今的成藏富集结果进行定量、综合的评价。页岩气成藏富集动态演化综合评价的关键在于“成”，一是指页岩气的成藏、富集，是一个动态的、演化的、历史的范畴；二是对任何时刻成藏富集的结果的评价，与通常所指的页岩气区块综合评价有明显不同，表 5-27 是二者的差异。

表 5-27　页岩气区块综合评价与页岩气成藏富集动态综合评价的比较

比较内容	页岩气区块综合评价	页岩气成藏综合评价
评价对象	可能发现气藏的区块，或已经有页岩气藏的区块	已经发现的页岩气藏，尤其是具有商业价值的页岩气藏；有勘探开发前景的区块
评价对象	多个	1 个或多个
评价指标	控制成藏的关键因素	控制富集的关键因素
评价状态	静态评价，现今评价	动态评价，历史全过程评价
评价目的	评价和比较成藏条件，优选区块，确定“甜点”	恢复页岩气成藏富集历史评价和比较富集程度
评价阶段	页岩气勘探早、中期阶段	页岩气勘探早、中、后期，开发阶段
指标标准要求	相对低	相对高
方法优势		动态、历史、定量，适用于气藏评价，也适用于区块评价；评价对象可以是 1 个或多个

页岩气成藏富集动态演化综合评价方法不仅适用于气藏评价，也适用于区块评价。动态、历史、定量是页岩气成藏富集动态演化综合评价方法的独特特征。

参考文献

白振瑞，2012. 遵义—綦江地区下寒武统牛蹄塘组页岩沉积特征及页岩气评价参数研究［D］. 北京：中国地质大学（北京）.

鲍志东，陈践发，张水昌，等,2004. 北华北中上元古界烃源岩发育环境及其控制因素［J］. 中国科学（D辑：地球科学）(S1)：114–119.

曹环宇，朱传庆，邱楠生，2015. 川东地区下志留统龙马溪组热演化［J］. 地球科学与环境学报，37（6）：22–32.

曹树恒，1988. 应用航磁异常探讨四川盆地基底性质及四川省区域构造特征［J］. 四川地质学报（2）：1–9.

常华进，储雪蕾，冯连君，等，2009. 氧化还原敏感微量元素对古海洋沉积环境的指示意义［J］. 地质论评，55（1）：91–99.

陈欢庆，丁超，杜宜静，等，2015. 储层评价研究进展［J］. 地质科技情报，34（5）：66–74.

陈欢庆，王珏，杜宜静，2017. 储层非均质性研究方法进展［J］. 高校地质学报，23（1）：104–116.

陈科洛，张廷山，梁兴，等，2018. 滇黔北坳陷五峰组—龙马溪组下段页岩岩相与沉积环境［J］. 沉积学报，36（4）：743–755.

陈璐，胡志明，熊伟，等，2020. 页岩气扩散实验与数学模型［J］. 天然气地球科学，31（9）：1285–1293.

陈强，2014. 基于高分辨率成像技术的页岩孔隙结构表征［D］. 成都：西南石油大学.

陈尚斌，朱炎铭，王红岩，等，2012. 川南龙马溪组页岩气储层纳米孔隙结构特征及其成藏意义［J］. 煤炭学报，37（3）：438–444.

程顶胜，1998. 烃源岩有机质成熟度评价方法综述［J］. 新疆石油地质（5）：3–5.

崔杰，2010. 川东北地区深部地层异常压力成因与定量预测［D］. 青岛：中国石油大学.

戴方尧，2018. 川东—湘西地区龙马溪组与牛蹄塘组页岩孔隙与页岩气赋存机理研究［D］. 武汉：中国地质大学.

董大忠，邹才能，杨桦，等，2012. 中国页岩气勘探开发进展与发展前景［J］. 石油学报，33（S1）：107–114.

董忠良，2010. 油气藏封盖层研究现状［J］. 内蒙古石油化工，36（19）：114–116.

方志雄，何希鹏，2016. 渝东南武隆向斜常压页岩气形成与演化［J］. 石油与天然气地质，37（6）：819–827.

丰国秀，陈盛吉，1988. 岩石中沥青反射率与镜质体反射率之间的关系［J］. 天然气工业（3）：20–25+7.

付常青，2017. 渝东南五峰组—龙马溪组页岩储层特征与页岩气富集研究［D］. 北京：中国矿业大学.

付景龙，丁文龙，曾维特，等，2016. 黔西北地区构造对下寒武统页岩气藏保存的影响［J］. 西南石油大学学报（自然科学版），38（5）：22–32.

付小东，秦建中，腾格尔，2008. 四川盆地东南部海相层系优质烃源层评价——以丁山 1 井为例［J］. 石油实验地质，30（6）：621–628+642.

郭秀英，陈义才，张鉴，等，2015. 页岩气选区评价指标筛选及其权重确定方法——以四川盆地海相页岩为例［J］. 天然气工业，35（10）：57–64.

郭旭升,2014. 南方海相页岩气“二元富集”规律——四川盆地及周缘龙马溪组页岩气勘探实践认识［J］. 地质学报，88（7）：1209–1218.
郭旭升，2019. 四川盆地涪陵平桥页岩气田五峰组—龙马溪组页岩气富集主控因素［J］. 天然气地球科学，30（1）：1–10.
郭旭升，胡东风，李宇平，等，2016. 海相和湖相页岩气富集机理分析与思考：以四川盆地龙马溪组和自流井组大安寨段为例［J］. 地学前缘，23（2）：18–28.
郭英海，赵迪斐，2015. 微观尺度海相页岩储层微观非均质性研究［J］. 中国矿业大学学报，44（2）：300–307.
郭英海，李壮福，李大华，等，2004. 四川地区早志留世岩相古地理［J］. 古地理学报（1）：20–29.
郝石生，陈章明，高耀斌，等，1995. 天然气藏的形成和保存［M］. 北京：石油工业出版社.
何登发，李德生，张国伟，等，2011. 四川多旋回叠合盆地的形成与演化［J］. 地质科学，46（3）：589–606.
何治亮，胡宗全，聂海宽，等，2017. 四川盆地五峰组—龙马溪组页岩气富集特征与“建造—改造”评价思路［J］. 天然气地球科学，28（5）：724–733.
胡东风，2019. 四川盆地东南缘向斜构造五峰组—龙马溪组常压页岩气富集主控因素［J］. 天然气地球科学，30（5）：605–615.
胡东风，张汉荣，倪楷，等，2014. 四川盆地东南缘海相页岩气保存条件及其主控因素［J］. 天然气工业，34（6）：17–23.
胡文瑄，陆现彩，范明，等，2019. 泥页岩盖层研究进展：类型、微孔特征与封盖机理［J］. 矿物岩石地球化学通报，38（5）：885–896+869.
胡莹莹，2008. 基于不同标度的判断矩阵一致性研究［D］. 合肥：合肥工业大学.
胡宗全，杜伟，彭勇民，2015. 海相页岩源—储耦合特征及其对页岩气的控制作用［A］. 中国地质学会. 中国地质学会 2015 学术年会论文摘要汇编（中册）［C］. 中国地质学会：中国地质学会地质学报编辑部，2.
华保钦，林锡祥，杨小梅，1994. 天然气二次运移和聚集研究［J］. 天然气地球科学（4）：1–37.
黄福喜，陈洪德，侯明才，等，2011. 中上扬子克拉通加里东期（寒武—志留纪）沉积层序充填过程与演化模式［J］. 岩石学报，27（8）：2299–2317.
黄籍中，1990. 再论四川盆地天然气地球化学特征［J］. 地球化学（1）：32–43.
黄婷，谭伟，庄琦，等，2019. 页岩储层纳米孔气体传输耦合模型新研究［J］. 西南石油大学学报（自然科学版），41（2）：118–126.
霍凤斌，张涛，徐发，等，2013.“两层 · 六端元”页岩评价方法在下扬子地区的应用［J］. 岩性油气藏，25（3）：87–91.
姜振学，宋岩，唐相路，等，2020. 中国南方海相页岩气差异富集的控制因素［J］. 石油勘探与开发，47（3）：617–628.
金之钧，胡宗全，高波，等，2016. 川东南地区五峰组—龙马溪组页岩气富集与高产控制因素［J］. 地学前缘，23（1）：1–10.
金之钧，龙胜祥，周雁，等，2006. 中国南方膏盐岩分布特征［J］. 石油与天然气地质（5）：571–

583+593.
琚宜文，戚宇，房立志，等，2016. 中国页岩气的储层类型及其制约因素［J］. 地球科学进展，31（8）：782–799.
康义昌，1986. 四川盆地的基岩结构及其与上覆层的关系［J］. 石油实验地质（3）：235–242+301–302.
孔祥言，李道伦，徐献芝，等，2005. 热—流—固耦合渗流的数学模型研究［J］. 水动力学研究与进展（A辑）（2）：269–275.
李登华，李建忠，王社教，等，2009. 页岩气藏形成条件分析［J］. 天然气工业，29（5）：22–26+135.
李刚毅，2009. 地层压力预测技术及应用研究［D］. 成都：成都理工大学.
李海，白云山，王保忠，等，2014. 湘鄂西地区下古生界页岩气保存条件［J］. 油气地质与采收率，21（6）：22–25+112.
李洪奎，李忠权，龙伟，等，2019. 四川盆地纵向结构及原型盆地叠合特征［J］. 成都理工大学学报（自然科学版），46（3）：257–267.
李建青，高玉巧，花彩霞，等，2014. 北美页岩气勘探经验对建立中国南方海相页岩气选区评价体系的启示［J］. 油气地质与采收率，21（4）：23–27+32+112.
李娜，2014. 抛物方程的有限差分法［J］. 科技视界（32）：71–72.
李蔚洋，2017. 中扬子地区古生界高成熟—过成熟海相烃源岩评价指标浅析［J］. 河北地质大学学报，40（2）：10–14.
李笑天，2018. 页岩气富集条件分析及有利目标预测［D］. 武汉：长江大学.
李延钧，刘欢，张烈辉，等，2013. 四川盆地南部下古生界龙马溪组页岩气评价指标下限［J］. 中国科学：地球科学，43（7）：1088–1095.
李艳芳，邵德勇，吕海刚，等，2015. 四川盆地五峰组—龙马溪组海相页岩元素地球化学特征与有机质富集的关系［J］. 石油学报，36（12）：1470–1483.
李卓，姜振学，唐相路，等，2017. 渝东南下志留统龙马溪组页岩岩相特征及其对孔隙结构的控制［J］. 地球科学，42（7）：1116–1123.
梁超，姜在兴，杨镱婷，等，2012. 四川盆地五峰组—龙马溪组页岩岩相及储集空间特征［J］. 石油勘探与开发，39（6）：691–698.
梁峰，拜文华，邹才能，等，2016. 渝东北地区巫溪 2 井页岩气富集模式及勘探意义［J］. 石油勘探与开发，43（3）：350–358.
梁兴，2006. 中国南方海相改造型盆地含油气保存单元综合评价［D］. 成都：西南石油大学.
刘超英，2013. 页岩气勘探选区评价方法探讨［J］. 石油实验地质，35（5）：564–569+573.
刘成林，葛岩，范柏江，等，2010. 页岩气成藏模式研究［J］. 油气地质与采收率，17（5）：1–5+111.
刘方槐，1991. 盖层在气藏保存和破坏中的作用及其评价方法［J］. 天然气地球科学（5）：220–227+232.
刘明鼎，张艳敏，2018. 非标准有限差分法求解分数阶对流—扩散方程［J］. 湖北大学学报（自然科学版），40（5）：478–481.
刘树根，邓宾，钟勇，等，2016. 四川盆地及周缘下古生界页岩气深埋藏—强改造独特地质作用［J］. 地学前缘，23（1）：11–28.
刘树根，马文辛，Jansa LUBA，等，2011. 四川盆地东部地区下志留统龙马溪组页岩储层特征［J］. 岩石学报，27（8）：2239–2252.
龙胜祥，冯动军，李凤霞，等，2018. 四川盆地南部深层海相页岩气勘探开发前景［J］. 天然气地球科学，29（4）：443–451.
楼章华，李梅，金爱民，等，2008. 中国海相地层水文地质地球化学与油气保存条件研究［J］. 地质学报（3）：387–396.
吕宝凤，2005. 川东南地区构造变形与下古生界油气成藏研究［D］. 广州：中国科学院研究生院（广州地球化学研究所）.
吕宝凤，夏斌，2005. 川东南“隔档式构造”的重新认识［J］. 天然气地球科学（3）：278–282.
吕奇峰，2014. 广域努森数下流体的运动方程［D］. 北京：清华大学.
马东旭，2019. 页岩气藏多重介质流—固耦合渗流规律研究［D］. 北京：北京科技大学.
马新华，2018. 四川盆地南部页岩气富集规律与规模有效开发探索［J］. 天然气工业，38（10）：1–10.
马新华，谢军，2018. 川南地区页岩气勘探开发进展及发展前景［J］. 石油勘探与开发，45（1）：161–169.
马永生，蔡勋育，赵培荣，2018. 中国页岩气勘探开发理论认识与实践［J］. 石油勘探与开发，45（4）：561–574.
马永生，楼章华，郭彤楼，等，2006. 中国南方海相地层油气保存条件综合评价技术体系探讨［J］. 地质学报（3）：406–417.
牟传龙，周恳恳，梁薇，等，2011. 中上扬子地区早古生代烃源岩沉积环境与油气勘探［J］. 地质学报，85（4）：526–532.
聂海宽，包书景，高波，等，2012. 四川盆地及其周缘下古生界页岩气保存条件研究［J］. 地学前缘，19（3）：280–294.
聂海宽，何发岐，包书景，2011. 中国页岩气地质特殊性及其勘探对策［J］. 天然气工业，31（11）：111–116+131–132.
聂海宽，何治亮，刘光祥，等，2020. 中国页岩气勘探开发现状与优选方向［J］. 中国矿业大学学报，49（1）：13–35.
聂海宽，金之钧，边瑞康，等，2016. 四川盆地及其周缘上奥陶统五峰组—下志留统龙马溪组页岩气“源—盖控藏”富集［J］. 石油学报，37（5）：557–571.
聂海宽，汪虎，何治亮，等，2019. 常压页岩气形成机制、分布规律及勘探前景——以四川盆地及其周缘五峰组—龙马溪组为例［J］. 石油学报，40（2）：131–143+164.
潘仁芳，唐小玲，孟江辉，等,2014. 桂中坳陷上古生界页岩气保存条件［J］. 石油与天然气地质,35（4）: 534–541.
彭金宁，张敏，刘光祥，等，2015. 下扬子区上古生界构造作用与油气保存条件分析［J］. 石油实验地质，37（4）：430–438.
乔辉，贾爱林，贾成业，等，2018. 长宁地区优质页岩储层非均质性及主控因素［J］. 西南石油大学学报（自然科学版），40（3）：23–33.
邱振，邹才能，王红岩，等，2020. 中国南方五峰组—龙马溪组页岩气差异富集特征与控制因素［J］. 天然气地球科学，31（2）：163–175.

任影，2017. 层理节理影响下的页岩气流动规律研究［D］. 成都：西南石油大学.

戎嘉余，1984. 上扬子区晚奥陶世海退的生态地层证据与冰川活动影响［J］. 地层学杂志（1）：19–29.

沈俊，施张燕，冯庆来，2011. 古海洋生产力地球化学指标的研究［J］. 地质科技情报，30（2）：69–77.

宋鸿彪，罗志立，1995. 四川盆地基底及深部地质结构研究的进展［J］. 地学前缘（4）：231–237.

宋岩，等，2002. 天然气运聚动力学与气藏形成［M］. 北京：石油工业出版社.

苏文博，李志明，R Ettensohn Frank，等，2007. 华南五峰组—龙马溪组黑色岩系时空展布的主控因素及其启示［J］. 地球科学（中国地质大学学报）（6）：819–827.

苏勇，2007. 湘鄂西区块构造演化及其对油气聚集的控制作用［D］. 广州：中国科学院研究生院（广州地球化学研究所）.

孙爱民，2020. 基于熵权法的区间数多指标决策方法及应用［J］. 数学的实践与认识，50（7）：171–179.

汤济广，李豫，汪凯明，等，2015. 四川盆地东南地区龙马溪组页岩气有效保存区综合评价［J］. 天然气工业，35（5）：15–23.

汤庆艳，张铭杰，余明，等，2013. 页岩气形成机制的生烃热模拟研究［J］. 煤炭学报，38（5）：742–747.

唐鑫，2018. 川南地区龙马溪组页岩气成藏的构造控制［D］. 北京：中国矿业大学.

涂乙，谢传礼，刘超，等，2012. 灰色关联分析法在青东凹陷储层评价中的应用［J］. 天然气地球科学，23（2）：381–386.

涂乙，邹海燕，孟海平，等，2014. 页岩气评价标准与储层分类［J］. 石油与天然气地质，35（1）：153–158.

王濡岳，丁文龙，龚大建，等，2016a. 渝东南—黔北地区下寒武统牛蹄塘组页岩裂缝发育特征与主控因素［J］. 石油学报，37（7）：832–845+877.

王濡岳，丁文龙，龚大建，等，2016b. 黔北地区海相页岩气保存条件——以贵州岑巩区块下寒武统牛蹄塘组为例［J］. 石油与天然气地质，37（1）：45–55.

王社教，杨涛，张国生，等，2012. 页岩气主要富集因素与核心区选择及评价［J］. 中国工程科学，14（6）：94–100.

王世谦，王书彦，满玲，等，2013. 页岩气选区评价方法与关键参数［J］. 成都理工大学学报（自然科学版），40（6）：609–620.

王淑芳，董大忠，王玉满，等，2014. 四川盆地南部志留系龙马溪组富有机质页岩沉积环境的元素地球化学判别指标［J］. 海相油气地质，19（3）：27–34.

王晔，邱楠生，仰云峰，等，2019. 四川盆地五峰—龙马溪组页岩成熟度研究［J］. 地球科学，44（3）：953–971.

王永佩，2019. 页岩有机质纳米孔混合气表面扩散数学模型［J］. 北京石油化工学院学报，27（3）：38–43.

王玉满，董大忠，杨桦，等，2014. 川南下志留统龙马溪组页岩储集空间定量表征［J］. 中国科学：地球科学，44（6）：1348–1356.

王长城，施泽进，韩小俊，等，2008. 川南官渡构造下沙溪庙组储层孔隙度预测［J］. 成都理工大学学报（自然科学版）（5）：508–511.

王志刚，2015. 涪陵页岩气勘探开发重大突破与启示［J］. 石油与天然气地质，36（1）：1–6.
魏祥峰，黄静，李宇平，等，2014. 元坝地区大安寨段陆相页岩气富集高产主控因素［J］. 中国地质，41（3）：970–981.
魏祥峰，李宇平，魏志红，等，2017. 保存条件对四川盆地及周缘海相页岩气富集高产的影响机制［J］. 石油实验地质，39（2）：147–153.
武瑾，梁峰，吝文，等，2017. 渝东北地区巫溪 2 井五峰组—龙马溪组页岩气储层及含气性特征［J］. 石油学报，38（5）：512–524.
郗兆栋，唐书恒，王静，等，2018. 中国南方海相页岩气选区关键参数探讨［J］. 地质学报，92（6）：1313–1323.
谢丹，韩书勇，周伟韬，等，2018. 井研—犍为地区筇竹寺组页岩气保存条件研究［J］. 天然气技术与经济，12（2）：24–27+82.
邢雅文，2013. 黔西北地区页岩含气性评价［D］. 北京：中国地质大学（北京）.
熊永强，张海祖，耿安松，2004. 热演化过程中干酪根碳同位素组成的变化［J］. 石油实验地质，（5）：484–487.
徐二社，李志明，杨振恒，2015. 彭水地区五峰—龙马溪组页岩热演化史及生烃史研究——以 PY1 井为例［J］. 石油实验地质，37（4）：494–499.
徐国盛，徐志星，段亮，等，2011. 页岩气研究现状及发展趋势［J］. 成都理工大学学报（自然科学版），38（6）：603–610.
徐政语，李大成，卢文忠，等，2004. 渝东构造样式分析与成因解析［J］. 大地构造与成矿学（1）：15–22.
杨胜来，2011. 油层物理学［M］. 北京：石油工业出版社.
尹宏伟，邱楠生，刘绍文，等，2016. 构造热演化与页岩气的改造和保存研究［J］. 科技创新导报，13（10）：162–163.
尹丽娟，2003. 盆地沉降和抬升剥蚀过程地层压力的变化及其预测方法［D］. 兰州：西北大学.
于炳松，2012. 页岩气储层的特殊性及其评价思路和内容［J］. 地学前缘，19（3）：252–258.
俞雨溪，罗晓容，雷裕红，等，2016. 陆相页岩孔隙结构特征研究——以鄂尔多斯盆地延长组页岩为例［J］. 天然气地球科学，27（4）：716–726.
袁建新，1996. 川南构造力学分区及其在油气勘探中的意义［J］. 重庆石油高等专科学校学报（1）：1–4.
翟常博，2013. 川东南綦江—仁怀地区页岩气成藏条件及有利目标区研究［D］. 北京：中国地质大学（北京）.
张慧，2020. 求解非线性分数阶偏微分方程精确解的几种方法［J］. 湖北民族大学学报（自然科学版），38（3）：313–317.
张鉴，王兰生，杨跃明，等，2016. 四川盆地海相页岩气选区评价方法建立及应用［J］. 天然气地球科学，27（3）：433–441.
张金川，李玉喜，聂海宽，等，2010. 渝页 1 井地质背景及钻探效果［J］. 天然气工业，30（12）：114–118+134.
张亮鉴，1985. 应用遥感资料对四川盆地基底构造格局与油气分布关系的筛分［J］. 成都地质学院学报

（2）: 73–81+111.

张烈辉，单保超，赵玉龙，等,2017. 页岩气藏表观渗透率和综合渗流模型建立［J］. 岩性油气藏,29（6）: 108–118.

张鹏飞，2009. 中扬子地区古生代构造古地理格局及其演化［D］. 青岛：中国石油大学 .

张涛，2014. 下扬子地区构造变形特征及页岩气保存条件分析［D］. 南京：南京大学 .

张译戈，2014. 长宁地区页岩气测井精细解释方法研究［D］. 成都：西南石油大学 .

张岳桥，董树文，李建华，等，2011. 中生代多向挤压构造作用与四川盆地的形成和改造［J］. 中国地质，38（2）: 233–250.

赵群，2013. 蜀南及邻区海相页岩气成藏主控因素及有利目标优选［D］. 北京：中国地质大学（北京）.

赵文智，李建忠，杨涛，等，2016. 中国南方海相页岩气成藏差异性比较与意义［J］. 石油勘探与开发，43（4）: 499–510.

赵文智，王兆云，王红军，等，2011. 再论有机质“接力成气”的内涵与意义［J］. 石油勘探与开发，38（2）: 129–135.

赵文智，王兆云，张水昌，等，2005. 有机质“接力成气”模式的提出及其在勘探中的意义［J］. 石油勘探与开发（2）: 1–7.

赵宗举，朱琰，李大成，等，2002. 中国南方构造形变对油气藏的控制作用［J］. 石油与天然气地质（1）: 19–25.

郑德文，杜秀芳，姜雪莉，等，1996. 吐哈盆地台北凹陷侏罗系封盖层特征及评价［J］. 天然气地球科学（1）: 17–25.

郑述权，谢祥锋，罗良仪，等,2019. 四川盆地深层页岩气水平井优快钻井技术——以泸 203 井为例［J］. 天然气工业，39（7）: 88–93.

周宝刚，李贤庆，张吉振，等，2014. 川南地区龙马溪组页岩有机质特征及其对页岩含气量的影响［J］. 中国煤炭地质，26（10）: 27–32.

邹才能，董大忠，王玉满，等,2015. 中国页岩气特征、挑战及前景（一）［J］. 石油勘探与开发,42（6）: 689–701.

邹才能，杨智，朱如凯，等，2015. 中国非常规油气勘探开发与理论技术进展［J］. 地质学报，89（6）: 979–1007.

左罗，蒋廷学，罗莉涛，2017. 考虑超临界高压吸附方程的页岩气传质输运模型［J］. 科学技术与工程，17（25）: 39–44.

Bai B J，Elgmati M，Zhang H，2013. Rock characterization of Fayetteville shale gas plays［J］. Fuel，105: 645–652.

Bryn J，David A C Manning，1994. Comparison of geochemical indices used for the interpretation of palaeoredox conditions in ancient mudstones［J］. Chemical Geology，111（1）: 111–129.

Charles B，John K，Roberto S–R，et al，2008. Producing gas from its source［J］. Oilfield Review，18: 36–49.

Chen L，Jiang Z X，Jiang S，et al，2019. Nanopore structure and fractal characteristics of Lacustrine Shale : Implications for shale gas storage and production potential［J］. Nanomaterials，9（3）: 390.

Chen L, Jiang Z X, Liu K Y, et al, 2016. Effect of lithofacies on gas storage capacity of marine and continental shales in the Sichuan Basin, China [J]. Journal of Natural Gas Science & Engineering, 36: 773–785.

Chen L, Jiang Z X, Liu K Y, et al, 2017a. Application of Langmuir and Dubinin–Radushkevich models to estimate methane sorption capacity on two shale samples from the Upper Triassic Chang 7 Member in the southeastern Ordos Basin, China [J]. Energy Exploration & Exploitation, 35 (1): 122–144.

Chen L, Jiang Z X, Liu K Y, et al, 2017b. Relationship between pore characteristics and occurrence state of shale gas: A case study of Lower Silurian Longmaxi shale in the Upper Yangtze Platform, South China [J]. Interpretation, 5 (3): 437–449.

Chen L, Jiang Z X, Liu Q X, et al, 2019. Mechanism of shale gas occurrence: Insights from comparative study on pore structures of marine and lacustrine shales [J]. Marine & Petroleum Geology, 104: 200–216.

Chen L, Zuo L, Jiang Z X, et al, 2019. Mechanisms of shale gas adsorption: Evidence from thermodynamics and kinetics study of methane adsorption on shale [J]. Chemical Engineering Journal, 361: 559–570.

Daniel J K Ross, Marc Bustin R, 2009. The importance of shale composition and pore structure upon gas storage potential of shale gas reservoirs [J]. Marine and Petroleum Geology, 26 (6): 916–927.

England W, Mackenzie A, Mann D, et al, 1987. The movement and entrapment of petroleum fluids in the subsurface [J]. Journal of the Geological Society, 144 (2): 327–347.

Fan C Y, Tang X L, Zhang Y Y, et al, 2019. Characteristics and origin of the pore structure of the lacustrine tight oil reservoir in the northwestern Jiuquan Basin, China [J]. Interpretation, 7 (2): 1–41.

Guo Y, Song Y, Fang X, et al, 2018. Tight oil accumulation mechanism and controlling factors for enrichment in mixed siliciclastic and carbonate sequences in the Xiagou Formation of Qingxi Sag, Jiuquan Basin [J]. Oil and Gas Geology, 39 (4): 766–777.

Han H, Zhong N N, Ma Y, et al, 2016. Gas storage and controlling factors in an over–mature marine shale: A case study of the Lower Cambrian Lujiaping shale in the Dabashan arc–like thrust–fold belt, southwestern China [J]. Journal of Natural Gas Science and Engineering, 33: 839–853.

Huang H, Li R, Xiong F, et al, 2020. A method to probe the pore–throat structure of tight reservoirs based on low–field NMR: Insights from a cylindrical pore model [J]. Marine and Petroleum Geology, 117: 104344.

Huang H X, Chen L, Dang W Q, et al, 2019. Discussion on the rising segment of the mercury extrusion curve in the high pressure mercury intrusion experiment on shales [J]. Marine & Petroleum Geology, 102: 615–624.

Huang H X, Li R X, Jiang Z X, et al, 2020. Investigation of variation in shale gas adsorption capacity with burial depth: Insights from the adsorption potential theory [J]. Journal of Natural Gas Science & Engineering, 73: 103043.

Hubbert M King, 1953. Entrapment of petroleum under hydrodynamic conditions [J]. American Association of Petroleum Geologists Bulletin, 37 (8): 1954–2026.

Irina V S, 2019. Group analysis of variable coefficients heat and mass transfer equations with power nonlinearity of thermal diffusivity [J] . Applied Mathematics and Computation, 343: 57–66.

Jacob H, 1985. Disperse solid bitumens as an indicator for migration and maturity in prospecting for oil and gas[J]. Erdol and Kohle Erdgas Petrochemie, 38: 364–366.

Ji W M, Song Y, Jiang Z X, et al, 2015. Estimation of marine shale methane adsorption capacity based on experimental investigations of Lower Silurian Longmaxi formation in the Upper Yangtze Platform, south China [J] . Marine and Petroleum Geology, 68: 94–106.

Jiang Z X, Li Z, Li F, et al, 2015. Tight sandstone gas accumulation mechanism and development models [J] . Petroleum Science, 12 (4) : 587–605.

Johannes S, Ralf L, Janos L U, et al, 2007. Polyphase thermal evolution in the Infra–Cambrian Ara Group (South Oman Salt Basin) as deduced by maturity of solid reservoir bitumen [J] . Organic Geochemistry, 38 (8) : 1293–1318.

Julia F W Gale, 2010. Natural fractures in some US shales and their importance for gas production [M] .

Juncu G, Nicola A, Popa C, et al, 2017. Numerical solution of the parabolic multicomponent convection–diffusion mass transfer equations by a splitting method [J] . Numerical Heat Transfer, Part a (Applications), 71 (1) : 72–90.

Li A, Ding, W L, He J H, et al, 2016. Investigation of pore structure and fractal characteristics of organic–rich shale reservoirs : a case study of Lower Cambrian Qiongzhusi formation in Malong block of eastern Yunnan Province, South China [J] . Marine and Petroleum Geology, 70: 46–57.

Li T W, Jiang Z X, Li Z, et al, 2017. Continental shale pore structure characteristics and their controlling factors : A case study from the lower third member of the Shahejie Formation, Zhanhua Sag, Eastern China[J]. Journal of Natural Gas Science & Engineering, 45: 670–692.

Li T W, Jiang Z X, Xu C L, et al, 2017a. Effect of pore structure on shale oil accumulation in the lower third member of the Shahejie formation, Zhanhua Sag, eastern China : Evidence from gas adsorption and nuclear magnetic resonance [J] . Marine and Petroleum Geology, 88: 932–949.

Li T W, Jiang Z X, Xu C L, et al, 2017b. Effect of sedimentary environment on shale lithofacies in the lower third member of the Shahejie formation, Zhanhua Sag, eastern China [J] . Interpretation, 5 (4) : 487–504.

Li X, Jiang Z X, Jiang S, et al, 2020. Characteristics of matrix–related pores associated with various lithofacies of marine shales inside of Guizhong Basin, South China [J] . Journal of Petroleum Science & Engineering, 185: 106671.

Li X, Jiang Z X, Wang P F, et al, 2018. Porosity–preserving mechanisms of marine shale in Lower Cambrian of Sichuan Basin, South China [J] . Journal of Natural Gas Science and Engineering, 55: 191–205.

Li Y H, Song Y, Jiang S, et al, 2020. Influence of gas and oil state on oil mobility and sweet–spot distribution in tight oil reservoirs from the perspective of capillary force [J] . SPE Reservoir Evaluation & Engineering, 23 (3) : 824–842.

Liang L X, Xiong J, Liu X J, 2015. An investigation of the fractal characteristics of the Upper Ordovician Wufeng Formation shale using nitrogen adsorption analysis [J] . Journal of Natural Gas Science and

Engineering, 27 (2): 402–409.

Liu D D, Li Z, Jiang Z X, et al, 2019. Impact of laminae on pore structures of lacustrine shales in the southern Songliao Basin, NE China [J]. Journal of Asian Earth Sciences, 182: 1–14.

Liu G, Huang Z, Chen F, et al, 2016. Reservoir characterization of Chang 7 member shale: A case study of lacustrine shale in the Yanchang Formation, Ordos Basin, China [J]. Journal of Natural Gas Science and Engineering, 34: 458–471.

Liu J L, Jiang Z X, Liu K Y, et al, 2016. Hydrocarbon sources and charge history in the Southern Slope Region, Kuqa Foreland Basin, northwestern China [J]. Marine and Petroleum Geology, 74: 26–46.

Niblett D, Mularczyk A, Niasar V, et al, 2020. Two–phase flow dynamics in a gas diffusion layer – gas channel – microporous layer system [J]. Journal of Power Sources, 471: 228427.

Peng N J, He S, Hu Q H, et al, 2019. Organic nanopore structure and fractal characteristics of Wufeng and lower member of Longmaxi shales in southeastern Sichuan, China [J]. Marine and Petroleum Geology, 103: 456–472.

Powley D E, 1990. Pressures and hydrogeology in petroleum basins [J]. Earth–Science Reviews, 29 (1): 215–226.

Shao X H, Pang X Q, Li H, et al, 2018. Pore network characteristics of lacustrine shales in the Dongpu Depression, Bohai Bay Basin, China, with implications for oil retention [J]. Marine and Petroleum Geology, 96: 457–473.

Shen Y H, Ge H K, Meng M M, et al, 2017. Effect of Water Imbibition on Shale Permeability and Its Influence on Gas Production [J]. Energy & Fuels, 31 (5): 4973–4980.

Sing K S W, Everett D H, Haul R A W, et al, 1985. Reporting physisorption data for gas/solid systems with special reference to the determination of surface area and porosity [J]. Pure & Applied Chemistry, 57 (4): 603–619.

Stephen C R, Robert M R, Robert G L, 2012. Spectrum of pore types and networks in mudrocks and a descriptive classification for matrix–related mudrock pores [J]. AAPG Bulletin, 96 (6): 10711098.

Su S Y, Jiang, Z X, Gao Z Y, et al, 2017. A new method for continental shale oil enrichment evaluation [J]. Interpretation, 5 (2): 209–217.

Tang L, Song Y, Pang X Q, et al, 2020. Effects of paleo sedimentary environment in saline lacustrine basin on organic matter accumulation and preservation: A case study from the Dongpu Depression, Bohai Bay Basin, China [J]. Journal of Petroleum Science & Engineering, 185: 106669.

Tang X L, Jiang S, Jiang Z X, et al, 2019. Heterogeneity of Paleozoic Wufeng–Longmaxi formation shale and its effects on the shale gas accumulation in the Upper Yangtze Region, China [J]. Fuel, 239: 387–402.

Tang X L, Jiang Z X, Li Z, et al, 2015. The effect of the variation in material composition on the heterogeneous pore structure of high–maturity shale of the Silurian Longmaxi formation in the southeastern Sichuan Basin, China [J]. Journal of Natural Gas Science and Engineering, 23: 464–473.

Tang X L, Jiang Z X, Li Z, et al, 2017. Factors controlling organic matter enrichment in the Lower Cambrian Niutitang Formation Shale on the eastern shelf margin of the Yangtze Block, China [J]. Interpretation–A

Journal of Subsurface Characterization, 5 (3) : 399–410.

Wang P F, Jiang Z X, Ji W M, et al, 2016. Heterogeneity of intergranular, intraparticle and organic pores in Longmaxi shale in Sichuan Basin, South China : Evidence from SEM digital images and fractal and multifractal geometries [J] . Marine and Petroleum Geology, 2016: 122–138.

Wang P F, Jiang Z X, Yin L S, et al, 2017. Lithofacies classification and its effect on pore structure of the Cambrian marine shale in the Upper Yangtze Platform, South China : Evidence from FE–SEM and gas adsorption analysis [J] . Journal of Petroleum Science and Engineering, 156: 307–321.

Wang P F, Yao S Q, Jin C, et al, 2020. Key reservoir parameter for effective exploration and development of high–over matured marine shales : A case study from the cambrian Niutitang formation and the silurian Longmaxi formation, south China [J] . Marine and Petroleum Geology, 121: 104619.

Wang Q Y, Li Y H, Yang W, et al, 2020. Finite element simulation of multi–scale bedding fractures in tight sandstone oil reservoir [J] . Energies, 13 (1) : 131–146.

Wang X, Jiang Z X, Zhang K, et al, 2020. Analysis of gas composition and nitrogen sources of shale gas reservoir under strong tectonic events : Evidence from the complex tectonic area in the Yangtze Plate [J] . Energies, 13 (1) : 281–295.

Xiong F Y, Jiang Z X, Chen X Z, et al, 2016. The role of the residual bitumen in the gas storage capacity of mature lacustrine shale : A case study of the Triassic Yanchang shale, Ordos Basin, China [J] . Marine and Petroleum Geology, 69: 205–215.

Xiong F Y, Jiang Z X, Li P, et al, 2017. Pore structure of transitional shales in the Ordos Basin, NW China : Effects of composition on gas storage capacity [J] . Fuel, 206: 504–515.

Xiong F Y, Jiang Z X, Tang X L, et al, 2015. Characteristics and origin of the heterogeneity of the Lower Silurian Longmaxi marine shale in southeastern Chongqing, SW China [J] . Journal of Natural Gas Science & Engineering, 27 (3) : 1389–1399.

Xu H, Zhou W, Zhang R, et al, 2019. Characterizations of pore, mineral and petrographic properties of marine shale using multiple techniques and their implications on gas storage capability for Sichuan Longmaxi gas shale field in China [J] . Fuel, 241: 360–371.

Yang F, Ning Z F, Wang Q, et al, 2016. Pore structure of Cambrian shales from the Sichuan Basin in China and implications to gas storage [J] . Marine and Petroleum Geology, 70: 14–26.

Yang W, Fu L, Wu C D, et al, 2018. U–Pb ages of detrital zircon from Cenozoic sediments in the southwestern Tarim Basin, NW China : Implications for Eocene–Pliocene source–to–sink relations and new insights into Cretaceous–Paleogene magmatic sources [J] . Journal of Asian Earth Sciences, 156: 26–40.

Yang W, Wang Q Y, Song Y, et al, 2020. New scaling model of the spontaneous imbibition behavior of tuffaceous shale : Constraints from the tuff–hosted and organic matter–covered pore system [J] . Journal of Natural Gas Science and Engineering, 81: 103389.

Yang W, Zuo R S, Jiang Z X, et al, 2018. Effect of lithofacies on pore structure and new insights into pore–preserving mechanisms of the over–mature Qiongzhusi marine shales in Lower Cambrian of the southern Sichuan Basin, China [J] . Marine and Petroleum Geology, 98: 746–762.

Yassin M R, Begum M, Dehghanpour H, 2017. Organic shale wettability and its relationship to other petrophysical properties : A Duvernay case study [J] . International Journal of Coal Geology, 169: 74–91.

Zeng L B, Lyu W Y, Li J, et al, 2016. Natural fractures and their influence on shale gas enrichment in Sichuan Basin, China [J] . Journal of Natural Gas Science and Engineering, 30: 1–9.

Zhang K, Jia C Z, Song Y, et al, 2019. Analysis of Lower Cambrian shale gas composition, source and accumulation pattern in different tectonic backgrounds : A case study of Weiyuan Block in the Upper Yangtze region and Xiuwu Basin in the Lower Yangtze region [J] . Fuel, 263: 1–15.

Zhang K, Jiang Z X, Yin L S, et al, 2017. Controlling functions of hydrothermal activity to shale gas content–taking lower Cambrian in Xiuwu Basin as an example [J] . Marine and Petroleum Geology, 85: 177–193.

Zhang K, Jiang Z X, Xie X L, et al, 2018. Lateral percolation and its effect on shale gas accumulation on the basis of complex tectonic background [J] . Geofluids, 11: 1–11.

Zhang K, Song Y, Jiang S, et al, 2019a. Accumulation mechanism of marine shale gas reservoir in anticlines : A case study of the southern Sichuan Basin and Xiuwu Basin in the Yangtze Region [J] . Geofluids, 11: 1–14.

Zhang K, Song Y, Jiang S, et al, 2019b. Shale gas accumulation mechanism in a syncline setting based on multiple geological factors : An example of southern Sichuan and the Xiuwu Basin in the Yangtze Region [J]. Fuel, 241: 468–476.

Zhang Y Y, Fan C Y, Song Y, et al, 2015. An amplitude–normalized pseudo well–log construction method and its application on AVO inversion in a well–absent marine area [J] . Acta Geophysica, 63 (3) : 761–775.

Zheng X W, Zhang B Q, Hamed S, et al, 2019. Pore structure characteristics and its effect on shale gas adsorption and desorption behavior [J] . Marine and Petroleum Geology, 100: 165–178.